高等职业教育水利类"教、学、做"理实一体化特色教材

水利工程造价

主　编　徐凤永
副主编　陈文江
主　审　武　杰

中国水利水电出版社
www.waterpub.com.cn

·北京·

内 容 提 要

本教材是高职高专示范院校省级重点建设专业——水利水电工程管理专业的课程改革成果之一。全书共分为 7 个项目，主要内容有：水利工程造价概述，水利工程项目划分及费用构成，工程定额，基础单价编制，建筑、安装工程单价编制，概算文件编制，工程量清单及计价编制。本书是按照《水利工程设计概（估）算编制规定》（水总〔2014〕429 号）、《水利工程营业税改征增值税计价依据调整办法》（办水总〔2016〕132 号）及现行的水利工程、水利水电设备安装工程定额等编写而成的。

本教材可作为高等职业技术学院、高等专科学校、成人高校和民办高校水利水电工程等相关专业概预算课程的教材，也可作为从事水利水电工程设计、施工、监理及造价管理人员的参考书。

图书在版编目（CIP）数据

水利工程造价 / 徐凤永主编. -- 北京 : 中国水利
水电出版社，2017.8（2024.12重印）
高等职业教育水利类"教、学、做"理实一体化特色
教材
ISBN 978-7-5170-5675-1

Ⅰ.①水… Ⅱ.①徐… Ⅲ.①水利工程－工程造价－
高等职业教育－教材 Ⅳ.①TV51

中国版本图书馆CIP数据核字(2017)第177599号

书　　名	高等职业教育水利类"教、学、做"理实一体化特色教材 **水利工程造价** SHUILI GONGCHENG ZAOJIA
作　　者	主 编　徐凤永　副主编　陈文江　主 审　武 杰
出版发行	中国水利水电出版社 （北京市海淀区玉渊潭南路 1 号 D 座　100038） 网址：www.waterpub.com.cn E-mail：sales@mwr.gov.cn 电话：(010) 68545888（营销中心）
经　　售	北京科水图书销售有限公司 电话：(010) 68545874、63202643 全国各地新华书店和相关出版物销售网点
排　　版	中国水利水电出版社微机排版中心
印　　刷	天津嘉恒印务有限公司
规　　格	184mm×260mm　16 开本　14.5 印张　362 千字
版　　次	2017 年 8 月第 1 版　2024 年 12 月第 4 次印刷
印　　数	6001—7000 册
定　　价	**49.50 元**

前言

本教材是示范院校省级重点建设专业——水利水电工程管理专业的课程改革成果之一。根据改革实施方案和课程改革的基本思想,通过分析水利工程概预算的工作过程,结合岗位要求和职业标准,将原学科体系解构为 7 个实施项目。

本书在编写过程中,突出了"以就业为导向、以岗位为依据、以能力为本位"的思想;每一个项目都由若干个任务和工程实例分析构成,学生在学习完项目的基本知识情况下,通过每个项目后配备的职业能力训练题的练习,可以加强实践性训练。这样既能提高对理论知识的理解,又能把水利工程概预算中所需要的知识、能力和素质进行强化。

本教材根据水利部发布的《水利工程设计概(估)算编制规定》(水总〔2014〕429号)、水利部办公厅关于印发《水利工程营业税改征增值税计价依据调整办法》的通知(办水总〔2016〕132 号)及现行的水利工程、水利水电设备安装工程定额等,并结合水利工程建设的实践,比较全面地介绍了水利工程概算及工程量清单报价编制的主要内容。

本教材由安徽水利水电职业技术学院徐凤永任主编并统稿,安徽水利水电职业技术学院陈文江任副主编,安徽省水利水电勘测设计院武杰担任主审。全书共分为 7 个实施项目,项目一、项目二由安徽省水利水电勘测设计院胡卫红编写,项目三、项目四、项目六由陈文江编写,项目五由徐凤永编写,项目七由安徽省池州市水电工程局汪卫锋编写。

本教材在编写过程中,专业建设团队的各位领导和全体老师提出了许多宝贵意见,学院及教务处领导也给予了大力支持,同时得到安徽省池州市水电工程局和安徽省水利水电勘测设计院的积极参与和大力帮助,在此表示最诚挚的感谢。

本教材在编写过程中参考和引用了一些相关专业书籍的论述,编者在此向有关人员致以衷心的感谢!

由于本人水平有限,不足之处在所难免,恳请读者批评指正。

编者

2017 年 3 月

目　录

项目一 水利工程造价概述

项目描述：本项目通过学习基本建设与基本建设程序的知识，了解工程建设不同阶段工程造价的概念与作用，熟悉水利工程建设各个阶段对应的水利工程造价文件的类型。

项目学习目标：从水利水电基本建设角度对水利工程造价有一个全面认识。

项目学习重点：水利工程造价不同文件类型的概念和作用。

项目学习难点：水利工程造价不同文件类型之间的关系。

任务一 基本建设与基本建设程序

任务描述：学习基本建设的概念，了解基本建设与国民经济发展的关系，熟悉基本建设的分类、基本建设的过程、水利水电基本建设的程序。

一、基本建设

（一）基本建设的含义

基本建设是形成固定资产的生产活动，固定资产是指在其有效使用期内重复使用而不改变其实物形态的主要劳动资料，它是人们生产和生活的必要物质条件。固定资产从它在生产和使用过程中所处的地位和作用的社会属性，可分为生产性固定资产和非生产性固定资产两大类。前者是指在生产过程中发挥作用的劳动资料，如工厂、矿山、油田、电站、铁路、水库、海港、码头、路桥工程等。后者是指在较长时间内直接为人民的物质文化生活服务的物质资料，如住宅、学校、医院、体育活动中心和其他生活福利设施等。

人类要生存和发展，就必须进行简单再生产和扩大再生产，前者是指在原来的规模上重复进行，后者是指扩大原来的规模，使生产能力有所提高。从理论上讲，这种生产活动包括固定资产的新建、扩建、改建、恢复、迁建等多种形式。每一种形式又包含了固定资产形成过程中的建筑、安装、设备购置以及与此相联系的其他生产和管理活动等工作内容。

固定资产的简单再生产是通过固定资产的大修理和固定资产的更新改造等形式来实现的。大修理和更新改造是为了恢复原有性能而对固定资产的主要组成部分进行修理和更换，是对固定资产的某些部分进行修复和更新。固定资产的扩大再生产是通过新建、改建、扩建、迁建、恢复建设等形式来实现的。

固定资产的此类生产活动属于基本建设。虽然固定资产的简单再生产和扩大再生产有不同含义和形式，但在现实经济生活中它们是互相交错、紧密联系的统一体。

由此可见，基本建设不仅包括固定资产的外延扩大再生产，也包含了固定资产的内涵扩大再生产。不仅新建、扩建、恢复建设属于基本建设，恢复修理、更新改造也属于基本建设，这是理论上关于基本建设的科学概念。

（二）基本建设的分类

建设项目是指按照一个总体设计进行施工，经济上实行统一核算、行政上实行统一管理的基本建设单位。基本建设是由一个个基本建设项目组成的，基本建设项目根据不同的分类方式有诸多的类型。

1. 按建设项目性质分类

（1）新建项目。即原来没有，现在开始建设的项目。有的建设项目并非从无到有，但其原有基础薄弱，经过扩大建设规模，新增加的固定资料价值超过原有固定资产价值的3倍以上，也可称为新建项目。

（2）扩建项目。即在原有的基础上为扩大原有新产品生产能力或增加新的产品生产能力而新建的主要车间或工程项目。

（3）改建项目。指原有企业以提高劳动生产率，改进产品质量或改变产品方向为目的，对原有设备或工程进行改造的项目。有的为了提高综合生产能力，增加一些附属或辅助车间和非生产性工程，也属于改建项目。在现行管理上，将固定资产分为基本建设项目和技术改造项目，从建设性质上看，后者属于基本建设中的改建项目。

（4）恢复项目。指企业、事业单位因自然灾害、战争等原因，使原有固定资产全部或部分报废，以后又按原有规模恢复建设的项目。

（5）迁建项目。指原有的企业、事业单位，由于改变生产布局或环境保护和安全生产以及其他告别需要，迁往外地建设的项目。

水利水电基本建设项目一般包括新建、续建、改建、加固和修复工程建设项目。

2. 按投资额构成分类

按照投资额构成的不同内容，可分为建筑安装工程投资、设备工器具投资和其他基本建设投资。

3. 按建设用途分类

按基本建设工程的不同用途，可分为生产性建设项目和非生产性建设项目。

（1）生产性建设项目。指直接用于物质生产或满足物质生产需要的建设项目，如工业、建筑业、农业、水利、气象、运输、邮电等建设项目。

（2）非生产性建设项目。指用于人民物质生活和文化生活需要的建设项目，如住宅、文教、卫生、科研、公用事业、机关和社会团体等建设项目。

4. 按建设规模分类

按建设总规模和总投资的大小，可分为大型、中型及小型建设项目，如水利水电建设项目就有对水库、水电站等划分为大型、中型、小型的标准。

5. 按建设阶段分类

根据建设项目所处的不同建设阶段，可分为预备项目（探讨项目）、筹建项目（前期工作项目）、施工项目、建成投产项目、收尾项目、竣工项目等。

（三）基本建设的工作内容

基本建设包括的工作有以下几项：

（1）建筑安装工程。它是基本建设工作的重要组成部分，建筑行业通过建筑安装活动生产出建筑产品，形成固定资产。建筑安装工程包括建筑工程和安装工程。建筑工程包括各种建筑物、房屋、设备基础等的建造工作。安装工程包括生产、动力、起重、运输、输配电等需要安装的各种机电设备和金属结构设备的安装、试车等工作。

（2）设备工（器）具购置。它是指由建设单位因建设项目的需要进行采购或自制达到固定资产标准的机电设备、金属结构设备、工具、器具等的购置工作。

（3）其他基建工作。它是指凡不属于以上两项的基建工作，如勘测、设计、科学试验、淹没及迁移赔偿、水库清理、施工队伍转移、生产准备等项工作。

二、基本建设程序

（一）我国的基本建设程序

基本建设程序是指基本建设项目从决策、设计、施工到竣工验收整个工作过程中各个阶段所必须遵循的先后次序与步骤。

基本建设的特点是投资多、建设周期长、涉及的专业和部门多、工作环节错综复杂。为了保证工程建设的顺利进行，达到预期目的，在基本建设的实践中，必须遵循一定的工作顺序，这就是基本建设程序。

基本建设程序是客观存在的规律性反映，不按基本建设程序办事，就会受到客观规律的惩罚，给国民经济造成严重损失。严格遵守基本建设程序是进行基本建设工作的一项重要原则。国务院《关于严格控制固定资产投资规模的通知》（国发〔1982〕61号）中指出："所有建设项目必须严格按照基本建设程序办事，事前没有进行可行性研究和技术经济论证，没有做好勘察设计等建设前期工作的，一律不得列入年度建设计划，更不准仓促开工。"

（二）基本建设程序的内容

1. 基本建设程序

基本建设过程大致上可以分为三个时期，即前期工作时期、工程实施时期、竣工投产时期。从国内外的基本建设经验看，前期工作最重要，一般占整个过程的 50%～60%。前期工作搞好了，其后各阶段的工作就容易顺利完成。

现行的基本建设程序可分为八个主要阶段，即项目建议书阶段、可行性研究阶段、设计阶段、施工准备阶段、建设实施阶段、生产准备阶段、竣工验收阶段和后评价阶段。

同我国基本建设程序相比，国外通常也把工程建设的全过程分为三个时期，即投资前时期、投资时期、投资回收时期。主要包括投资机会研究、初步可行性研究、可行性研究、项目评估、基础设计、原则设计、详细设计、招标发包、施工、竣工投产、生产阶段、工程后评估、项目终止等步骤。国外非常重视前期工作，建设程序与我国现行程序大同小异。

2. 水利水电基本建设程序

鉴于水利水电基本建设较其他部门的基本建设有一定的特殊性，具有规模大、费用高、制约因素多、工程失事后危害性也比较大等特点，因此水利水电基本建设程序较其他部门更为严格。

水利水电基本建设程序一般分为项目建议书、可行性研究报告、初步设计、施工准备（包括招标设计）和设备订货、建设实施、生产准备、竣工验收、后评价八个阶段，各阶段的具体内容如下。

（1）项目建议书阶段。项目建议书是在流域（或区域）规划的基础上，由主管部门（或投资者）对拟建项目作出大体轮廓性设想和建议。为确定拟建项目是否有必要建设、是否具备建设的基本条件、是否值得投入资金和人力、是否需要再作进一步的研究论证工作提供依据。

项目建议书编制一般委托有相应资质的设计单位承担，并按国家规定权限向上级主管部门申报审批。项目建议书被批准后由政府向社会公布，若有投资建设意向，应及时组建项目法人筹备机构，开展下一阶段建设程序工作。

（2）可行性研究报告阶段。可行性研究应对项目进行方案比较，对项目在技术上是否可行和经济上是否合理进行科学的分析和论证。经过批准的可行性研究报告，是项目决策和进行初步设计的依据。可行性研究报告，由项目法人（或筹备机构）组织编制。

可行性研究应对项目在技术上是否先进、适用、可靠，在经济上是否合理可行，在财务上是否盈利做出多方案比较，提出评价意见，推荐最佳方案。可行性研究报告是建设项目立项决策的依据，也是项目办理资金筹措、签订合作协议、进行初步设计等工作的依据和基础。

可行性研究报告，按国家现行规定的审批权限报批。申报项目可行性研究报告，必须同时提出项目法人组建方案及运行机制、资金筹措方案、资金结构及回收资金办法，并依照有关规定附具有管辖权的水行政主管部门或流域机构签署的规划同意书，对取水许可预申请的书面审查意见，审批部门要委托有项目相应资质的工程咨询机构对可行性研究报告进行评估，并综合行业归口主管部门、投资机构（公司）、项目法人（或项目法人筹备机构）等方面的意见进行审批。项目可行性研究报告批准后，应正式成立项目法人，并按项目法人责任制进行管理。

（3）初步设计阶段。初步设计是根据批准的可行性研究报告和必要而准确的设计资料，对设计对象进行通盘研究。阐明拟建工程在技术上的可行性和经济上的合理性，确定项目的各项基本技术参数，编制项目的总概算。初步设计任务应择优选择有项目相应资质的设计单位承担，依照有关初步设计编制规定进行编制。

承担水利水电工程设计的单位在进行设计以前，要认真研究可行性研究报告，全面收集建设地区的工农业生产、社会经济、自然条件，包括水文、地质、气象等资料；要对坝址、库区的地形、地质进行勘测、勘探；对岩土地基进行分析试验；对于建设区的建筑材料的分布、储量、运输方式、单价等要调查、勘测。

初步设计要提出设计报告、设计图纸和初设概算三项资料。主要内容包括工程的总体规划布置，工程规模（包括装机容量、水库的特征水位等），地质条件，主要建筑物的位置、结构形式和尺寸，主要建筑物的施工方法，施工导流方案，消防设施、环境保护、水库淹没、工程占地、水利工程管理机构等。对灌区工程来说，还要确定灌区的范围，主要干支渠道的规划布置，渠道的初步定线、断面设计和土石方量的估计等。还应包括各种建筑材料的用量，主要技术经济指标，建设工期，设计总概算等。

初步设计报批前，一般由项目法人委托有相应资质的工程咨询机构或组织专家，对初步设计中的重大问题进行咨询论证。设计单位根据咨询论证意见，对初步设计文件进行补充、修改和优化。初步设计由项目法人组织审查后，按国家现行规定权限向主管部门申报审批。

（4）施工准备阶段。项目在主体工程开工之前，必须完成各项施工准备工作，其主要内容包括：施工现场的征地、拆迁；完成施工用水、电、通信、路和场地平整等工程；完成必需的生产、生活临时建筑工程；组织招标设计、咨询、设备和物资采购等服务；组织建设监理和主体工程招标投标，并择优选定建设监理单位和施工承包队伍。这一阶段的工作对于保证项目开工后能否顺利进行具有决定性作用。

水利工程项目进行施工准备必须满足以下条件：初步设计已经批准；项目法人已经建立；项目已列入国家或地方水利建设投资计划，筹资方案已经确定；有关土地使用权已经批准；已办理报建手续。

施工准备工作开始前，其项目法人或其代理机构，必须按照规定向水行政主管部门办理报建手续，项目报建须交验工程建设项目的有关批准文件。工程项目进行项目报建登记后，方可组织施工准备工作。工程建设项目施工，除某些不适应招标的特殊工程项目外（须经水行政主管部门批准），均须实行招标投标。

（5）建设实施阶段。建设实施阶段是指主体工程的建设实施，项目法人按照批准的建设文件，组织工程建设，保证项目建设目标的实现。项目法人或其代理机构必须按审批权限，向主管部门提出主体工程开工申请报告，经批准后，主体工程方能正式开工。

主体工程开工须具备以下条件：前期工程各阶段文件已按规定批准，施工详图设计可以满足初期主体工程施工需要；建设项目已列入国家或地方水利建设投资年度计划，年度建设资金已落实；主体工程招标已经决标，工程承包合同已经签订，并得到主管部门同意；现场施工准备和征地移民等建设外部条件能够满足主体工程开工需要；建设管理模式已经确定，投资主体与项目主体的管理关系已经理顺；项目建设所需全部投资来源已经明确，且投资结构合理；项目产品的销售，已有用户承诺，并确定了定价原则。

施工是把设计变为具有使用价值的工程实体，必须严格按照设计图纸进行，如有修改变动，要征得设计单位的同意。施工单位要严格履行合同，要与建设、设计单位和监理工程师密切配合。在施工过程中，各个环节要相互协调，要加强科学管理，确保工程质量，全面按期完成施工任务。要按设计和施工验收规范验收，对地下工程，特别是基础和结构等关键部位，一定要在验收合格后，才能进行下一道工序施工，并做好原始记录。

（6）生产准备阶段。生产准备是建设阶段转入生产经营的必要条件。项目法人应按照建管结合和项目法人责任制的要求，适时做好有关生产准备工作。生产准备应根据不同类型的工程要求确定，一般应包括以下主要内容：

1）生产组织准备。建立生产经营的管理机构及相应管理制度。

2）招收和培训人员。按照生产运营的要求，配备生产管理人员，并通过多种形式的培训，提高人员素质，使之能满足运营要求。生产管理人员要尽早介入工程的施工建设，参加设备的安装调试，熟悉情况，掌握好生产技术和工艺流程，为顺利衔接基本建设和生产经营阶段做好准备。

3）生产技术准备。主要包括技术资料的汇总、运行技术方案和岗位操作规程的制定、新技术准备。

4）生产物资准备。主要是落实投产运行所需要的原材料、协作产品、工器具、备品备件和其他协作配合条件的准备。

5）正常的生活福利设施准备。

（7）竣工验收阶段。竣工验收是工程完成建设目标的标志，是全面考核基本建设成果、检验设计和工程质量的重要步骤。竣工验收合格的项目即从基本建设转入生产或使用。当建设项目的建设内容全部完成，并经过单项工程验收，符合设计要求并按有关规定的要求完成了档案资料的整理工作；完成竣工报告、竣工决算等必需文件的编制后，项目法人按规定向验收主管部门提出申请，根据国家和部颁验收规程组织验收。竣工决算编制完成，并由审计机关组织竣工审计。其审计报告作为竣工验收的基本资料。工程规模较大、技术较复杂的建设项目可先进行初步验收。不合格的工程不予验收；有遗留问题的项目，对遗留问题必须有具体处理意见，且有限期处理的明确要求并落实责任人。

水利水电工程按照设计文件所规定的内容建成以后，在办理竣工验收以前，必须进行试运行。例如，对灌溉渠道来说，要进行放水试验；对水电站、抽水站来说，要进行试运转和试生产，检查考核是否达到设计标准和施工验收中的质量要求。如工程质量不合格，应返工或加固。

竣工验收程序，一般分为两个阶段，即单项工程验收和整个工程项目的全部验收。对于大型工程，因建设时间长或建设过程中逐步投产，应分批组织验收。验收之前，项目法人要组织设计、施工等单位进行初验并向主管部门提交验收申请，根据国家和部颁验收规程组织验收。

水利水电工程把上述验收程序分为阶段验收和竣工验收，凡能独立发挥作用的单项工程均应进行阶段验收，如截流、下闸蓄水、机组启动、通水等。

（8）后评价阶段。后评价是工程交付生产运行1～2年时间后，对项目的立项决策、设计、施工、竣工验收、生产运行等全过程进行系统评价的一种技术经济活动，是基本建设程序的最后一环。通过后评价达到肯定成绩、总结经验、研究问题、提高项目决策水平和投资效果的目的。评价的内容主要包括以下几项：

1）影响评价。通过项目建成投入生产后对社会、经济、政治、技术和环境等方面所产生的影响来评价项目决策的正确性。

2）经济效益评价。通过项目建成投产后所产生的实际效益的分析，来评价项目投资是否合理、经营管理是否得当，并与可行性研究阶段的评价结果进行比较，找出两者之间的差异及原因，提出改进措施。

3）过程评价。前述两种评价是从项目投产后运行结果来分析评价的。过程评价则是从项目的立项决策、设计、施工、竣工投产等全过程进行系统分析。

以上所述基本建设程序的八项内容，是我国对水利水电工程建设程序的基本要求，也基本反映了水利水电工程建设工作的全过程。

任务二　工程造价的概念与作用

任务描述：理解工程造价的概念，了解工程造价文件的类型及作用。

一、工程造价的概念

工程造价就是工程的建造价格，是给基本建设项目这种特殊的产品定价，具体来讲有两种含义。

（1）工程造价是指建设项目的建设成本，指建设项目从筹建到竣工验收交付使用全过程所需的全部费用，包括建筑工程费、安装工程费、设备费以及其他相关的必需费用。对上述几类费用可以分别称为建筑工程造价、安装工程造价、设备造价等。

（2）工程造价是指建设项目的工程承发包价格，换句话说，就是为建成一项工程，预计或实际在土地市场、设备市场、技术劳务市场以及承包市场等交易活动中所形成的建筑安装工程的价格和建设工程总价格。它是在社会主义市场经济条件下，以工程这种特定的商品形式作为交易对象，通过招投标、承发包或其他交易方式，由需求主体投资者和供给主体建筑商共同认可的价格。工程的范围和内涵既可以是涵盖范围很大的一个建设项目，也可以是一个单项工程，甚至还可以是整个建设工程中的某个阶段，如水库的土石坝工程、溢洪道工程、渠首工程等；或者其中的某个组成部分，如土方工程、混凝土工程、砌石工程等。鉴于建筑安装工程价格在项目固定资产中占有 50％～60％ 的份额，又是工程建设中最活跃的部分，把工程的承发包价格界定为工程价格，有着现实意义。

二、工程造价文件的类型

基本建设是一项十分复杂的工作，整个工程的建设过程是一个庞大的系统工程，它涉及多专业、多学科、多部门和不同的单项工程，在各个不同的设计阶段所体现的工作内容也不尽相同，因此工程造价文件的类型也不尽一样。水利水电工程造价文件的类型主要有以下几种：

（1）在区域规划和工程规划阶段，工程造价文件的表现形式是投资匡算。

（2）在可行性研究阶段，工程造价文件的表现形式是投资估算。

（3）在初步设计阶段，工程造价文件的表现形式是投资概算（或称设计概算）；个别复杂工程需要进行技术设计，在该阶段工程造价文件的表现形式是修正概算。

（4）在招标设计阶段，工程造价文件的表现形式是执行概算，并应据此编制招标标底（国外称为工程师预算）。施工企业（厂家）要根据项目法人提供的招标文件编制投标报价。

（5）在施工图设计阶段，工程造价文件的表现形式是施工图预算（或称设计预算）。

（6）在竣工验收过程中，工程造价文件的表现形式为竣工决算。

三、工程造价文件的作用

在基本建设领域内，以货币形式表示的投入就是基本建设投资，其产出品就是构成固定资产的建筑产品。基本建设要投入大量的资金，因此要有计划地进行安排。正确地估算工程造价和拟定投资计划不仅对确保项目本身顺利建成，而且对整个国家和部门的基本建设投资规模的有效控制都具有重大意义；正确估算工程造价不仅为项目建设过程中的费用控制提供了依据，为拨款或贷款提供了依据，而且可避免因计划资金缺口而停工待料、拖延工期，还可防止敞口花钱等浪费现象，以保证工程项目获得良好的经济效益。可行性研究要编制投资估算，为国家选定近期开发项目和进一步进行初步设计提供决策依据。初步设计和技术设计分别编制设计概算和修正概算，它是确定和控制投资、编制基本建设计划、编制工程招标标底和执行概算、实行项目投资包干、考核工程造价和工程经济合理性的依据。

概括地讲，工程造价文件的作用，是考核设计方案技术上的可行性、经济上的合理性，确定基本建设项目总投资，编制年度投资计划，进行工程招标，筹措工程建设资金，办理投资拨款、贷款，核算建设成本，考核工程造价和投资效果等项内容的主要依据。

任务三　水利工程造价

任务描述：进一步熟悉水利工程造价文件的各个类型，掌握主要水利工程造价文件类型在水利水电工程建设相应阶段的重要作用。

一、水利工程造价文件类型

水利水电工程造价是根据水利水电工程不同设计阶段的具体内容和有关定额、指标分阶段进行编制的。

基本建设工程概预算所确定的投资额，实质上是相应工程的计划价格。这种计划价格在实际工作中通常称为概算造价和预算造价，它是国家对基本建设实行宏观控制、科学管理和有效监督的重要手段之一，对于提高企业的经营管理水平和经济效益，节约国家建设资金具有重要的意义。

根据我国水利水电基本建设程序的规定，水利水电工程在工程建设的不同阶段，由于工作深度不同、要求不同，各阶段要分别编制相应的造价文件。一般有以下几种。

1. 投资估算

投资估算是考核拟建项目所提出的建设方案在技术上的可行性和经济上的合理性，是项目建议书及可行性研究阶段对工程造价的预测，是控制拟建项目投资的最高限额，是根据规划阶段和前期勘测阶段所提出的资料、有关数据对拟建项目所提出的不同建设方案进行多方比较、论证后所提出的投资总额，这个投资额连同可行性研究报告一经上级批准，即作为该拟建项目进行初步设计、编制概算投资总额的控制依据。投资估算是项目法人为选定近期开发项目作为科学决策和进行初步设计的重要依据，是工程造价全过程管理的"龙头"，抓好这个"龙头"对工程投资控制具有十分重要的意义。

2. 设计概算

设计概算是由设计单位在已经批准的可行性研究报告投资估算的控制下编制的，是国家确定和控制建设项目投资总额、编制年度基本建设计划，控制基本建设拨款、投资贷款的依据；是实行建设项目投资包干，招标项目控制标底的依据；是控制施工图预算，考核设计单位设计成果是否经济合理的依据；也是建设单位进行成本核算、考核成本是否经济合理的依据。因此，设计概算是整个基本建设工作中一个比较重要的环节，国家对此有严格的考核要求，在工作中必须给予高度重视。设计单位在报批设计文件的同时，要报批设计概算。设计概算经过审批后，就成为国家控制该建设项目总投资的主要依据，不得任意突破。水利水电工程采用设计概算作为编制施工招标标底、利用外资概算和执行概算的依据。

工程开工时间与设计概算所采用的价格水平不在同一年份时，按规定由设计单位根据开工年的价格水平和有关政策重新编制设计概算，这时编制的概算一般称为调整概算。调整概算仅仅是在价格水平和有关政策方面的调整，工程规模及工程量与初步设计均保持不变。初步设计概算采用的价格水平年与开工年份相差 2 年以上则要重编概算。

3. 修改概算

对于某些大型工程或特殊工程，当采用三阶段设计时，在技术设计阶段随着设计内容的深化，可能出现建设规模、结构造型、设备类型和数量等内容与初步设计相比有所变化的情况，设计单位应对投资额进行具体核算。对初步设计总概算进行修改，即编制修改设计概算，作为技术文件的组成部分。修改概算是在量（指工程规模或设计标准）和价（指价格水平）都有变化的情况下，对设计概算的修改。由于绝大多数水利水电工程都采用两阶段设计（即初步设计和施工图设计），未作技术设计，故修改概算也就很少出现。

4. 业主预算

业主预算又称为执行概算，它是对已确定招标的项目在已经批准的设计概算的基础上，按照项目法人的管理要求和分标情况，对工程项目进行合理调整后编制的。其主要目的是有针对性地计算建设项目各部分的投资，对临时工程费与其他费用进行摊销，以利于设计概算与承包单位的投标报价作同口径比较，便于对投资进行管理和控制。但业主预算项目间的投资调整不应影响概算投资总额，它应与投资概算总额相一致。

5. 标底与报价

标底是招标工程的预期价格，它主要是根据招标文件和图纸，按有关规定，结合工程的具体情况，计算出的合理工程价格。它是由业主委托具有相应资质的设计单位、社会咨询单位编制完成的，包括发包造价、与造价相适应的质量保证措施及主要施工方案、为了缩短工期所需的措施费等。其中主要是合理的发包造价。标底应在编制完成后报送招标投标管理部门审定。标底的主要作用是招标单位在一定浮动范围内合理控制工程造价，明确自己在发包工程上应承担的财务义务。标底也是投资单位考核发包工程造价的主要尺度。目前，根据工程实践，标底一般以拦标控制价代替；拦标控制价和投标报价采取工程量清单计价方法计算工程造价。

投标报价，即报价，是施工企业（或厂家）对建筑工程施工产品（或机电、金属结构设备）的自主定价。它反映的是市场价格，体现了企业的经营管理、技术和装备水平。中标报价是基本建设产品的成交价格。

6. 施工图预算

施工图预算也称为设计预算，是由设计单位在施工图设计阶段，根据施工图纸、施工组织设计、国家颁布的预算定额和工程量计算规则、地区材料预算价格、施工管理费标准、企业利润率、税率等，计算每项工程所需人力、物力和投资额的文件。它应在已批准的设计概算控制下进行编制。它是施工前组织物资、机具、劳动力，编制施工计划，统计完成工作量，办理工程价款结算，实行经济核算，考核工程成本，实行建筑工程包干和建设银行拨（贷）工程款的依据。它是施工图设计的组成部分，由设计单位负责编制。它的主要作用是确定单位工程项目造价，是考核施工图设计经济合理性的依据。一般建筑工程以施工图预算作为编制施工招标标底的依据。

7. 施工预算

施工预算是承担项目施工的单位，根据施工工序而自行编制的人工、材料、机械台时耗用量及其费用总额，即单位工程成本。它主要用于施工企业内部人、材、机的计划管理，是控制成本和班组经济核算的依据。它是根据施工图的工程量、施工组织设计或施工方案和施工定额等资料进行编制的。

8. 竣工结算

竣工结算是施工单位与建设单位对承建工程项目价款的最终清算（施工过程中的结算属于中间结算）。

9. 竣工决算

竣工决算是竣工验收报告的重要组成部分，它是指建设项目全部完工后，在工程竣工验收阶段，由建设单位编制的从项目筹建到建成投产全部费用的技术经济文件。它是建设投资管理的重要环节，是工程竣工验收、交付使用的重要依据，也是进行建设项目财务总结，银行对其实行监督的必要手段。

竣工结算与竣工决算是完全不同的两个概念，其主要区别在于：一是范围不同，竣工结算的范围只是承建工程项目，是基本建设的局部，而竣工决算的范围是基本建设的整体；二是成本不同，竣工结算只是承包合同范围内的预算成本，而竣工决算是完整的预算成本，它还要计入工程建设的其他费用、临时费用、建设期融资利息等工程成本和费用。由此可见，竣工结算是竣工决算的基础，只有先办竣工结算才有条件编制竣工决算。

二、基本建设程序与水利工程造价的关系

水利水电基本建设程序与各阶段的工程造价之间的关系如图 1-1 所示。

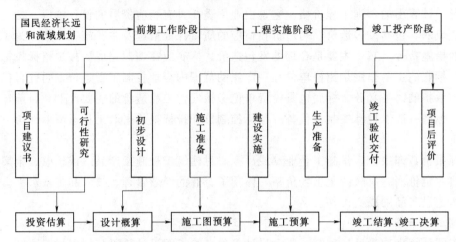

图 1-1 水利水电工程基本建设程序与水利工程造价的关系框图

通常将设计概算、施工图预算和竣工决算简称为基本建设的"三算"，是建设项目概预算的重要内容，三者有机联系、缺一不可。设计要编制概算，施工要编制预算，竣工要编制决算。一般情况下，决算不能超过预算，预算不能超过概算，概算不能超过估算。此外，竣工结算、施工图预算和施工预算通常称为施工企业内部的"三算"，它是施工企业内部进行管理的依据。竣工决算是建设单位向国家（或业主）汇报建设成果和财务状况的总结性文件，是竣工验收报告的重要组成部分，它反映了工程的实际造价。竣工决算由建设单位负责编制。竣工决算是建设单位向管理单位移交财产，考核工程项目投资，分析投资效果的依据。编好竣工决算对促进竣工投产，积累技术经济资料有重要意义。

项 目 学 习 小 结

本项目主要介绍了基本建设和基本建设程序、工程造价的作用和概念等有关内容，并着重介绍了水利工程造价计算的类型等知识，以期通过本项目的学习，对水利工程造价文件的编制能有一个初步认识。学习任务的重点是水利水电基本建设程序、水利工程造价文件的类型。

职 业 技 能 训 练 一

一、单选题

1. 可行性研究投资估算是（　　）的重要依据。

A. 项目科学决策　　　B. 列入计划　　　C. 开工报告审批　　　D. 编制标底

2. 水利工程初步设计阶段编制的工程造价文件是（　　）。

A. 施工图预算　　　B. 设计概算　　　C. 投资估算　　　D. 施工预算

3. 初步设计概算采用的价格水平年与开工年相差（　　）以上则要重编概算。

A.1 年　　　B.2 年　　　C.3 年　　　D.4 年

4. 工程项目竣工决算应包括项目（   ）的全部费用。

A. 从开工报告到竣工报告   B. 从筹建到竣工验收

C. 从开工到竣工验收   D. 从主体开工到工程结束

5. 在国家有关部门规定的建设程序中，各个步骤（   ）。

A. 次序可以颠倒，但不能进行交叉

B. 次序不能颠倒，但可以进行合理交叉

C. 次序不能颠倒，也不能进行交叉

D. 次序可以颠倒，同时也可以进行交叉

二、多选题

1. 建设项目按建设性质划分为（   ）。

A. 生产性建设项目   B. 大型项目   C. 新建项目

D. 扩建项目   E. 改建项目

2. 我国基本建设过程大致上可以分为三个时期，即（   ）。

A. 前期工作时期   B. 投资时期   C. 投资回收时期

D. 工程实施时期   E. 竣工投产时期

3. 投资估算是（   ）阶段对工程造价的预测。

A. 流域规划   B. 项目建议书   C. 可行性研究

D. 初步设计   E. 技术设计

4. 下列属于新建项目的是（   ）。

A. 原来没有，现在开始建设的项目

B. 由于生产布局需要，迁往外地新建设的项目

C. 因自然灾害等原因，原有固定资产部分报废后按原有规模建设的项目

D. 经扩大建设规模，新增加固定资产价值是原有固定资产价值的两倍

E. 经扩大建设规模，新增加固定资产价值是原有固定资产价值的五倍

5. 水利工程竣工决算的主要作用是（   ）。

A. 总结竣工项目设计概算和计划的执行情况

B. 考核水利投资效益

C. 经审定的竣工决算是正确核定新增资产价值、项目资产形成、资产移交和投资核销的依据

D. 积累技术经济资料

E. 建设单位与施工单位进行完工结算的依据

三、判断题

1. 固定资产从它在生产和使用过程中所处的地位和作用的社会属性，可分为生产性固定资产和非生产性固定资产两大类。   （   ）

2. 项目法人在施工准备阶段组建。   （   ）

3. 工程造价的直意就是工程的建造价格，即建筑市场买卖双方交易的价格。   （   ）

4. 工程造价文件的作用是为建筑市场买卖双方建立公平交易的衡量标准。   （   ）

5. 竣工结算的编制人是项目法人。   （   ）

项目二 水利工程项目划分及费用构成

项目描述： 通过本项目的学习，了解水利工程的分类及概算组成，熟悉工程部分项目划分和项目组成，掌握水利工程概算的工程部分费用构成。

项目学习目标： 明晰水利工程建设项目的费用构成。

项目学习重点： 水利工程概算的工程部分费用构成。

项目学习难点： 价差预备费和建设期融资利息的计算。

任务一 水利工程的分类及概算组成

任务描述： 了解水利工程按工程性质进行的三大类划分及水利工程建设项目的概算组成。

一、水利工程分类

由于水利工程是个复杂的建筑群体，同其他工程相比，包含的建筑群体种类多、涉及面广。例如，大中型水电工程除拦河坝（闸）、主副厂房外，还有变电站、开关站、引水系统、输水系统、泄洪设施、过坝建筑、输变电线路、公路、铁路、桥梁、码头、通信系统、给排水系统、供风系统、制冷设施、附属辅助企业、文化福利建筑等，难以严格按单项工程、单位工程、分部工程和分项工程来确切划分。因此，对于水利工程基本建设项目有专门的项目划分规定。

水利工程按工程性质划分为枢纽工程、引水工程及河道工程三大类，具体划分如图 2-1 所示［注：灌溉工程（1）指设计流量不小于 $5m^3/s$ 的灌溉工程，灌溉工程（2）指设计流量小于 $5m^3/s$ 的灌溉工程和田间工程］。

二、概算组成

水利工程规模大、项目多、投资大，在编制概预算时，对建设项目费用划分得更细更多。水利工程建设项目费用包括工程部分、建设征地移民补偿、环境保护工程和水土保持工程四部分。这四部分的概算编制应分别执行相应编制规定，本书主要介绍工程部分概预算编制及工程量清单报价知识。水利工程概算组成如图 2-2 所示。

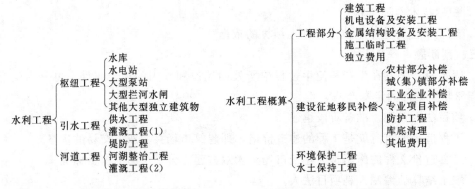

图 2-1 水利工程按工程性质划分　　　　图 2-2 水利工程概算组成

任务二　工程部分项目划分及项目组成

任务描述： 熟悉水利工程建设项目工程部分项目划分及项目组成。

一、项目划分

（一）基本建设项目划分

一个基本建设项目往往规模大，建设周期长，影响因素复杂，尤其是大中型水利水电工程。因此，为了便于编制基本建设计划和编制工程造价，组织招投标与施工，进行质量、工期和投资控制，拨付工程款项，实行经济核算和考核工程成本，需对一个基本建设项目进行系统地逐级划分。基本建设工程通常按项目本身的内部组成，将其划分为建设项目、单项工程、单位工程、分部工程和分项工程。

1. 建设项目

建设项目是指按照一个总体设计进行施工，由一个或若干个单项工程组成，经济上实行统一核算、行政上实行统一管理的基本建设工程实体，如一座独立的工业厂房、一所学校或水利枢纽工程等。

一个建设项目中，可以有几个单项工程，也可能只有一个单项工程，不得把不属于一个设计文件内的、经济上分别核算、行政分开管理的几个项目捆在一起作为一个建设项目，也不能把总体设计内的工程，按地区或施工单位划分为几个建设项目。在一个设计任务书范围内，规定分期进行建设时，仍为一个建设项目。

2. 单项工程

单项工程是一个建设项目中，具有独立的设计文件，竣工后能够独立发挥生产能力和使用效益的工程。例如，工厂内能够独立生产的车间、办公楼等，一所学校的学习楼、学生宿舍等，一个水利枢纽工程的发电站、拦河大坝等，单项工程是具有独立存在意义的一个完整工程，也是一个极为复杂的综合体，它是由许多单位工程所组成，如一个新建车间，不仅有厂房，还有设备安装等工程。

3. 单位工程

单位工程是单项工程的组成部分，是指具有独立的设计文件、可以独立组织施工，但完工后不能独立发挥效益的工程。一般按照建筑物建筑及安装来划分，如生产车间是一个单项工程，它又可以划分为建筑工程和设备安装两大类单位工程。其中建筑工程包括一般土建工程、电气照明工程、暖气通风工程、水卫工程、工业管道工程、特殊构筑物工程等单位工程；设备及安装工程包括机械设备及安装工程、电气设备及安装工程等。又如灌区工程中进水闸、分水闸、渡槽；水电站引水工程中的进水口、引水隧洞、调压井等都是单位工程。

4. 分部工程

分部工程是单位工程的组成部分，是按工程部位、设备种类和型号、使用的材料和工种的不同对单位工程所作的进一步划分，如房屋建筑工程可划分为基础工程、墙体工程、屋面工程等。也可以按照工种来划分，如土石方工程、钢筋混凝土工程、装饰工程等；隧洞工程可以分为开挖工程、衬砌工程等。

分部工程是编制工程造价、组织施工、质量评定、包工结算与成本核算的基本单位，但在分部工程中影响工料消耗的因素仍然很多。例如，同样都是土方工程，由于土壤类别（普通土、坚硬土、砾质土）不同，挖土的深度不同，施工方法不同，则每一单位土方工程所消耗的人工、材料差别很大。因此，还必须把分部工程按照不同的施工方法、不同的材料、不同的规格等作进一步的划分。

5. 分项工程

分项工程是分部工程的组成部分，是通过较为简单的施工过程就能生产出来，并且可以用适当计量单位计算其工程量大小的建筑或设备安装工程产品，如每立方米砖基础工程、一台电动机的安装等。一般来说，它的独立存在是没有意义的，它只是建筑或设备安装工程的最基本构成要素。

建设项目分解如图 2-3 所示。

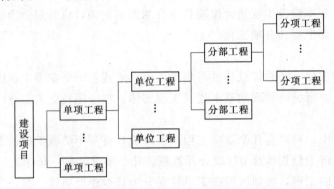

图 2-3　建设项目分解示意图

（二）水利工程项目划分

根据水利工程性质，工程项目划分为枢纽工程、引水工程及河道工程三大类，每个大类下的工程各部分下设一级、二级、三级项目。其中一级项目相当于单项工程，二级项目相当于单位工程，三级项目相当于分部分项工程。大中型水利基本建设工程概（估）算，按《水利工程设计概（估）算编制规定》（水总〔2014〕429 号）的项目划分编制。其中，二级、三级项目中，仅列示了代表性子目，编制概算时，二级、三级项目可根据水利工程初步设计编制规程的工作深度要求和工程情况增减或再划分，下列项目宜作必要的再划分：

（1）土方开挖工程，应将土方开挖与砂砾石开挖分列。

（2）石方开挖工程，应将明挖与暗挖，平洞与斜井、竖井分列。

（3）土石方回填工程，应将土方回填与石方回填分列。

（4）混凝土工程，应将不同工程部位、不同强度等级、不同级配的混凝土分列。

（5）模板工程，应将不同规格形状和材质的模板分列。

（6）砌石工程，应将干砌石、浆砌石、抛石、铅丝（钢筋）笼块石等分列。

（7）钻孔工程，应按使用不同钻孔机械及钻孔的不同用途分列。

（8）灌浆工程，应按不同灌浆种类分列。

（9）机电、金属结构设备及安装工程，应根据设计提供的设备清单，按分项要求逐一列出。

（10）钢管制作及安装工程，应将不同管径的钢管、叉管分列。

（三）项目划分注意事项

（1）现行的项目划分适用于估算、概算、施工图预算。对于招标文件和业主预算，要根据工程分标及合同管理的需要来调整项目划分。

（2）建筑安装工程三级项目的设置除深度应满足现行水利部颁发的《水利工程设计概（估）算编制规定（2014）》（水总〔2014〕429号）的有关规定外，还必须与采用定额相适应。

（3）对有关部门提供的工程量和预算资料，应按项目划分和费用构成正确处理。如施工临时工程，按其规模、性质，有的应在第四部分施工临时工程一至四项中单独列项，有的包括在"其他施工临时工程"中，不单独列项。

（4）注意设计单位的习惯与概算项目划分的差异。如施工导流工程中的闸门及启闭设备大多由金属结构设计人员提供，但应列在第四部分施工临时工程内，而不是第三部分金属结构设备及安装工程内。

二、项目组成

在编制水利水电工程概（估）算时，根据水总〔2014〕429号文的有关规定，结合水利工程的性质特点和组成内容，水利工程建设项目划分为枢纽工程、引水工程及河道工程三大类，它们的工程部分又分别由建筑工程、机电设备及安装工程、金属结构设备及安装工程、施工临时工程和独立费用五大部分组成。

（一）第一部分　建筑工程

（1）枢纽工程。指水利枢纽建筑物、大型泵站、大型拦河水闸和其他大型独立建筑物（含引水工程的水源工程），包括挡水工程、泄洪工程、引水工程、发电厂（泵站）工程、升压变电站工程、航运工程、鱼道工程、交通工程、房屋建筑工程、供电设施工程和其他建筑工程。其中挡水工程等前七项为主体建筑工程。

（2）引水工程及河道工程。指供水工程、调水工程和灌溉工程（1）。包括渠（管）道工程、建筑物工程、交通工程、房屋建筑工程、供电设施工程和其他建筑工程。

（3）河道工程。指堤防修建与加固工程、河湖整治工程以及灌溉工程（2）。包括河湖整治与堤防工程、灌溉及田间渠（管）道工程、建筑物工程、交通工程、房屋建筑工程、供电设施工程和其他建筑工程。

（二）第二部分　机电设备及安装工程

（1）枢纽工程。指构成枢纽工程固定资产的全部机电设备及安装工程。本部分由发电设备及安装工程、升压变电设备及安装工程和公用设备及安装工程三项组成。大型泵站和大型拦河水闸的机电设备及安装工程项目的划分参考引水工程及河道工程划分方法。

（2）引水工程及河道工程。指构成该工程固定资产的全部机电设备及安装工程。一般包括泵站设备及安装工程、水闸设备及安装工程、电站设备及安装工程、供变电设备及安装工程和公用设备及安装工程四项。

（三）第三部分　金属结构设备及安装工程

指构成枢纽工程、引水工程和河道工程固定资产的全部金属结构设备及安装工程。包括闸门、启闭机、拦污设备、升船机等设备及安装工程，水电站（泵站等）压力钢管制作及安装工程和其他金属结构设备及安装工程。

金属结构设备及安装工程的一级项目应与建筑工程的一级项目相对应。

（四）第四部分　施工临时工程

指为辅助主体工程施工所必须修建的生产和生活用临时性工程。包括导流工程、施工交通工程、施工场外供电工程、施工房屋建筑工程、其他施工临时工程。

（五）第五部分 独立费用

本部分由以下六项组成。

（1）建设管理费。

（2）工程建设监理费。

（3）联合试运转费。

（4）生产准备费。包括生产及管理单位提前进厂费、生产职工培训费、管理用具购置费、备品备件购置费、工器具及生产家具购置费。

（5）科研勘测设计费。包括工程科学研究试验费和工程勘测设计费。

（6）其他。包括工程保险费、其他税费。

任务三 水利工程工程部分费用构成

任务描述：掌握水利工程概算的工程部分费用构成。

水利工程工程部分费用组成如图 2-4 所示。

$$
费用\begin{cases} 工程费\begin{cases} 建筑及安装工程费 \\ 设备费 \end{cases} \\ 独立费用 \\ 预备费 \\ 建设期融资利息 \end{cases}
$$

图 2-4 水利工程建设项目费用组成

一、建筑及安装工程费用

建筑及安装工程费由直接费、间接费、利润、材料补差和税金五项组成。

（一）直接费

直接费指建筑及安装工程施工过程中直接消耗在工程项目上的活劳动和物化劳动。它由基本直接费、其他直接费组成。

1. 基本直接费

基本直接费包括人工费、材料费、施工机械使用费。

（1）人工费。人工费指列入概预算定额的直接从事建筑安装工程施工的生产工人开支的各项费用，内容包括基本工资、辅助工资等。

（2）材料费。材料费指用于建筑安装工程项目上的消耗性材料费、装置性材料费和周转性材料摊销费，包括定额工作内容规定应计入的未计价材料和计价材料费用。

材料预算价格一般包括材料原价、运杂费、运输保险费和采购及保管费四项。

（3）施工机械使用费。施工机械使用费指消耗在建筑安装工程项目上的机械磨损、维修和动力燃料费用等，包括折旧费、修理及替换设备费、安装拆卸费、机上人工费和动力燃料费等。

2. 其他直接费

其他直接费指基本直接费以外的在施工过程中直接发生的其他费用。包括冬、雨季施工增加费，夜间施工增加费，特殊地区施工增加费，临时设施费，安全生产措施费及其他。

（1）冬、雨季施工增加费。冬、雨季施工增加费指在冬、雨季施工期间为保证工程质量所需增加的费用。包括增加施工工序，增设防雨、保温、排水等设施增耗的动力、燃料、材料以及因人工、机械效率降低而增加的费用。

（2）夜间施工增加费。夜间施工增加费指施工场地和公用施工道路的照明费用。照明线路工程费用包括在"临时设施费"中；施工附属企业系统、加工厂、车间的照明费用，列入相应的产品中，均不包括在本项费用之内。

（3）特殊地区施工增加费。特殊地区施工增加费指在高海拔、原始森林、沙漠等特殊地区施工而增加的费用。

（4）临时设施费。临时设施费指施工企业为进行建筑安装工程施工所必需的但又未被划入施工临时工程的临时建筑物、构筑物和各种临时设施的建设、维修、拆除、摊销等。例如，供风、供水（支线）、供电（场内）、照明、供热系统及通信支线，土石料场，简易砂石料加工系统，小型混凝土拌和浇筑系统，木工、钢筋、机修等辅助加工厂，混凝土预制构件厂，场内施工排水，场地平整、道路养护及其他小型临时设施等。

（5）安全生产措施费。安全生产措施费指为保证施工现场安全作业环境及安全施工、文明施工所需要，在工程设计已考虑的安全支护措施之外发生的安全生产、文明施工相关费用。

（6）其他。包括施工工具用具使用费，检验试验费，工程定位复测及施工控制网测设，工程点交工、竣工场地清理，工程项目及设备仪表移交生产前的维护费，工程验收检测费等。

1）施工工具用具使用费。指施工生产所需，但不属于固定资产的生产工具，检验、试验用具等的购置、摊销和维护费。

2）检验试验费。指对建筑材料、构件和建筑安装物进行一般鉴定、检查所发生的费用，包括自设实验室所耗用的材料和化学药品费用，以及技术革新和研究试验费，不包括新结构、新材料的试验费和建设单位要求对具有出厂合格证明的材料进行试验、对构件进行破坏性试验，以及其他特殊要求检验试验的费用。

3）工程项目及设备仪表移交生产前的维护费。指竣工验收前对已完工程及设备进行保护所需费用。

4）工程验收检测费。指工程各级验收阶段为检测工程质量发生的检测费用。

（二）间接费

间接费指施工企业为建筑安装工程施工而进行组织与经营管理所发生的各项费用。间接费构成产品成本，由规费和企业管理费组成。

1. 规费

规费指政府和有关部门规定必须缴纳的费用。包括社会保险费和住房公积金。

（1）社会保险费。

1）养老保险费。指企业按照规定标准为职工缴纳的基本养老保险费。

2）失业保险费。指企业按照规定标准为职工缴纳的失业保险费。

3）医疗保险费。指企业按照规定标准为职工缴纳的基本医疗保险费。

4）工伤保险费。指企业按照规定标准为职工缴纳的工伤保险费。

5）生育保险费。指企业按照规定标准为职工缴纳的生育保险费。

（2）住房公积金。指企业按照规定标准为职工缴纳的住房公积金。

2. 企业管理费

企业管理费指施工企业为组织施工生产和经营管理活动所发生的费用。内容包括以下几项：

（1）管理人员工资。指管理人员的基本工资、辅助工资。

（2）差旅交通费。指施工企业管理人员因公出差、工作调动的差旅费，误餐补助费，职工探亲路费，劳动力招募费，职工离退休、退职一次性路费，工伤人员就医路费，工地转移费，交通工具运行费及牌照费等。

（3）办公费。指企业办公用文具、印刷、邮电、书报、会议、水电、燃煤（气）等费用。

（4）固定资产使用费。指企业属于固定资产的房屋、设备、仪器等的折旧、大修理、维修费或租赁费等。

（5）工具用具使用费。指企业管理使用不属于固定资产的工具、用具、家具、交通工具和检验、试验、测绘、消防用具等的购置、维修和摊销费。

（6）职工福利费。指企业按照国家规定支出的职工福利费，以及由企业支付离退休职工的易地安家补助费、职工退职金、六个月以上的病假人员工资、按规定支付给离休干部的各项经费。职工发生工伤时企业依法在工伤保险基金之外支付的费用，其他在社会保险基金之外依法由企业支付给职工的费用。

（7）劳动保护费。指企业按照国家有关部门规定标准发放的一般劳动防护用品的购置及修理费、保健费、防暑降温费、高空作业及进洞津贴、技术安全措施以及洗澡用水、饮用水的燃料费等。

（8）工会经费。指企业按职工工资总额计提的工会经费。

（9）职工教育经费。指企业为职工学习先进技术和提高文化水平按职工工资总额计提的费用。

（10）保险费。指企业财产保险、管理用车辆等保险费用，高空、井下、洞内、水下、水上作业等特殊工种安全保险费、危险作业意外伤害保险费等。

（11）财务费用。指施工企业为筹集资金而发生的各项费用，包括企业经营期间发生的短期融资利息净支出、汇兑净损失、金融机构手续费，企业筹集资金发生的其他财务费用，以及投标和承包工程发生的保函手续费等。

（12）税金。指企业按规定缴纳的房产税、管理用车辆使用税、印花税、城市维护建设税、教育费附加和地方教育附加。

（13）其他。包括技术转让费、企业定额测定费、施工企业进退场费、施工企业承担的施工辅助工程设计费、投标报价费、工程图纸资料费及工程摄影费、技术开发费、业务招待费、绿化费、公证费、法律顾问费、审计费和咨询费等。

（三）利润

利润指按规定应计入建筑安装工程费用中的利润。

（四）材料补差

材料补差指根据主要材料消耗量、主要材料预算价格与材料基价之间的差值，计算的主要材料补差金额。材料基价是指计入基本直接费的主要材料的限制价格。

（五）税金

税金指国家对施工企业承担建筑、安装工程作业收入所征收的增值税销项税额。

这里需要说明的是，1994年我国税制改革，确立我国流转税的两大主要税种营业税和增值税，建筑业一直施行的是缴纳营业税和营业税附加税费（以营业税为计税基数征收城市维护建设税、教育附加费和地方教育附加费）。2016年7月5日，水利部办公厅发布《水利工程营业税改征增值税计价依据调整办法》，要求今后水利工程税金主要是指应计入建筑安装工程费用内的增值税销项税额。增值税计税方法分为一般计税方法和简易计税方法，水利工程除自采砂石料按简易计税方法计税外（税率为3％），建筑安装工程费用中包含的增值税均采用一般计税方法计税，目前税率为9％〔2019年4月4日，中华人民共和国水利部办公厅发布《水利部办公厅关于调整水利工程计价依据增值税计算标准的通知》（办财务函〔2019〕448号）确定〕。

采用一般计税方法，增值税应纳税额的计算公式为

$$增值税应纳税额＝当期销项税额－当期进项税额 \tag{2-1}$$

$$销项税额＝销售额×税率销售额（不含增值税） \tag{2-2}$$

$$销售额＝\frac{含税销售额}{1＋税率} \tag{2-3}$$

采用简易计税方法的应纳税额，是指按照销售额和增值税征收税率计算的增值税额，不得抵扣进项税额（类似于营业税）。应纳税额计算公式为

$$应纳税额＝销售额×征收率 \tag{2-4}$$

销售额不包括其应纳税额，纳税人采用销售额和应纳税额合并定价方法的，按照下列公式计算销售额，即

$$销售额＝\frac{含税销售额}{1＋征收率} \tag{2-5}$$

二、设备费

设备费包括设备原价、运杂费、运输保险费和采购及保管费。

1. 设备原价

（1）国产设备。其原价指出厂价。

（2）进口设备。以到岸价和进口征收的税金、手续费、商检费及港口费等各项费用之和为原价。

（3）大型机组及其他大型设备分解运至工地后的拼装费用，应包括在设备原价内。

2. 运杂费

运杂费指设备由厂家运至工地现场所发生的一切运杂费用，包括运输费、装卸费、包装绑扎费、大型变压器充氮费及可能发生的其他杂费。

3. 运输保险费

运输保险费指设备在运输过程中的保险费用。

4. 采购及保管费

采购及保管费指建设单位和施工企业在负责设备的采购、保管过程中发生的各项费用。主要包括以下几项：

（1）采购保管部门工作人员的基本工资、辅助工资、职工福利费、劳动保护费、养老保险费、失业保险费、医疗保险费、工伤保险费、生育保险费、住房公积金、教育经费、办公费、差旅交通费和工具用具使用费等。

（2）仓库、转运站等设施的运行费、维修费、固定资产折旧费、技术安全措施费和设备的检验、试验费等。

三、独立费用

独立费用指按照基本建设工程投资统计包括范围的规定，应在投资中支付并列入建设项

目概预算，与工程直接有关却难以直接摊入某个单位工程的费用。独立费用由建设管理费、工程建设监理费、联合试运转费、生产准备费、科研勘测设计费和其他六项组成。

（一）建设管理费

建设管理费指建设单位在工程项目筹建和建设期间进行管理工作所需的费用，包括建设单位开办费、建设单位人员费、项目管理费三项。

1. 建设单位开办费

建设单位开办费指新组建的工程建设单位，为开展工作所必须购置的办公设施、交通工具等以及其他用于开办工作的费用。

2. 建设单位人员费

建设单位人员费指建设单位从批准组建之日起至完成该工程建设管理任务之日止，需开支的建设单位人员费用，主要包括工作人员的基本工资、辅助工资、职工福利费、劳动保护费、养老保险费、失业保险费、医疗保险费、工伤保险费、生育保险费、住房公积金等。

3. 项目管理费

项目管理费指建设单位从筹建到竣工期间所发生的各种管理费用。包括以下几项：

（1）工程建设过程中用于资金筹措、召开董事（股东）会议、视察工程建设所发生的会议和差旅等费用。

（2）工程宣传费。

（3）土地使用税、房产税、印花税、合同公证费。

（4）审计费。

（5）施工期间所需的水情、水文、泥沙、气象监测费和报汛费。

（6）工程验收费。

（7）建设单位人员的教育经费、办公费、差旅交通费、会议费、交通车辆使用费、技术图书资料费、固定资产折旧费、零星固定资产购置费、低值易耗品摊销费、工具用具使用费、修理费、水电费、采暖费等。

（8）招标业务费。

（9）经济技术咨询费。包括勘测设计成果咨询、评审费，工程安全鉴定、验收技术鉴定、安全评价相关费用，建设期造价咨询，防洪影响评价、水资源论证、工程场地地震安全性评价、地质灾害危险性评价及其他专项咨询等发生的费用。

（10）公安、消防部门派驻工地补贴费及其他工程管理费用。

（二）工程建设监理费

工程建设监理费指建设单位在工程建设过程中委托监理单位，对工程建设的质量、进度、安全和投资进行监理所发生的全部费用。

（三）联合试运转费

联合试运转费指水利工程的发电机组、水泵等安装完毕，在竣工验收前，进行整套设备带负荷联合试运转期间所需的各项费用。主要包括联合试运转期间所消耗的动力、燃料、材料及机械使用费，工具用具购置费，施工单位参加联合试运转人员的工资等。

（四）生产准备费

生产准备费指水利建设项目的生产、管理单位为准备正常的生产运行或管理发生的费用，包括生产及管理单位提前进厂费、生产职工培训费、管理用具购置费、备品备件购置费和工器具及生产家具购置费。

1. 生产及管理单位提前进厂费

生产及管理单位提前进厂费指在工程完工之前，生产、管理单位一部分工人、技术人员和管理人员提前进厂进行生产筹备工作所需的各项费用。内容包括提前进厂人员的基本工资、辅助工资、职工福利费、劳动保护费、养老保险费、失业保险费、医疗保险费、工伤保险费、生育保险费、住房公积金、教育经费、办公费、差旅交通费、会议费、技术图书资料费、零星固定资产购置费、低值易耗品摊销费、工具用具使用费、修理费、水电费、采暖费等，以及其他属于生产筹建期间应开支的费用。

2. 生产职工培训费

生产职工培训费指生产及管理单位为保证生产、管理工作顺利进行，对工人、技术人员和管理人员进行培训所发生的费用。

3. 管理用具购置费

管理用具购置费指为保证新建项目的正常生产和管理所必须购置的办公和生活用具等费用，包括办公室、会议室、资料档案室、阅览室、文娱室、医务室等公用设施需要配置的家具器具。

4. 备品备件购置费

备品备件购置费指工程在投产运行初期，由于易损件损耗和可能发生的事故，而必须准备的备品备件和专用材料的购置费。不包括设备价格中配备的备品备件。

5. 工器具及生产家具购置费

工器具及生产家具购置费指按设计规定，为保证初期生产正常运行所必须购置的不属于固定资产标准的生产工具、器具、仪表、生产家具等的购置费。不包括设备价格中已包括的专用工具。

（五）科研勘测设计费

科研勘测设计费指工程建设所需的科研、勘测和设计等费用。包括工程科学研究试验费和工程勘测设计费。

1. 工程科学研究试验费

工程科学研究试验费指为保障工程质量，解决工程建设技术问题，而进行必要的科学研究试验所需的费用。

2. 工程勘测设计费

工程勘测设计费指工程从项目建议书阶段开始至以后各设计阶段发生的勘测费、设计费和为勘测设计服务的常规科研试验费。不包括工程建设征地移民设计、环境保护设计、水土保持设计各设计阶段发生的勘测设计费。

（六）其他

1. 工程保险费

工程保险费指工程建设期间，为使工程能在遭受水灾、火灾等自然灾害和意外事故造成损失后得到经济补偿，而对工程进行投保所发生的保险费用。

2. 其他税费

其他税费指按国家规定应缴纳的与工程建设有关的税费。

四、预备费

预备费包括基本预备费和价差预备费。

1. 基本预备费

基本预备费主要为解决在工程建设过程中，设计变更和有关技术标准调整增加的投资以及工程遭受一般自然灾害所造成的损失和为预防自然灾害所采取的措施费用。

2. 价差预备费

价差预备费主要为解决在工程建设过程中，因人工工资、材料和设备价格上涨以及费用标准调整而增加的投资。

五、建设期融资利息

根据国家财政金融政策规定，工程在建设期内需偿还并应计入工程总投资的融资利息。

六、工程总投资

1. 静态总投资

工程第一至第五部分（即建筑工程、机电设备及安装工程、金属结构设备及安装工程、施工临时工程和独立费用）投资与基本预备费之和构成静态总投资。

2. 总投资

工程第一至第五部分（即建筑工程、机电设备及安装工程、金属结构设备及安装工程、施工临时工程和独立费用）投资、基本预备费、价差预备费、建设期融资利息之和构成总投资。

项 目 学 习 小 结

本项目主要介绍了水利工程分类和概算组成、工程项目划分与组成、水利工程概预算费用构成等有关内容，并着重介绍了水利工程项目划分与组成、概预算费用构成等知识。通过本项目的学习，能初步进行水利工程分类和项目划分。学习任务的重点是工程项目划分与组成、水利工程概预算费用构成。

对于水利工程概预算费用构成，只是列出了所包括的内容，而对于各项费用具体的计算以及取费费率等，则是后续项目的学习内容，留待后面讲解。

职 业 技 能 训 练 二

一、单选题

1. 根据现行部颁规定，水利工程项目一般划分为三级项目，其中二级项目相当于（　　）。

A. 单项工程　　　　B. 单位工程　　　　C. 分部工程　　　　D. 分项工程

2. 基本预备费是指在（　　）范围内难以预料的工程费用。

A. 可行性研究及投资估算　　　　　　　B. 设计任务书及批准的投资估算

C. 初步设计及概算　　　　　　　　　　D. 施工图设计和预算

3. 施工企业财务人员的工资属于（　　）。

A. 财务费用　　　　B. 人工费　　　　C. 建设单位管理　　　　D. 间接费

4. 根据《水利工程设计概（估）算编制规定》，企业管理费属于（　　）。

A. 直接费　　　　　　B. 其他直接费　　　　C. 间接费　　　　　　D. 现场经费

5. 工程部分建设项目费用包括（　　）。

A. 建筑及安装工程费、独立费用、预备费、建设期融资利息

B. 工程费、独立费用、预备费、建设期融资利息

C. 工程费、独立费用、基本预备费、建设期融资利息

D. 工程费、独立费用、价差预备费、建设期融资利息

二、多选题

1. 按现行水利工程项目划分，下列（　　）属于枢纽工程。

A. 堤防工程　　　　　　B. 水库工程　　　　　　C. 水电站工程

D. 灌溉工程　　　　　　E. 供水工程

2. 现行水利工程概算中的工程部分划分为（　　）。

A. 建筑工程、临时工程　　B. 贷款利息　　　　　　C. 机电设备及安装工程

D. 独立费用　　　　　　E. 金属结构设备及安装工程

3. 根据《水利工程设计概（估）算编制规定》，水利工程的独立费用中的建设管理费不包括（　　）。

A. 工程前期费　　　　　B. 项目管理费　　　　　C. 工程建设监理费

D. 联合试运转费　　　　E. 生产准备费

4. 独立费用由（　　）、科研勘测设计费和其他六项组成。

A. 建设管理费　　　　　B. 预备费　　　　　　　C. 工程建设监理费

D. 联合试运转费　　　　E. 生产准备费

5. 按现行部颁规定，建安工程费包括（　　）。

A. 直接工程费　　　　　B. 间接费　　　　　　　C. 基本预备费

D. 企业利润　　　　　　E. 税金

三、判断题

1. 水利工程建设项目费用包括工程部分、建设征地移民补偿、环境保护工程和水土保持工程共四部分。　　　　　　　　　　　　　　　　　　　　　　　　　（　　）

2. 单项工程是工程建设项目的组成部分，是指具有独立的设计文件、可以独立组织施工，但完工后不能独立发挥效益的工程。　　　　　　　　　　　　　　　　（　　）

3. 水利工程概算工程部分由建筑工程、机电设备及安装工程、金属结构设备及安装工程、施工临时工程四大部分组成。　　　　　　　　　　　　　　　　　　（　　）

4. 建筑及安装工程费由直接费、间接费、利润、材料补差和税金五项组成。　（　　）

5. 工程建设监理费属于建设管理费。　　　　　　　　　　　　　　　　　（　　）

项目三　工　程　定　额

项目描述：本项目介绍了工程定额的概念、分类和作用，以及工程定额的编制原则和方法，着重阐述了水利水电概预算定额的使用方法。通过本项目的学习，学习者在编制工程造价文件时可以初步学会使用工程定额。

项目学习目标：对工程定额有一定的了解，能初步使用工程定额。

项目学习重点：工程定额的分类和使用。

项目学习难点：工程定额的使用方法。

任务一　工程定额的概念及特性

任务描述：学习工程定额的概念，了解工程定额的特性。

一、工程定额的概念

定额是指在在合理的劳动组织和合理地使用材料和机械的条件下，完成单位合格产品所消耗的资源数量标准。

在社会生产中，为了生产出合格的产品，就必须投入一定数量的人力、材料、机具、资金等。由于受各种因素的影响，生产一定数量的同类产品，这种消耗量并不相同，消耗量越大，产品的成本就越高，在产品价格一定的情况下，企业的盈利就会降低，对社会的贡献也就较低，对国家和企业本身都是不利的，因此降低产品生产过程中的消耗具有十分重要的意义。但是，产品生产过程中的消耗不可能无限降低，在一定的技术与组织条件下，必然有一个合理的数额。根据一定时期的生产力水平和对产品的质量要求，规定在产品生产中人力、物力或资金消耗的数量标准，这种标准就是定额。

定额水平是一定时期社会生产力水平的反映，它与操作人员的技术水平、机械化程度及新材料、新工艺、新技术的发展和应用有关。同时，也与企业的管理组织水平和全体技术人员的劳动积极性有关。所以定额不是一成不变的，而是随着生产力水平的变化而变化的。一定时期的定额水平，必须坚持平均先进的原则，平均先进水平，就是在一定的生产条件下，大多数企业、班组和个人，经过努力可以达到或超过的标准。因此，定额必须从实际出发，根据生产条件、质量标准和工人现有的技术水平等经过测算、统计、分析而制定，并随着上述条件的变化而进行补充和修订，以适应生产发展的需要。

工程建设定额指在一定的技术组织条件下，预先规定消耗在单位合格建筑产品上的人工、材料、机械、资金和工期的标准额度，是建筑及安装工程预算定额、概算定额、概算指标、投资估算指标、施工定额和工期定额等的总称。

工程建设定额规定的额度反映的是在一定的社会生产力发展水平条件下，完成工程建设中某项产品与各种生产消费之间的特定的数量关系，体现在正常施工条件下人工、材料、机械等消耗的社会平均合理水平。目前适用于水利水电行业的定额有 2002 年水利部颁布的

《水利建筑工程概算定额》《水利建筑工程预算定额》《水利工程施工机械台时费定额》《水利水电设备安装工程概算定额》《水利水电设备安装工程预算定额》和 2014 年水利部颁布的《水利工程设计概（估）算编制规定》等。

二、工程定额的特性

1. 科学性

工程建设定额的科学性包括两重含义：一重含义是指工程建设定额和生产力发展水平相适应，反映出工程建设中生产消费的客观规律；另一重含义是指制定定额有其科学理论基础和科学技术方法。

定额的制定是在充分考虑了客观施工生产技术和管理的条件，在分析各种影响工程施工生产消耗因素的基础上力求定额水平与生产力发展水平相适应，反映出工程建设中生产消费的客观规律。在制定定额的技术方法上，充分利用了现代管理科学的理论、方法和手段，通过严密的测定、统计和分析整理而制定的。制定工程定额要进行"时间研究""动作研究"以及工人、材料和机具在现场的配置研究，有时还要考虑机具改革、施工生产工艺等技术方面的问题等。

2. 群众性

定额是根据当时的实际生产力水平，由定额技术管理人员（具有理论和技术的专门人员）主持，有熟练工人和技术人员参加，在大量测定、综合、分析、研究实际生产中的有关数据和资料的基础上制定出来的。因此它具有广泛的群众性。定额一旦制定颁发，运用于实际生产中，则成为广大群众共同奋斗的目标，定额的执行也离不开工人群众。因此说，定额具有广泛的群众性。

3. 针对性

定额的针对性很强，一种产品（或工序）一项定额，而且一般不能相互套用。一项定额，它不仅是该产品（或工序）的资源消耗的数量标准，而且还规定了完成该产品（或工序）的工作内容、质量标准和质量要求。具有较强的针对性，应用时不能随意套用。

4. 权威性

定额是由国家或其授权机关组织编制和颁发的一种法令性指标，在执行范围之内，任何单位都必须严格遵守和执行，不得任意调整和修改。如需进行调整、修改和补充，必须经授权编制部门批准。定额具有经济法规的性质，赋予定额以权威性，使其具有强制性的特点，有利于理顺工程建设有关各方的经济关系和利益关系。

5. 时效性与稳定性

定额中所规定的各种活劳动与物化劳动消耗量的多少，是由一定时期的社会生产力水平所决定的。随着施工技术的发展和管理水平的提高，定额的内容也不断地更新和充实，即定额的水平也不断提高。当生产条件发生变化，技术有了进步，生产力水平有了提高，原定额也就不适应了，在这种情况下，授权部门应根据新的情况制定出新的定额或补充原有的定额，这就是定额的时效性。但是，社会的发展有其自身的规律，有一个从量变到质变的过程，而且定额的执行也有一个时间过程，所以每一次制定的定额必须是相对稳定的，稳定的时间有长有短，一般在 5～10 年之间。

任务二 工程定额的作用及分类

任务描述：了解工程定额的作用、工程定额的编制原则，熟悉工程定额的分类。

一、工程定额的作用

定额是一切企业实行科学管理的必备条件，没有定额就没有企业的科学管理。定额的作用主要表现在以下几个方面：

（1）定额是编制计划的基础。无论是国家计划还是企业计划，在计划管理中都需要编制施工进度计划、年度计划、月作业计划以及下达生产任务单等，都直接或间接地以各种定额为依据来计算人力、物力、财力等各种资源需要量。所以，定额是编制计划的基础。

（2）定额是确定产品成本的依据，是评比设计方案合理性的尺度。建筑产品的价格是由其产品生产过程中所消耗的人力、材料、机械台班数量以及其他资源、资金的数量所决定的，而它们的消耗量又是根据定额计算的，定额是确定产品成本的依据。同时，同一建筑产品的不同设计方案的成本，反映了不同设计方案的技术经济水平的高低。因此，定额也是比较和评价设计方案是否经济合理的尺度。

（3）定额是提高企业经济效益的重要工具。定额是一种法定的标准，具有严格的经济监督作用，它要求每一个执行定额的人，都必须严格遵守定额的要求，并在生产过程中尽可能有效地使用人力、物力、资金等资源，使之不超过定额规定的标准，从而达到提高劳动生产率、降低生产成本的目的。同时，企业在计算和平衡资源需要量、组织材料供应、编制施工进度计划和作业计划、组织劳动力、签发任务书、考核工料消耗、实行承包责任制等一系列管理工作时，需要以定额作为计算标准。因此，它是加强企业管理的重要工具。

（4）定额是贯彻按劳分配原则的尺度。由于工时消耗定额反映了生产产品与劳动量的关系，可以根据定额来对每个劳动者的工作进行考核，从而确定他所完成的劳动量的多少，并以此来支付他的劳动报酬。多劳多得、少劳少得，体现了社会主义按劳分配的基本原则，这样企业的效益就同个人的物质利益结合起来了。

（5）定额是总结推广先进生产方法的手段。定额是在先进合理的条件下，通过对生产和施工过程的观察、实测、分析而综合制定的，它可以准确地反映出生产技术和劳动组织的先进合理程度。因此，可以用定额标定的方法，对同一产品在同一操作条件下的不同生产方法进行观察、分析，从而总结出比较完善的生产方法，并经过试验、试点，然后在生产过程中予以推广，使生产效率得到提高。

（6）定额是投资决策的依据。建设项目法人（建设单位）或其招标代理机构在确定和控制工程造价、进行经济评价和评判报价是否合理时，必然以定额为依据。它是项目筛选、进行经济比较的依据，也是确定项目造价的基础。建筑工程的造价是由设计内容决定的，而设计内容又是由它的工程所需要的劳动力、材料、机械设备等的消耗来决定的。这里的劳动力、材料和机械设备等，都是根据定额计算出来的。因此，从设计的角度看，定额是确定基本建设投资和建筑工程造价的依据。实施中，概预算是建设单位筹措资金、发包工程、控制造价的依据和目标，也是自我约束、衡量建设管理水平的标准。

二、工程定额的分类

建筑及安装工程定额可按不同的标准进行划分。

1. 按生产要素划分

建筑安装工程定额的种类很多，但不论何种定额，其包含的生产要素是共同的，即人工、材料和机械三要素。所以按生产要素可划分为以下三类：

（1）劳动定额。劳动定额又称人工定额或工时定额。它反映了建筑安装工人劳动生产率的平均先进水平。其表示形式有时间定额和产量定额两种。时间定额是指在合理的劳动组织和施工条件下，生产质量合格的单位产品所需要的劳动量。劳动量的单位以"工日"或"工时"表示。产量定额是指同样条件下，在单位时间内所生产的质量合格的产品数量。时间定额与产量定额互为倒数。

例如，人工挖装土方定额见表 3-1。表中横线上方是时间定额（工日/m³），横线下方是产量定额（m³/工日）。由表可见，人工挖 2 类土装斗车的时间定额为 0.158 工日/m³，产量定额为 6.33 m³/工日。

表 3-1　　　　　　　　　　人工挖装土方每 1m³ 自然方的劳动定额

项　　目	土 质 级 别			
	1	2	3	4
挖装筐、双轮车	$\dfrac{0.0925}{10.80}$	$\dfrac{0.144}{6.94}$	$\dfrac{0.241}{4.15}$	$\dfrac{0.370}{2.70}$
挖装斗车、机动翻斗车	$\dfrac{0.102}{9.80}$	$\dfrac{0.158}{6.33}$	$\dfrac{0.265}{3.77}$	$\dfrac{0.407}{2.46}$
挖装汽车	$\dfrac{0.122}{8.20}$	$\dfrac{0.190}{5.26}$	$\dfrac{0.318}{3.14}$	$\dfrac{0.490}{2.04}$

（2）材料消耗定额。材料消耗定额指在一定的施工条件和合理使用材料的情况下，生产单位质量合格的产品所需一定规格的建筑材料、成品、半成品或配件的数量标准。

例如，钢筋搭接电焊条消耗定额见表 3-2。由表可见，直径为 22mm 的钢筋搭接平焊，焊缝长 1m 需用电焊条 0.48kg。

表 3-2　　　　　　　　　　钢筋搭接电焊条消耗定额

项目	单位	钢筋直径/mm								
		12	16	19	22	25	28	32	36	40
平焊		0.20	0.30	0.38	0.48	0.60	0.70	0.95	1.20	1.50
立焊	kg/m	0.24	0.36	0.46	0.57	0.72	0.84	1.14	1.34	1.78
仰焊		0.26	0.39	0.49	0.62	0.78	0.91	1.28	1.58	1.99

（3）机械使用定额。机械使用定额也称为机械台班或台时定额。它是指施工机械在正常的施工条件下，合理地、均衡地组织劳动和使用机械时，在单位时间内应当完成合格产品的数量，称机械产量定额。或完成单位合格产品所需的时间，称机械时间定领。

例如，油压正铲挖掘机挖土装车定额见表 3-3。由表可见，斗容 1m³ 挖掘机挖 4 类土，土高度 1.5m 以上，装车时间定额为 0.249 台班/100m³、401m³/台班。

表 3-3 油压正铲挖掘机挖土装车定额 单位：100m³

项 目			装 车		
			1、2类土	3类土	4类土
挖掘机斗容量	0.5m³	挖土高度	1.5m以上	$\dfrac{0.264}{3.79}$	$\dfrac{0.33}{3.03}$	$\dfrac{0.37}{2.70}$
			1.5m以下	$\dfrac{0.311}{3.22}$	$\dfrac{0.389}{2.57}$	$\dfrac{0.435}{2.30}$
	1.0m³		1.5m以上	$\dfrac{0.181}{5.54}$	$\dfrac{0.217}{4.60}$	$\dfrac{0.249}{4.01}$
			1.5m以下	$\dfrac{0.212}{4.71}$	$\dfrac{0.256}{3.91}$	$\dfrac{0.293}{3.41}$
	1.5m³		2.0m以上	$\dfrac{0.139}{7.20}$	$\dfrac{0.170}{5.87}$	$\dfrac{0.192}{5.20}$
			2.0m以下	$\dfrac{0.167}{5.98}$	$\dfrac{0.205}{4.87}$	$\dfrac{0.231}{4.32}$

2. 按建设阶段划分

（1）工序定额。它以个别工序为测定对象，它是组成一切工程定额的基本元素，在施工中除了为计算个别工序的用工量外，其他很少采用，但却是劳动定额形成的基础。

（2）施工定额。它是指一种工种完成某一计量单位合格产品（如打桩、砌砖、浇筑混凝土等）所需的人工、材料和施工机械台班消耗量的标准，是施工企业内部作为编制施工作业计划、进行工料分析、签发工程任务单和考核预算成本完成情况的依据。主要用于施工阶段施工企业编制施工预算。施工定额是企业内部经济核算的依据，也是编制预算定额的基础。

（3）预算定额。它是以工程中的分项工程为测定对象，其内容包括人工、材料和机械台班（或台时）使用量三个部分。它是编制施工图预算（设计预算）的依据，也是编制概算定额、概算指标的基础。预算定额在施工企业被广泛用于编制施工准备计划，编制工程材料预算，确定工程造价，考核企业内部各类经济指标等。因此，预算定额是用途最广泛的一种定额。

（4）概算定额。它是预算定额的合并与归纳，用于在初步设计深度条件下，编制设计概算，控制设计项目总造价，评定投资效果和优化设计方案。

（5）概算指标。它是概算定额的扩大与合并，它是以整个建筑物和构筑物为对象，以更为扩大的计量单位来编制的。概算指标的内容包括劳动、机械台班、材料定额三个基本部分，同时还列出了各结构分部的工程量及单位建筑工程（以体积计或面积计）的造价，是一种计价定额。

概算指标的设定和初步设计的深度相适应，一般是在概算定额和预算定额的基础上编制，比概算定额更加综合扩大。它是设计单位编制工程概算或建设单位编制年度任务计划、施工准备期间编制材料和机械设备供应计划的依据，也可供国家编制年度建设计划参考。

（6）投资估算指标。它是在项目建议书和可行性研究阶段编制投资估算、计算投资需要量时使用的一种定额。它往往以独立的单项工程或完整的工程项目为计算对象，编制内容是所有项目费用之和。它的概略程度与可行性研究阶段相适应。投资估算指标往往根据历史的预算、决算资料和价格变动等资料编制，但其编制基础仍然离不开预算定额、概算定额。

上述各种定额的相互关系可参见表 3-4。

表 3－4　　　　　　　　　　　各种定额的相互关系

定额分类	施工定额	预算定额	概算定额	概算指标	投资估算指标
对象	工序	分部分项工程	扩大的分部分项工程	整个建筑物或构筑物	独立的单项工程或完整的工程项目
用途	编制施工预算	编制施工图预算	编制设计概算	编制初步设计概算	编制投资估算
项目划分	最细	细	较粗	粗	很粗
定额水平	平均先进	平均	平均	平均	平均
定额性质	生产性定额	计价性定额			

3. 按制定单位和执行范围划分

按制定单位和执行范围可划分为以下几类:

(1) 全国统一定额。由国务院有关部门制定和颁发的定额。它不分地区,全国适用。

(2) 地区统一定额。包括省(自治区、直辖市)定额。地区统一定额主要是考虑地区性特点和全国统一定额水平作适当调整和补充编制的。

(3) 行业定额。它是由各行业结合本行业特点,在国家统一指导下编制的具有较强行业或专业特点的定额,一般只在本行业内部使用,如 2002 年水利部颁发了《水利建筑工程概算定额》《水利建筑工程预算定额》《水利工程施工机械台时费定额》。

(4) 企业定额。它是指建筑、安装企业在其生产经营过程中,在国家统一定额、行业定额、地方定额的基础上,根据工程特点和自身积累资料,结合本企业具体情况自行编制的定额,供企业内部管理和企业投标报价用。如施工企业及附属的加工厂、车间编制的用于企业内部管理、成本核算、投标报价的定额,以及对外实行独立经济核算的单位如预制混凝土和金属结构厂、大型机械化施工公司、机械租赁站等编制的不纳入建筑安装工程定额系列之内的定额标准、出厂价格、机械台班租赁价格等。

4. 按费用性质划分

(1) 直接费定额。它是指由直接进行施工所发生的人工、消耗及其他直接费组成,是计算工程单价的基础。

(2) 间接费用定额。它是指企业为组织和管理施工所发生的各项费用,一般以直接费或直接人工工资作为基础计算。

(3) 其他基本建设费用定额。它是指不属于建筑安装工作量的独立费用定额,如科研、勘测、设计费定额,技术装备费定额等。

(4) 施工机械台班费用定额。它是指施工过程中所使用的施工机械每运转一个台班所发生的机上人员、动力、燃料消耗数量和折旧、大修理、经常修理、安装拆卸、保管等摊销费用的定额。

三、工程定额的编制原则

1. 平均合理的原则

定额的水平应反映社会平均水平,体现社会必要劳动的消耗量,也就是在正常施工条件下,大多数工人和企业能够达到和超过的水平,既不能采用少数先进生产者、先进企业所达到的水平,也不能以落后的生产者和企业的水平为依据。

2. 基本准确的原则

定额是对千差万别的个别实践进行概括、抽象出一般的数量标准。因此，定额的"准"是相对的，定额的"不准"是绝对的。不能要求定额编得与实际完全一致，只能要求基本准确。

3. 简明适用的原则

在保证具有基本准确的前提下，定额项目不宜过细过繁，步距不宜太小、太密，对于影响定额的次要参数可采用调整系数等方法简化定额项目，做到粗而准确、细而不繁、便于使用。

4. 统一性和差别性相结合的原则

统一性就是由中央主管部门归口，考虑国家的方针政策和经济发展要求，统一制定定额的编制原则和方法，具体组织和颁发全国统一定额，颁发有关的规章制度和条例细则，在全国范围内统一定额分项、定额名称、定额编号，统一人工、材料和机械台时消耗量的名称及计量尺度。

差别性就是在统一性基础上，各部门和地区可在管辖范围内，根据各自的特点，依据国家规定的编制原则，编制各部门和地区性定额，颁发补充性的条例细则，并加强定额的经常性管理。

任务三 现行水利定额的使用

任务描述：熟悉水利定额的组成内容和使用原则，掌握水利定额的使用方法。

一、定额的组成内容

水利工程建设中现行的各种定额一般由总说明、章节说明、定额表和有关附录组成。其中定额表是各种定额的主要组成部分。

(1)《水利建筑工程概算定额》(2002)(简称"概算定额")和《水利建筑工程预算定额》(2002)(简称"预算定额")的定额表内列出了各定额项目完成不同子目的单位工程量所必需的人工、主要材料和主要机械台时消耗量。概算定额的部分项目和预算定额各定额表上方注明该定额项目的适用范围和工作内容，在定额表内对完成不同子目单位工程量所必须耗用的零星用工、其他材料及机具费用，定额内以"零星材料费、其他材料费、其他机械费"表示，并以百分率的形式列出。例如，表3-5为人工挖一般土方胶轮车运输预算定额。

表3-5　　　　　　　人工挖一般土方胶轮车运输预算定额

适用范围：开挖、填筑一般土方

工作内容：挖土、装车、运输、卸车、空回

单位：100m³

项　目	单　位	挖装运≤50m			增运50m
		土　类　级　别			
		1～2	3	4	
工长	工时	2.7	3.8	5.2	
高级工	工时				
中级工	工时				

续表

项　目	单　位	挖装运≤50m			增运 50m
		土　类　级　别			
		1~2	3	4	
初级工	工时	131.7	187.3	254.5	18.2
合计	工时	134.4	191.1	259.7	18.2
零星材料费	%	2	2	2	
胶轮车	台时	56.00	65.20	74.00	10.40
编　号		10014	10015	10016	10017

（2）现行《水利水电设备安装工程概算定额》（2002）（简称"安装工程概算定额"）和《水利水电设备安装工程预算定额》（2002）（简称"安装工程预算定额"）的定额表以实物量或以设备原价为计算基础的安装费率两种形式表示，其中实物量定额占 97.1%。定额包括的内容为设备安装和构成工程实体的主要装置性材料安装的直接费。以实物量形式表现的定额中，人工工时、材料和机械台时都以实物量表示，其他材料费和其他机械费按占主要材料费和主要机械费的百分率计列，构成工程实体的装置性材料（即被安装的材料，如电缆、管道、母线等）安装费不包括装置性材料本身的价值；以费率形式表现的定额中，人工费、材料费、机械费及装置性材料费都以占设备原价的百分率计列，除人工费率外，材料费率除以1.03 调整系数，机械使用费费率除以 1.10 调整系数，装置性材料费费率除以 1.13 调整系数。计算基数不变，仍为含增值税的设备费。表 3-6 为发电电压设备的安装概算定额。

表 3-6　　　　　　　　　　发电电压设备的安装定额

定额编号	电压/kV	单位	安装费/%				装置性材料费 /%
			合计	人工费	材料费	机械使用费	
06001	6.3	项	12.1	7.2	3.0	1.9	5.3
06002	10.5	项	8.9	4.9	2.6	1.4	3.3
06003	>10.5	项	7.1	3.7	2.2	1.2	3.0

（3）现行《水利工程施工机械台时费定额》列出了水利工程施工中常见的施工机械每工作一个台时所花的费用。定额内容包括一类费用和二类费用两部分。其中一类费用包括折旧费、修理及替换设备费和安装拆卸费，按 2000 年度价格水平计算并用金额表示，使用时根据主管部门规定的系数进行调整，根据中华人民共和国水利部办公厅《水利部办公厅关于调整水利工程计价依据增值税计算标准的通知》（办财务函〔2019〕448 号）规定，现行施工机械台时费定额的折旧费除以 1.13 调整系数，修理及替换设备费除以 1.09 调整系数，安装拆御费不变；二类费用包括机上人工费、动力燃料费，以实物量给出，其费用按国家规定的人工工资计算办法和工程所在地的物价水平分别计算，其中人工费按中级工计算。掘进机及其他由建设单位采购、设备费单独列项的施工机械，设备费采用不含增值税进项税额的价格。

二、定额的使用原则

1. 专业对口的原则

水利水电工程除水工建筑物和水利水电设备外，一般还有房屋建筑、公路、铁路、输电线路、通信线路等永久性设施。水工建筑物和水利水电设备安装应采用水利、电力主管部门颁发的定额，其他永久性工程应分别采用所属主管部门颁发的定额，如铁路工程应采用铁道部颁发的铁路工程定额，公路工程采用交通部颁发的公路工程定额。

2. 设计阶段对口的原则

可研阶段编制投资估算应采用估算指标；初设阶段编制概算应采用概算定额；施工图设计阶段编制施工图预算应采用预算定额。如因本阶段定额缺项，须采用下一阶段定额时，应按规定乘过渡系数。

3. 工程定额与费用定额配套使用的原则

在计算各类永久性设施工程时，采用的工程定额除应执行专业对口的原则外，其费用定额也应遵照专业对口的原则，与工程定额相适应。如采用公路工程定额计算永久性公路投资时，应相应采用交通部颁发的费用定额。对于实行招标承包制的工程，编制工程标底时，应按照主管部门批准颁发的综合定额和扩大指标，以及相应的间接费定额的规定执行。施工企业投标、报价可根据条件适当浮动。

三、定额的使用方法及注意事项

（一）定额的使用方法

定额是编制水利工程造价的重要依据，要熟练、准确地使用定额，必须做到以下几点：

（1）首先要认真阅读定额的总说明和章节说明。对说明中指出的编制原则、依据、适用范围、使用方法、已经考虑和没有考虑的因素以及有关问题的说明等，都要通晓和熟悉。

（2）要了解定额项目的工作内容。根据工程部位、施工方法、施工机械和其他施工条件正确地选用定额项目，做到不错项、不漏项、不重项。

（3）要学会使用定额的各种附录。例如，对建筑工程，要掌握土壤与岩石分级、砂浆与混凝土配合比用量确定等。对于安装工程要掌握安装费调整和各种装置性材料用量的确定等。

（4）要注意定额调整的各种换算关系。当施工条件与定额项目条件不符时，应按定额说明与定额表附注中的有关规定进行换算调整，如各种运输定额的运距换算、各种调整系数的换算等。除特殊说明外，一般乘系数换算均按连乘计算，使用时还要区分调整系数是全面调整系数，还是对人工工时、材料消耗或机械台时的某一项或几项进行调整。

（5）要注意定额单位与定额中数字的适用范围。工程项目单价的计算单位要和定额项目的计算单位一致。要区分土石方工程的自然方和压实方，砂石备料中的成品方、自然方与堆方码方，砌石工程中的砌体方与石料方，沥青混凝土的拌和方与成品方等。定额中凡数字后用"以上""以外"表示的都不包括数字本身。凡数字后用"以下""以内"表示的都包括数字本身。凡用数字上下限表示的，如 1000～2000，相当于 1000 以上至 2000 以下，即大于 1000，小于或等于 2000 的范围内。

（6）概算定额应根据施工组织设计确定的工程项目的施工方法和施工条件，查定额项目表的相应子目，确定完成该项目单位工程量所需人工、材料与施工机械台时耗用量，供编制工程概算单价使用。

（7）安装工程概预算定额，应根据安装设备种类、规格，查相应定额项目表中子目，确定完成该设备安装所需人工、材料与施工机械台时耗用量，供编制设备安装工程单价使用。

（二）使用定额应注意的问题

1. 水利建筑工程定额的使用

（1）概预算的项目及工程量的计算应与定额项目的设置、定额单位相一致。

（2）现行概算定额中，已按现行施工规范和有关规定，计入了不构成建筑工程单价实体的各种施工操作损耗，允许的超挖及超填量，合理的施工附加量及体积变化等所需人工、材料及机械台时消耗量，编制设计概算时，工程量应按设计结构几何轮廓尺寸计算。而现行预算定额中均未计入超挖超填量、合理施工附加量及体积变化等，使用预算定额应按有关规定进行计算。

（3）定额中其他材料费、零星材料费和其他机械费均以百分率（％）形式表示，其计算基数为：其他材料费以主要材料费之和为计算基数；零星材料费以人工费、机械费之和为计算基数；其他机械费以主要机械费之和为计算基数。

2. 水利水电设备安装工程定额的使用

（1）定额中人工工时、材料、机械台时等以实物量表示。其中材料和机械仅列出主要品种的型号、规格及数量，如品种、型号、规格不同，均不作调整。其他材料和一般小型机械及机具分别按占主要材料费和主要机械费的百分率计列。

（2）安装费率定额中以设备原价作为计算基础，安装工程人工费、材料费、机械使用费和装置性材料费均以费率（％）形式表示，除人工费用外，使用时均不作调整。

（3）装置性材料根据设计确定的品种、型号、规格和数量计算，并计入规定的操作损耗量。

（4）使用电站主厂房桥式起重机进行安装工作时，桥式起重机台时费不计基本折旧费和安装拆卸费。

（5）定额中零星材料费，以人工费、机械费之和为计算基数。

项 目 学 习 小 结

本学习项目介绍了工程建设定额的概念、特性及分类，定额的使用原则与方法等。重点介绍了现行水利建筑工程定额的使用方法。

定额的使用应注意专业对口、与设计阶段对口、工程定额与费用定额配套使用的原则。具体的使用方法将在后面有关学习项目中详细介绍。

职 业 技 能 训 练 三

一、单选题

1. 预算定额是在（　　）基础上综合扩大编制而成的。

A. 概算定额　　　　　B. 劳动定额　　　　　C. 时间定额　　　　　D. 施工定额

2. 现行部颁概算定额中，零星材料费是以费率（％）形式表示，其计算基数为（　　）。

A. 主要材料之和　　　　　　　　　B. 人工费、主要材料费之和

C. 人工费、机械费之和　　　　　　D. 机械费

3. 现行部颁水利建筑工程概预算定额中，以运输距离划分的定额子目，若实际运输距离介于两子目之间时，可用（　　）计算。

A. 平均法　　　　　　B. 近似法　　　　　　C. 插入法　　　　　　D. 选用较大值法

4. （　　）是以工程中的分项工程为测定对象，其内容包括人工、材料和机械台班（或台时）使用量三个部分。

A. 施工定额　　　　　B. 预算定额　　　　　C. 概算定额　　　　　D. 概算指标

5. 现行（　　）中，已按现行施工规范和有关规定，计入了不构成建筑工程单价实体的各种施工操作损耗，允许的超挖及超填量，合理的施工附加量及体积变化等所需人工、材料及机械台时消耗量。

A. 施工定额　　　　　B. 预算定额　　　　　C. 概算定额　　　　　D. 概算指标

二、多选题

1. 按定额反映的不同生产要素消耗内容分类，可分为（　　）。

A. 劳动定额　　　　　　　　B. 施工定额　　　　　　　　C. 材料消耗定额

D. 机械台班（台时）消耗定额　　　　　　E. 预算定额

2. 定额编制的原则为（　　）。

A. 平均合理　　　　　　　　B. 基本准确　　　　　　　　C. 专业专用

D. 简明适用　　　　　　　　E. 工序科学

3. 定额的使用要准确，使用定额要遵循对口的原则，即（　　）的原则。

A. 技术对口　　　　　　　　B. 专业对口　　　　　　　　C. 设计阶段对口

D. 产业对口　　　　　　　　E. 产品对口

4. 定额水平是一定时期社会生产力的反映，影响它的因素有（　　）。

A. 操作人员的技术水平　　　　　　　　　　B. 机械化程度

C. 新材料、新工艺、新技术的发展和应用　　D. 企业的组织管理水平

E. 人工、材料、机械的费用

5. 要熟练准确地使用定额，必须做到以下几点（　　）。

A. 要认真阅读定额的总说明和章节说明

B. 要了解定额水平的高低

C. 要学会使用定额的各种附录

D. 要注意定额调整的各种换算关系

E. 要注意定额单位与定额中数字的适用范围

三、判断题

1. 定额是指在一定的外部条件下，预先规定完成某项合格产品所需的要求（人力、物力、财力、时间等）的标准额度。　　　　　　　　　　　　　　　　　（　　）

2. 初步设计阶段编制设计概算和施工图设计阶段编制施工图预算均应采用预算定额。

（　　）

3. 现行水利部颁布的定额规定人工预算单价划分为一级工、二级工、三级工、四级工四个档次。　　　　　　　　　　　　　　　　　　　　　　　　　　（　　）

4. 每一次制定的定额必须是相对稳定的　　　　　　　　　　　　　　　（　　）

5. 定额是确定产品成本的依据。　　　　　　　　　　　　　　　　　　（　　）

四、计算题

1. 用 10t 塔式起重机吊装混凝土板，已知机械台班产量定额为 30 块，工作组内有 1 名吊车司机、5 名安装起重工、2 名电焊工。试求吊装每一块板的机械时间定额和人工时间定额。

2. 已知混凝土预制块为 0.4m×0.185m×0.785m，防浪墙厚 0.4m，高 1m，灰缝按 0.015m 考虑，砌体损耗率为 1.2%，砂浆损耗率为 17.4%。试计算每立方米防浪墙砌块和砂浆的消耗量。

项目四　基础单价编制

项目描述： 水利工程建设的基本要素如人工、材料、机械的投入费用占了工程造价的大部分，同时也是工程造价中管理费、利润和税金的计价基础，因此掌握编制它们单价（基础单价）的方法具有重要意义。本项目旨在介绍水利工程造价的人工、材料、机械等基本要素的单价计算标准、单价组成和编制方法，通过对本项目的学习，使学生具备编制人工、材料、机械等基本要素单价的初始能力。

项目学习目标： 掌握水利工程造价基础单价的编制方法。

项目学习重点： 人工费的计算标准、材料和机械使用费的组成和编制方法。

项目学习难点： 自行采备砂石料的生产工艺流程。

在编制水利水电工程概预算时，需要根据工程项目所在地区的有关规定、工程所在地的具体条件、施工技术、材料来源等，编制人工预算单价，材料预算价格，施工机械台时费，施工用电、风、水预算价格，砂石料单价，砂浆及混凝土材料价格，作为编制建筑安装工程单价的基本依据。这些预算价格统称为基础单价。

任务一　人工预算单价

任务描述： 学习人工预算单价的组成和计算标准，掌握人工预算单价的编制方法。

人工预算单价是指生产工人在单位时间（工时）的费用，是在编制概预算中计算各种生产工人人工费时所采用的人工费单价，是计算建筑安装工程单价和施工机械使用费中机上人工费的基础单价。

人工预算单价的组成内容和标准，在不同的时期、不同的部门、不同的地区，都是不相同的。因此，在编制概预算时，必须根据工程所在地区工资类别和现行水利水电施工企业工人工资标准及有关工资性津贴标准，按照国家有关规定，正确地确定生产工人人工预算单价。

一、人工预算单价组成

根据水利部《水利工程设计概（估）算编制规定》（水总〔2014〕429 号，简称"编规"）及现行计算标准的规定，人工预算单价由基本工资、辅助工资两项内容组成，并划分为工长、高级工、中级工、初级工四个档次。

1. 基本工资

基本工资包括岗位工资和年应工作天数内非作业天数的工资。

（1）岗位工资。指按照职工所在岗位从事的各项劳动要素测评结果确定的工资。

（2）生产工人年应工作天数内非作业天数的工资包括职工开会学习、培训期间的工资，调动工作、休假、探亲期间的工资，因气候影响的停工工资，女工哺乳期间的工资，病假在六个月内的工资以及产、婚、丧假期的工资。

2. 辅助工资

辅助工资是指在基本工资之外，以其他形式支付给职工的工资性收入，包括根据国家有关规定属于工资性质的各种津贴，主要包括艰苦边远地区地区津贴、施工津贴、夜餐津贴、节假日加班津贴等。

二、人工预算单价计算

人工预算单价应根据国家有关规定，按工程所在地区的工资区类别和水利水电施工企业工人人工资标准并结合水利工程特点等进行计算。其具体计算方法执行水利部编规（水总〔2014〕429 号）的规定。

人工预算单价按表 4－1 标准计算。

表 4－1　　　　　　　　　　　人工预算单价计算标准　　　　　　　　　单位：元/工时

类别与等级	一般地区	一类区	二类区	三类区	四类区	五类区 西藏二类区	六类区 西藏三类区	西藏四类区
枢纽工程								
工长	11.55	11.80	11.98	12.26	12.76	13.61	14.63	15.40
高级工	10.67	10.92	11.09	11.38	11.88	12.73	13.74	14.51
中级工	8.90	9.15	9.33	9.62	10.12	10.96	11.98	12.75
初级工	6.13	6.38	6.55	6.84	7.34	8.19	9.21	9.98
引水工程								
工长	9.27	9.47	9.61	9.84	10.24	10.92	11.73	12.11
高级工	8.57	8.77	8.91	9.14	9.54	10.21	11.03	11.40
中级工	6.62	6.82	6.96	7.19	7.59	8.26	9.08	9.45
初级工	4.64	4.84	4.98	5.21	5.61	6.29	7.10	7.47
河道工程								
工长	8.02	8.19	8.31	8.52	8.86	9.46	10.17	10.49
高级工	7.40	7.57	7.70	7.90	8.25	8.84	9.55	9.88
中级工	6.16	6.33	6.46	6.66	7.01	7.60	8.31	8.63
初级工	4.26	4.43	4.55	4.76	5.10	5.70	6.41	6.73

注　1. 艰苦边远地区划分执行人事部、财政部《关于印发〈完善艰苦边远地区津贴制度实施方案〉的通知》（国人部发〔2006〕61 号）及各省（自治区、直辖市）关于艰苦边远地区津贴制度实施意见。一至六类地区的类别划分参见附录三，执行时应根据最新文件进行调整。一般地区指附录三之外的地区。

　　2. 西藏地区的类别执行西藏特殊津贴制度相关文件规定，其二至四类区划分的具体内容见附录二。

　　3. 跨地区建设项目的人工预算单价可按主要建筑物所在地确定，也可按工程规模或投资比例进行综合确定。

任务二　材料预算价格

任务描述：学习主次材料的划分、主要材料预算单价的组成、基价及材料补差知识，掌握主要材料预算单价的编制方法。

在工程建设过程中，直接为生产某建筑工程而耗用的原材料、半成品、成品、零件等统称为材料。材料是建筑安装工人加工和施工的劳动对象，包括直接消耗在工程中的消耗性材料、构成工程实体的装置性材料和在施工中可重复使用的周转性材料。水利水电工程建设中，材料用量大，材料费是构成建筑安装工程投资的主要组成部分，所占比例很大，在建安工程投资中所占比例一般在30%以上，有的甚至达到60%左右。因此正确计算材料预算价格，对于提高工程概预算编制质量、合理确定和有效控制工程造价具有重要意义。

材料预算价格是指材料从购买地运到工地分仓库或相当于工地分仓库的材料堆放场地的出库价格。材料预算价格是计算建筑安装工程单价中材料费的基础单价，在编制过程中，必须进行深入的调查研究，坚持实事求是的原则，按工程所在地编制年价格水平计算。

一、主要材料与次要材料的划分

在编制材料预算价格时，首先遇到的问题是水利水电工程建设中所使用的材料品种繁多，规格各异，在编制材料的预算价格时没必要也不可能逐一详细计算，而是按其用量的多少及对工程投资的影响程度，将材料划分为主要材料和次要材料，对主要材料逐一详细计算其材料预算价格，而对次要材料则采用简化的方法进行计算。

1. 主要材料

主要材料是指在施工中用量大或用量虽小但价格很高，对工程投资影响较大的材料。这类材料的价格应按品种逐一详细计算。主要材料通常是指水泥、钢筋、木材、火工产品、油料（包括汽油、柴油）、砂石料等。

2. 次要材料

次要材料又称为其他材料，指施工中用量少，对工程投资影响较小的除主要材料外的其他材料。

需要说明的是，次要材料是相对于主要材料而言的，两者之间并没有严格的界限，要根据工程对某种材料用量的多少及其在工程投资中的比例来确定。如大体积混凝土掺用粉煤灰，或大量采用沥青混凝土防渗的工程，可将粉煤灰、沥青视为主要材料；而对石方开挖量很小的工程，则炸药可不作为主要材料。

二、主要材料预算价格的组成

主要材料预算价格一般包括材料原价、运杂费、运输保险费、采购及保管费四项。其中，材料的包装费并不是对每种材料都可能发生，如散装材料不存在包装费，有的材料包装费已计入出厂价。

材料预算价格的计算公式为

主要材料预算价格＝（材料原价＋运杂费）×（1＋采购及保管费率）＋运输保险费

$$(4-1)$$

根据《水利工程营业税改征增值税计价依据调整办法》，材料原价、运杂费、运输保险费和采购及保管费等分别按不含增值税进项税额的价格计算。采购及保管费，按现行计算标准乘以1.10调整系数。

三、主要材料预算价格的编制

在编制材料预算价格之前，需要到有关部门收集相关建筑材料的市场信息。通常需要收集的信息有工程所在区域建筑材料的市场价格、供应状况、对外交通条件、已建工程的实际经验和资料、国家或地方有关法规等。为了节约资金，降低工程造价，应合理选择材料的供货商、供货地点、供货比例和运输方式等，一般情况下，应考虑就近选择材料来源地。

（一）材料原价

材料原价也称为材料市场价或交货价格。随着市场经济的发展，材料价格（火工产品除外）已全部放开，一般按工程所在地区就近大的物资供应公司、材料交易中心的市场成交价或设计选定的生产厂家的出厂价或工程所在地建设工程造价管理部门公布的价格信息计算。同一种材料，因产源地、供应商家的不同，会有不同的供应价格，需根据市场调查的详细资料，按不同产源地的市场价格和供应比例，采取加权平均方法计算。

（二）材料运杂费

材料运杂费是指材料由产地或交货地点至工地分仓库或相当于工地分仓库的材料堆放场地所发生的各种运载工具的运输费、装卸费及其他费用。由工地分仓库至各施工点的运输费用，已包括在定额内，在材料预算价格中不予计算。

在编制材料预算价格时，应按施工组织设计所选定的材料来源、运输流程（运输方式、运输工具、运输线路和运输里程）以及交通部门的规定，计算材料的运杂费。特殊材料或部件运输，要考虑特殊措施费、改造路面和桥梁等费用。

1. 铁路运杂费

委托国有铁路部门运输的材料，在国有线路上行驶时，其运杂费一律按铁道部现行《铁路货物运价规则》规定计算；属于地方营运的铁路，执行地方的规定。

（1）铁路运输费。国有铁路部门运输费计算三要素是货物运价号、运价里程和运价率。

1）确定运价里程。根据货物里程表按到发站最短路径查得。

2）确定计费质量。整车货物以吨为单位。货车整车运输货物时，除特殊情况外，一律按车辆标记载重量计费。零担货物按实际质量计费。单位为10kg，不足10kg按10kg计。对每立方米不足333kg的轻浮货物（如油桶），整车运输时装车宽度、高度和长度不得超过规定限度，以车辆标重计费；零担运输时，以货物包装最高、最宽、最长部分计算体积，按每立方米折重333kg计价。

3）确定运价号。根据铁道部门有关规定，按所运材料的品名，对照查出采用整车或零担运输的运价号。常用材料的运价号见表4-2。

表4-2　　　　　　　　　　　　常用材料铁路运输运价号

材料名称	水泥	钢材	木材	汽油、柴油	炸药	砂石料
整车（1~9号）	5	5	5	8+20%	6+50%	2
零担（21~24号）	22	22	22	24	24+50%	21

4）确定运价率。根据铁道部门有关规定，按运价号，对照查出货物的运价率。现行铁路部门的运价率见表4-3。

5）确定运价。根据国家现行规定，按照材料运价号确定运价标准。

6）铁路运价组成。现行铁路运价由发到基价和运行基价组成，计算公式为

$$整车货物每吨运价＝发到基价＋运行基价×运价里程$$

$$零担货物10kg运价＝发到基价＋运行基价×运价里程$$

（2）在计算材料运费时，应注意以下几点：

表 4-3　　　　　　　　　　　　现行铁路货物运价率

办理类别	运价号	发 到 基 价		运 行 基 价	
		单　位	标　准	单　位	标　准
整车	1	元/t	4.60	元/(t·km)	0.0210
	2	元/t	5.20	元/(t·km)	0.0239
	3	元/t	6.00	元/(t·km)	0.0273
	4	元/t	6.80	元/(t·km)	0.311
	5	元/t	7.60	元/(t·km)	0.0348
	6	元/t	8.50	元/(t·km)	0.0390
	7	元/t	9.60	元/(t·km)	0.0437
	8	元/t	10.70	元/(t·km)	0.0490
	9			元/(轴·km)	0.1500
零担	21	元/10kg	0.085	元/10(kg·km)	0.000350
	22	元/10kg	0.101	元/10(kg·km)	0.000420
	23	元/10kg	0.122	元/10(kg·km)	0.000504
	24	元/10kg	0.146	元/10(kg·km)	0.000605

　　1) 整车与零担比例。整车与零担比例系指火车运输中整车和零担货物的比例，又称"整零比"。汽车运输不考虑整零比。在铁路运输方式中，要确定每一种材料运输中的整车与零担比例，据以计算其运费。其比例主要视工程规模大小决定。工程规模大，由厂家直供的份额多，批量就大，整车比例就高。

　　整车运价较零担便宜，材料运费的计算中，应以整车运输为主。根据已建大、中型水利水电工程实际情况，水泥、木材、炸药、汽油和柴油等可以全部按整车计算；钢材可考虑一部分零担，其比例是，大型水利水电工程可按 10%～20%、中型工程可按 20%～30%选取，如有实际资料，应按实际资料选取。

　　整零比在实际计算时多以整车或零担所占百分率表示。计算时，按整车和零担所占的百分率加权平均计算运价。计算公式为

$$运价 = 整车运价 \times 整车量(\%) + 零担运价 \times 零担量(\%) \tag{4-2}$$

　　2) 装载系数。在实际运输过程中，由于材料批量原因，可能装不满一整车而不能满载；或虽已满载，但因材料容重小其运输重量不能达到车皮的标记吨位；或为保证行车安全，对炸药类危险品也不允许满载。这样，就存在实际运输重量与运输车辆标记载重量不同的问题，而交通运输部门是按标记载重量收取费用的（整车运输）。在计算运杂费时，用装载系数来表示。

$$装载系数 = \frac{实际运输量}{运输车辆标记载重量} \tag{4-3}$$

　　据统计，火车整车装载系数见表 4-4，供计算时参考。

　　考虑装载系数后的实际运价计算式为

$$实际运价 = \frac{规定运价}{装载系数} \tag{4-4}$$

表 4 - 4   火车整车运输装载系数

序号	材料名称		单位	装载系数
1	水泥、油料		t/车皮 t	1.00
2	木材		m³/车皮 t	0.90
3	钢材	大型工程	t/车皮 t	0.90
4		中型工程	t/车皮 t	0.80~0.85
5	炸药		t/车皮 t	0.65~0.70

汽车运输货物不考虑装载系数。一般货物计费重量均按实际运输重量计算。对每立方米不足 333kg 的轻浮货物（如油桶），整车运输时，装车高度、宽度和长度不得超过规定限度，以车辆标重计费；零担运输时，以货物包装最高、最宽、最长部分计算体积，按每立方米折重 333kg 计价。

3）毛重系数。材料毛重指包括包装品重量的材料运输重量。单位毛重则指单位材料的运输重量。运输部门是按毛重计算运费，不是以物资的实际重量计算运费。因此，材料运输费主要考虑材料的毛重系数，有

$$毛重系数 = \frac{毛重}{净重} \tag{4-5}$$

建筑材料中，水泥、钢材和油罐车运输的油料的毛重系数为 1.0；木材的单位重量与材质有关，一般为 0.6~0.8t/m³，毛重系数为 1.0；炸药毛重系数为 1.17；汽油、柴油采用自备油桶运输时，其毛重系数汽油为 1.15、柴油为 1.14。

考虑毛重系数后的实际运价为

$$实际运价 = 规定运价 \times 毛重系数 \tag{4-6}$$

（3）铁路运价计算。综合考虑以上因素，铁路运价可按式（4-7）计算。一个工程有两种以上的对外交通方式时，还需要确定每种材料在各种运输方式中所占的比例，求出加权平均运杂费。修建铁路专用线的工程，在施工初期铁路往往不能通车，在这段期间内的全部运输量，都得依靠公路或其他运输方式承担。在确定运量比例时，不要忽略了施工初期的运输方式。

$$铁路运价 = \frac{整车规定运价}{装载系数} \times 毛重系数 \times 整车比例$$
$$+ 零担规定运价 \times 毛重系数 \times 零担比例 \tag{4-7}$$

（4）铁路杂费。主要包括调车费、装卸费、捆扎费、出入库费和其他杂费等。

2. 公路和水路运杂费

公路和水路运杂费按工程所在省（自治区、直辖市）公路部门和航运部门的现行有关规定或市场价计算。

（三）材料运输保险费

材料在运输过程中，如需进行保险，就应向保险公司交纳货物保险费。其计算公式为

$$材料运输保险费 = 材料原价 \times 材料运输保险费率 \tag{4-8}$$

材料运输保险费率可按工程所在省（自治区、直辖市）或中国人民保险公司的有关规定计算。

（四）材料采购及保管费

材料采购及保管费是指建设单位和施工单位的材料供应部门在组织材料的采购、运输保管和供应过程中所发生的各项费用。其主要内容包括以下几项：

（1）材料采购、供应及保管部门工作人员的基本工资、辅助工资、职工福利费、教育经费、办公费、差旅交通费、劳动保护费及工具用具使用费等项费用。

（2）仓库、转运站等设施的检修费、固定资产折旧费、技术安全措施费等。

（3）材料在运输、保管过程中发生的损耗。

材料采购及保管费计算公式为

$$材料采购保管费 ＝（材料原价＋运杂费）×采购及保管费费率\qquad(4-9)$$

现行规定，材料采购及保管费率见表 4-5。

表 4-5 采购及保管费费率表

序号	材料名称	费率/%
1	水泥、碎（砾）石、砂、块石	3.0
2	钢材	2.0
3	油料	2.0
4	其他材料	2.5

四、基价及材料补差

1. 基价

为了避免材料市场价格起伏变化，造成间接费、利润相应的变化，有些部门（如工业与民用建筑和水利主管部门）对主要材料规定了统一的价格，按此价格计入工程单价，计取有关费用，故称为取费价格。这种价格由主管部门发布，在一定时期内固定不变，故又称为基价。

2. 材料补差

2014 年，水利部在颁布的《水利工程设计概（估）算编制规定》（水总〔2014〕429 号）中专门指出，主要材料预算价格超过表 4-6 规定的材料基价时应按基价计入工程单价参与取费，预算价与基价的差值以材料补差形式计算税金后列入工程单价。外购的砂、卵（砾）石、碎石、块石、料石等材料预算价格如超过 70 元/m³，按 70 元/m³ 取费，余额以补差形式计算税金后计入工程单价。

表 4-6 主要材料基价表

序号	材料名称	单位	基价/元
1	柴油	t	2990
2	汽油	t	3075
3	钢筋	t	2560
4	水泥	t	255
5	炸药	t	5150

五、工程实例分析

【工程实例分析 4-1】

(1) 项目背景。某水利工程水泥由甲水泥厂直供，水泥强度等级为 42.5，其中袋装水泥占 10%，出厂价为 320 元/t；散装水泥占 90%，出厂价为 300 元/t。运输路线、运输方式和各项费用：自水泥厂通过公路运往工地仓库，其中袋装运杂费 25.6 元/t，散装运杂费 16.9 元/t；从仓库至拌和楼由汽车运送，运费为 1.5 元/t；进罐费 1.3 元/t；运输保险费率按 1% 计；采购保管费按 3% 计，采购保管费调整系数为 1.1。

(2) 工作任务。计算此水利工程用水泥的预算价格。

(3) 分析与解答。

第一步：水泥原价＝袋装水泥市场价×10%＋散装水泥市场价×90%

$$=320×10\%+300×90\%=302(元/t)$$

第二步：水泥运杂费＝水泥厂至工地仓库运杂费＋工地仓库至拌和楼运杂费＋进罐费

$$=25.6×10\%+16.9×90\%+1.5+1.3=20.57(元/t)$$

第三步：水泥运输保险费＝水泥原价×运输保险费率＝302×1%＝3.02(元/t)

第四步：采购及保管费＝(原价＋运杂费)×采购及保管费率×调整系数

$$=(302+20.57)×3\%×1.1=10.64(元/t)$$

第五步：水泥预算价格＝水泥原价＋运杂费＋运输保险费＋采购及保管费

$$=302+20.57+3.02+10.64$$

$$=336.23(元/t)$$

【工程实例分析 4-2】

(1) 项目背景。某水利枢纽工程工地距 A 市 73km，距 B 市火车站 28km。钢筋由省物资站供应 30%，由 A 市金属材料公司供应 70%。两供应点供应的钢筋，低合金 20MnSi 螺纹钢占 60%，普通 A3 光面钢筋占 40%（与设计要求一致）。低合金 20MnSi 螺纹钢出厂价为 2400 元/t；普通 A3 光面钢筋出厂价为 2200 元/t。

运输流程。省物资站供应的钢筋用火车运至 B 市火车站，运距 150km，再用汽车运至工地分仓库，运距 28km。A 市金属材料公司供应的钢筋直接由汽车运至工地分仓库，运距 73km。

运输费用。火车运输整车零担比 70：30，整车装载系数 0.80；火车整车运价 20.00 元/t，零担运价 0.06 元/kg；火车出库装车综合费 4.60 元/t，卸车费 1.6 元/t。汽车运价 0.55 元/(t·km)；汽车装车费 2.00 元/t、卸车费 1.8 元/t。运输保险费率为 0.8%。毛重系数为 1。

(2) 工作任务。计算此水利工程用钢筋的预算价格。

(3) 分析与解答。

第一步：进行主要材料运输费用计算，见表 4-7。

第二步：求主要材料预算价格。

先分别计算低合金 20MnSi 螺纹钢和普通 A3 光面钢筋的预算价格，再按其所占比例求得钢筋的综合预算价格，计算见表 4-8。

表 4-7 主要材料运输费用计算表

编号	1	2	材料名称	钢筋		材料编号	
交货条件	物资站	材料公司	运输方式	火车	汽车	火车	
交货地点			货物等级			整车	零担
交货比例	30%	70%	装载系数	0.80		70%	30%

编号	运输费用项目	运输起讫地点	运输距离/km	计算公式	合计/元
1	铁路运杂费	物资站－B市站	150	$20.00 \div 0.8 \times 0.7 + 0.06$ $\times 1000 \times 0.3 + 4.6 + 1.6$	41.70
	公路运杂费	B市站－工地	28	$0.55 \times 28 + 2.00 + 1.8$	19.20
	综合运杂费				60.90
2	公路运杂费	材料公司－工地	73	$0.55 \times 73 + 2.00 + 1.80$	43.95
	综合运杂费				43.95
每吨运杂费/(元/t)				$60.90 \times 0.3 + 43.95 \times 0.7 = 49.04$	

表 4-8 主要材料预算价格计算表

编号	名称及规格	单位	原价依据	单位毛重/t	每吨运费/元	价格/(元/t) 原价	运杂费	采购及保管费	运到工地分仓库价格	保险费	预算价格
1	20MnSi 螺纹钢	t		1.0	49.04	2400	49.04	53.88	2522.51	19.2	2522.12
2	普通 A3 光面钢筋	t		1.0	49.04	2200	49.04	49.48	2316.51	17.6	2316.12
钢筋综合材料预算价格						$2522.12 \times 60\% + 2316.12 \times 40\%$					2439.72

任务三　施工用电、水、风预算单价

任务描述： 学习施工用电、水、风预算单价的组成知识，掌握施工用电、水、风预算单价的编制方法。

电、水、风在水利水电工程施工中消耗量很大，其预算价格的准确程度直接影响施工机械台时费和工程单价的高低，从而影响到工程造价。因此，在编制电、水、风预算单价时，要根据施工组织设计所确定的电、水、风供应方式、布置形式、设备情况和施工企业已有的实际资料分别进行计算。

一、施工用电价格

施工用电按其用途可分为生产用电和生活用电两部分。生产用电系指施工机械用电、施工照明用电和其他生产用电。生产用电直接计入工程成本。生活用电系指生活文化福利建筑的室内、外照明和其他生活用电。水利水电工程概算中的施工用电电价计算范围仅指生产用电。生活用电不直接用于生产，应在间接费内开支或由职工负担，不在施工用电电价计算范围内。

水利水电工程施工用电的电源有外购电和自发电两种形式。由国家、地方电网或其他电厂供电叫外购电，其中国家电网供电电价低廉、电源可靠，是施工时的主要电源。由施工单位自建发电厂或柴油发电厂供电叫自发电，自发电一般为柴油发电机组供电，成本较高，一般作为施工单位的备用电源或高峰用电时使用。

（一）施工用电价格的组成

施工用电价格，由基本电价、电能损耗摊销费和供电设施维修摊销费三部分组成。根据《水利工程营业税改征增值税计价依据调整办法》，电网供电价格中的基本电价应不含增值税进项税额；柴油发电机供电价格中的柴油发电机组（台）时总费用应按调整后的施工机械台时费定额和不含增值税进项税额的基础价格计算；其他内容和标准不变。

1. 基本电价（不含增值税进项税额）

（1）外购电的基本电价。它指按国家或地方的规定由供电部门收取的电价。凡是国家电网供电，执行国家规定的基本电网电价中的非工业标准电价，包括电网电价、电力建设基金、用电附加费及各种加价。由地方电网或其他企业中、小型电网供电的，执行地方电价主管部门规定的电价。

（2）自发电的基本电价。它指施工企业自建发电厂（或自备发电机）的单位成本。自建发电厂一般有柴油发电厂（柴油发电机组）、燃煤发电厂和水力发电厂等。在城市水利工程施工中，施工单位一般自备柴油发电机组或柴油发电机作为备用电源。

柴油发电厂供电，应根据自备电厂所配置的设备，以台时总费用（按调整后的施工机械台时费定额和不含增值税进项税额的基础价格计算，施工机械台时费定额的折旧费除以1.13调整系数，修理及替换设备费除以1.09调整系数，安装拆卸费不变）来计算单位电能的成本作为基本电价，可按式（4-10）计算，即

$$基本电价 = \frac{台时总费用}{台时总发电量 \times (1-厂用电率)} \qquad (4-10)$$

$$台时总费用 = 柴油发电机组（台）时费 + 水泵组（台）时费 \qquad (4-11)$$

$$台时总发电量 = 发电机额定容量之和 \times 发电机出力系数 \qquad (4-12)$$

式中，发电机出力系数 K 根据设备的技术性能和状态选定，一般可取 $0.8 \sim 0.85$；厂用电率一般可取 $3\% \sim 5\%$。

柴油发电机供电如果采用循环冷却水，不用水泵，基本电价的计算公式为

$$基本电价 = \frac{台时总费用}{台时总发电量 \times (1-厂用电率)} + 单位循环冷却水费 \qquad (4-13)$$

$$台时总费用 = 柴油发电机组（台）时费 \qquad (4-14)$$

单位循环冷却水费可取 $0.05 \sim 0.07$ 元/（kW·h），其他取值同前。

2. 电能损耗摊销费

（1）外购电的电能损耗摊销费。它指从施工企业与供电部门的产权分界处起到现场各施工点最后一级降压变压器低压侧止，所有变配电设备和输配电线路上所发生的电能损耗摊销费。包括由高压电网到施工主变压器高压侧之间的高压输电线路损耗和由主变压器高压侧至现场各施工点最后一级降压变压器低压侧之间的变配电设备及配电线路损耗两部分。

（2）自发电的电能损耗摊销费。它指从施工企业自建发电厂的出线侧至现场各施工点最后一级降压变压器低压侧止，所有变配电设备和输配电线路上发生的电能损耗摊销费。当出线侧为低压供电时，损耗已包括在台时耗电定额内；当出线侧为高压供电时，则应计入变配电设备及线路损耗摊销费。

从最后一级降压变压器低压侧至施工用电点的施工设备和低压配电线路损耗，已包括在各用电施工设备、工器具的台时耗电定额内，电价中不再考虑。

电能损耗摊销费通常用电能损耗率表示。

3. 供电设施维修摊销费

供电设施维修摊销费指摊入电价的变、配电设备的基本折旧费、大修理费、安装拆卸费、设备及输配电线路的移设和运行维护费等。

按现行编制规定，施工场外变、配电设备可计入临时工程，故供电设施维修摊销费中不包括基本折旧费。

供电设施维修摊销费一般可根据经验指标计算。

（二）电价计算

1. 外购电电价

根据施工组织设计确定的供电方式以及不同电源的电量所占比例，按国家或工程所在省（自治区、直辖市）规定的电网电价和规定的加价进行计算。计算公式为

$$电网供电价格=\frac{基本电价}{\dfrac{1-高压输电线路损耗率}{1-35kV以下变配电设备}}+供电设施维修摊销费（变配电设备除外）$$

$$(4-15)$$

式中，高压输电线路损耗率可取 $3\%\sim5\%$；变配电设备及配电线路损率可取 $4\%\sim7\%$。线路短、用电负荷集中取小值；反之取大值。

供电设施维修摊销费，可取 $0.04\sim0.05$ 元/（kW·h）。

2. 自发电电价

（1）采用循环冷却水，计算公式为

$$柴油发电机供电价格=\frac{柴油发电机组（台）时总费用}{柴油发电机额定容量之和发电机出力系数\times（1-厂用电率）\over 1-变配电设备及配电线路损耗率}$$
$$+供电设施维修摊销费+单位循环冷却水费 \qquad (4-16)$$

（2）采用专用水泵供给冷却水，计算公式为

$$柴油发电机供电价格=\frac{柴油发电机组（台）时总费用+水泵组（台）时费用}{柴油发电机额定容量之和\times发电机出力系数\times（1-厂用电率）\over（1-变配电设备及配电线路损耗率）}+供电设施维修摊销费$$

$$(4-17)$$

式中，各指标取值同前。

3. 综合电价

外购电与自发电的电量比例按施工组织设计确定。同一工程中有两种或两种以上供电方式供电时，综合电价应根据供电比例加权平均计算。

二、施工用水价格

水利水电工程的施工用水，包括生产用水和生活用水两部分。生产用水指直接进入工程成本的施工用水，主要包括施工机械用水、砂石料筛洗用水、混凝土拌制养护用水、钻孔灌浆用水、土石坝砂石料压实用水等。生活用水主要指用于职工、家属的饮用和洗涤等的用水。水利水电基本建设工程概预算中施工用水的水价，仅指生产用水的水价。对生产用水计

算水价是计算各种用水施工机械台时费用和工程单价的依据。生活用水应由间接费用开支和职工自行负担，不属于施工用水水价计算范畴。如生产、生活用水采用同一系统供水，凡为生活用水而增加的费用（如净化药品费等），均不应摊入生产用水的单价内。生产用水如需分别设置几个供水系统，则可按各系统供水量比例加权平均计算综合水价。

施工时多采用工程所在地自来水公司管路供水，其施工用水价格直接采用居民生活用水价格。如果根据施工组织，施工时需配置供水系统，可按下列方法进行计算。

1. 施工用水价格的组成

施工用水价格由基本水价、供水损耗摊销费和供水设施维修摊销费组成。根据《水利工程营业税改征增值税计价依据调整办法》，施工用水价格中的机械组（台）时总费用应按调整后的施工机械台时费定额和不含增值税进项税额的基础价格计算，其他内容和标准不变。

（1）基本水价。基本水价是根据施工组织设计确定的高峰用水量所配备的供水系统设备（不含备用设备），按台时产量分析计算的单位水量的价格。基本水价是构成水价的基本部分，其高低与生产用水的工艺要求以及施工布置密切相关，如用水需作沉淀处理、扬程高等，则水价高，反之水价就低。

基本水价的计算公式为

$$基本水价 = \frac{水泵组（台）时费}{水泵额定容量之和（m^3/h）×能量利用系数} \qquad (4-18)$$

式中，能量利用系数一般取 0.75～0.85。

（2）供水损耗摊销费。水量损耗是指施工用水在储存、输送、处理过程中的水量损失。在计算水价时，水量损耗通常以损耗率的形式表示，计算公式为

$$损耗率（\%） = \frac{损失水量}{水泵总出水量}×100\% \qquad (4-19)$$

供水损耗率的大小与蓄水池及输水管路的设计、施工质量和维修管理水平的高低有直接关系，编制概算时一般可按出水量的 6%～10% 计取，在预算阶段，如有实际资料，应根据实际资料计算。

（3）供水设施维修摊销费。供水设施维修摊销费是指摊入水价的水池、供水管路等供水设施的单位维护修理费用。一般情况下，该项费用难以准确计算，可按 0.04～0.05 元/m³ 的经验指标摊入水价，大型工程或一级、二级供水系统可取大值，中小型工程或多级供水系统可取小值。

2. 水价计算

$$施工用水价格 = \frac{基本水价}{1-损耗率}+供水设施维修摊销费 \qquad (4-20)$$

3. 水价计算时应注意的问题

（1）水泵台时总出水量计算，应根据施工组织设计选定的水泵型号、系统的实际扬程和水泵性能曲线确定。

（2）在计算台时总出水量和台时总费用时，如计入备用水泵的出水量，则台时总费用中也应包括备用水泵的台时费。如备用水泵的出水量不计，则台时费也不包括。

（3）供水系统为一级供水，台时总出水量按全部工作水泵的总出水量计算。供水系统为多级供水，则有以下规定：

1）当全部水量通过最后一级水泵出水时，台时总出水量按最后一级工作水泵的出水量计算，但台时总费用应包括所有各级工作水泵的台时费。

2）有部分水量不通过最后一级，而由其他各级分别供水时要逐级计算水价。

3）当最后一级系供生活用水时，则台时总出水量包括最后一级，但该级台时费不应计算在台时总费用内。

（4）施工用水有循环用水时，水价要根据施工组织设计的供水工艺流程计算。

（5）同一工程中有两个或两个以上供水系统时，应根据供水比例加权平均计算综合水价。

三、施工用风价格

水利水电工程施工用风主要指在水利水电工程施工过程中用于石方爆破钻孔、混凝土浇筑、基础处理、结构、机电设备安装工程等风动机械所需的压缩空气。如风钻、潜孔钻、振动器、凿岩台车等。施工用风价格是计算各种风动机械台时费的依据。

压缩空气一般由自建压缩系统供给。常用的有固定式空压机和移动式空压机。在大、中型工程中，一般都采用多台固定式空压机集中组成压气系统，并以移动式空压机为辅助。为保证风压，减少管路损耗，顾及施工初期及零星工程用风需要，一般工程多采用分区布置供风系统，这种情况下应按各系统供风量的比例加权平均计算综合风价。

对于工程量小、布局分散的工程，常采用移动式空气压缩机供风，此时可将其与不同施工机械配套，以空压机台时数乘台时费直接计入工程单价，不再单独计算其风价，相应风动机械台时费中不再计算台时耗风价。因此，这里所计算的风价是指固定式供风系统的供风价格。

施工用风价格的组成和电价相似，由基本风价、供风损耗摊销费和供风设施维修摊销费组成。根据《水利工程营业税改征增值税计价依据调整办法》，施工用风价格中的机械组（台）时总费用应按调整后的施工机械台时费定额和不含增值税进项税额的基础价格计算，其他内容和标准不变。

$$施工用风价格＝基本风价×\frac{1}{1-损耗率}＋供风设施维修摊销费 \tag{4-21}$$

（1）基本风价。基本风价是指根据施工组织设计所配置的供风系统设备，按台时总费用除以台时总供风量计算的单位风量价格。计算公式为

$$基本风价＝\frac{台时总费用}{台时总供风量} \tag{4-22}$$

$$台时总费用＝空气压缩机组(台)时总费用＋水泵组(台)时总费用 \tag{4-23}$$

$$台时总供风量＝60(min)×空气压缩机额定容量之和×能量利用系数 \tag{4-24}$$

式中，能量利用系数可取 0.70～0.85。

空气压缩机系统如果采用循环冷却水，不用水泵，则基本风价计算公式为

$$基本风价＝\frac{空气压缩机组(台)时总费用}{台时总供风量}＋单位循环冷却水费 \tag{4-25}$$

式中，单位循环冷却水费可取 0.007 元/m³。

（2）供风损耗摊销费。供风损耗摊销费，是指由压气站至用风工作面的固定供风管道，在输送压气过程中所发生的风量损耗摊销费用。损耗及损耗摊销费的大小与管道长短、管道直径、闸阀和弯头等构件多少、管道敷设质量、设备安装高程的高低有关。损耗摊销费常用损耗率表示，损耗率一般可按总用风量的 6%～10% 选取，供风管路短的取小值，长的取大值。

风动机械本身的用风及移动的供风管道损耗已包括在该机械的台时耗风定额内，不在风

价中计算。

（3）供风设施维修摊销费。它指摊入风价的供风管道的维护修理费用。因该项费用数值甚微，初步设计阶段常不进行具体计算，而采用经验指标值，一般取 0.004～0.005 元/m^3。编制预算时，若实际资料不足无法进行具体计算时，也可采用上述经验值。

四、工程实例分析

【工程实例分析 4-3】

（1）项目背景：某施工单位自备燃煤电厂，已知施工期间需要的发电量及其余资料为：发电量 1.546×10^6 kW·h，厂用电率 5%，燃煤消耗费 605894 元，水费 11552 元，材料费 75904 元，运行、维修、管理人员工资 70136 元，基本折旧费 30198 元，大修理费 11936 元，其他费用 11826 元。

（2）工作任务：试计算基本电价。

（3）分析与解答。

1）总供电量＝$1.546 \times 10^6 \times (1-5\%) = 1.3774 \times 10^6$（kW·h）。

2）总费用＝605894＋11552＋75904＋70136＋30198＋11936＋11826＝817446（元）。

3）基本电价＝总费用/总供电量＝0.59 元/（kW·h）。

【工程实例分析 4-4】

（1）项目背景：某水利工程施工用电 90% 由地方电网供电，10% 自备柴油机发电。已知电网基本电价为 0.398 元/（kW·h），损耗率高压线路取 5%，变配电设备和输电线路损耗率取 7%，供电设施摊销费取 0.03 元/（kW·h）。自备柴油机发电，容量 250kW 1 台，台时费用 210.68 元/台时；200kW 1 台，台时费用 176.22 元/台时；2.2kW 潜水泵 2 台，供给冷却水，每台台时费用 13.52 元/台时；厂用电率取 5%，发电机出力系数取 0.80。

（2）工作任务：计算外购电、自发电电价和综合电价。

（3）分析与解答。

1）外购电电价＝$0.398 \div (1-5\%) \div (1-7\%) + 0.03 = 0.485$[元/（kW·h）]。

2）自发电的电价。

台时总费用＝$210.68 \times 1 + 176.22 \times 1 + 13.52 \times 2 = 413.94$（元）。

台班总发电量＝$(250+200) \times 0.8 = 360$（kW·h）。

基本电价＝$413.94 \div [360 \times (1-5\%)] = 1.210$[元/（kW·h）]。

自发电的电价＝$1.210 \div (1-7\%) + 0.03 = 1.331$[元/（kW·h）]。

3）综合电价＝$1.331 \times 10\% + 0.485 \times 90\% = 0.570$[元/（kW·h）]。

取定综合电价为 0.57 元/（kW·h）。

【工程实例分析 4-5】

（1）项目背景：某工程施工生产用水设两个供水系统。甲系统设 150D30×4 水泵 3 台，其中备用 1 台，包括管路损失总扬程 116m，相应出水流量 150m^3/（h·台）；乙系统设 100D45×3 水泵 3 台，其中备用 1 台，总扬程 120m，相应出水量 90 m^3/（h·台）。两供水系统供水比例为 60：40，均为一级供水。已知水泵台时费分别为 96 元/台时和 75 元/台时。水量损耗率取 10%，维修摊销费取 0.05 元/m^3，能量利用系数取 0.8。

（2）工作任务：求综合水价。

（3）分析与解答。

1）甲系统的水价：$(96×2)÷[150×2×0.8]÷(1-10\%)+0.05=0.939$（元/m³）。

2）乙系统的水价：$(75×2)÷[90×2×0.8]÷(1-10\%)+0.05=1.207$（元/m³）。

3）综合水价为：$0.939×60\%+1.207×40\%=1.046$（元/m³）。

取定综合水价为 1.05 元/m³。

【工程实例分析 4-6】

（1）项目背景：某水利工程供风系统有两个，有关施工用风基本资料见表 4-9。

表 4-9　　　　　　　　　　　　　　基 本 资 料

指　标	系统一	系统二
空压机容量	40m³/min 一台	20m³/min 三台
供风比例	30%	70%
能量利用系数	0.75	0.80
供风损耗	10%	10%
单位循环冷却水费	0.007 元/ m³	0.007 元/ m³
供风设施摊销费	0.005 元/ m³	0.005 元/ m³
空压机台时费	132 元/台时	73 元/台时

（2）工作任务：计算该工程施工用风综合价格。

（3）分析与解答。

1）系统一的风价为：$132÷[40×60×0.75]÷(1-10\%)+0.007+0.005=0.093$（元/m³）。

2）系统二的风价为：$(73×3)÷[20×3×60×0.80]÷(1-10\%)+0.007+0.005=0.056$（元/m³）。

3）施工用风综合价格为：$0.093×30\%+0.056×70\%=0.067$（元/m³）。

任务四　施工机械台时费

任务描述：学习施工机械台时费的组成知识，掌握施工机械台时费的编制方法。

施工机械台时费是指一台施工机械在一个工作小时内为使机械正常运行所需支付（损耗）和分摊的各种费用的总和。施工机械使用费以台时为计量单位。台时费是计算建筑安装工程单价中机械使用费的基础单价，应根据施工机械台时费定额及有关规定进行编制。随着水利工程施工机械化程度的提高，施工机械台时费在工程投资中所占比例越来越大，目前已达到 20%～30%。因此，准确计算施工机械台时费对合理确定工程造价非常重要。

一、施工机械台时费的组成内容

施工机械台时费由两类费用组成。

（一）一类费用

一类费用由基本折旧费、修理及替换设备费（含大修理费、经常性修理费、替换设备费）、安装拆卸费等组成。一类费用在施工机械台时费定额中以金额表示，其大小是按定额编制年的物价水平确定的。因此，考虑物价上涨因素编制台时费时，应按主管部门公布的调整系数进行调整。现行部颁《水利工程施工机械台时费定额》一类费用是按 2000 年物价水平编制的。

（1）基本折旧费。指机械在规定使用期内收回原始价值的台时折旧摊销费用。

（2）修理及替换设备费。指机械使用过程中，为了使机械保持正常功能而进行修理所需的费用、日常保养所需的润滑油料费、擦拭用品费、机械保管费以及替换设备、随机使用的工具附具等所需的台时摊销费。包括以下几项。

1）大修理费。指机械使用一定台时，为了使机械保持正常功能而进行大修理所需的台时摊销费用。部分属于大型施工机械的中修费合并入大修理费内一起计列。

2）经常性修理费。包括中修费（属于大型施工机械不包括中修费）、小修费、各级保养费、润滑及擦拭材料费以及保管费等费用的台时摊销费。

3）替换设备费。包括机械需用的蓄电池、变压器、启动器、电线、电缆、电器开关、仪表、轮胎、传动皮带、输送皮带、钢丝绳、胶皮管等替换设备和为了保证机械正常运转所需的随机使用的工具附具的摊销、维护费。

（3）安装拆卸费。指机械进出工地的安装、拆卸、试运转和场内转移及辅助设施的摊销费用。其主要内容有以下几项。

1）安装前的准备，如设备开箱、检查清扫、润滑及电气设备烘干等所需的费用。

2）设备自场内仓库至安装拆卸地点的往返运输费用和现场范围内的运转费用。

3）设备进、出入工地的安装、调试以及拆除后的整理、清扫和润滑等费用。

4）一般的设备基础开挖、混凝土浇筑和固定锚桩等费用。如因地形条件和施工布置需要进行大量土石方开挖及混凝土浇筑等，应列入临时工程项目。

5）为设备的安装拆卸所搭设的平台、脚手架、地锚和缆风索等临时设施和施工现场清理等的费用。

不需要安装拆卸的施工机械，台时费中不计列此项费用，如自卸汽车、船舶、拖轮等。现行施工机械台时费定额中，凡备注栏内注有"※"的大型施工机械，表示该项定额未计列安装拆卸费，其费用在临时工程中的"其他施工临时工程"中计算，如混凝土搅拌楼、缆索起重机、钢模台车等。

（二）二类费用

二类费用在施工机械台时费定额中以工时数量和实物消耗量表示，是施工机械正常运转时机上人工、动力、燃料费用，其数量定额一般不允许调整。但是因工程所在地的人工预算价、材料市场价格各异，所以此项费用按国家规定的人工工资计算办法和工程所在地的物价水平分别计算，又称为可变费用。

（1）机上人工费。它指施工机械运转时应配备的机上操作人员预算工资所需的费用。机上人工在台时费定额中以工时数量表示，它包括机械运转时间、辅助时间、用餐、交接班以及必要的机械正常中断时间。机下辅助人员预算工资一般列入工程人工费，不含在内。

（2）动力、燃料费。它指施工机械正常运转时所耗用的各种动力、燃料及各种消耗性材料，包括风（压缩空气）、水、电、汽油、柴油、煤和木柴等所需的费用。定额中以实物消耗量表示。其中，机械消耗电量包括机械本身和最后一级降压变压器低压侧至施工用电点之间的线路损耗，风、水消耗包括机械本身和移动支管的损耗。

二、施工机械台时费的计算

台时费的计算现执行 2002 年水利部颁发的《水利工程施工机械台时费定额》及有关规定。根据《水利工程营业税改征增值税计价依据调整办法》和《水利部办公厅关于调整水利工程计价依据增值税计算标准的通知》，按调整后的施工机械台时费定额和不含增值税进项税额的基础价格计算。施工机械台时费定额的折旧费除以 1.13 的调整系数，修理及替换设备费除以 1.09 的调整系数，安装拆卸费不变。掘进机及其他由建设单位采购、设备费单独列项的施工机械，设备费采用不含增值税进项税额的价格。

一类费用：按现行部颁规定，以金额形式表示，价格水平为 2000 年。

二类费用：将定额中的机上人工、动力、燃料消耗材料数量分别对应乘以人工预算单价、材料预算单价，合计值即为二类费用。

计算公式分别为

$$一类费用＝定额一类费用金额×编制年调整系数 \qquad (4-26)$$

$$二类费用＝定额机上人工工时数×中级工人工预算单价$$
$$＋\sum（定额动力、燃料消耗量×动力、燃料预算价格）\qquad (4-27)$$

一类、二类费用之和即为施工机械台时费。

$$施工机械台时费＝一类费用＋二类费用 \qquad (4-28)$$

三、补充施工机械台时费的编制

当施工组织设计选用的机械在《水利工程施工机械台时费定额》中规格、型号与定额不符或缺项时，可以按照有关规定编制补充施工机械台时费。具体编制方法可参考相关资料进行编制，这里不再赘述。

四、组合台时费的计算

组合台时（简称组时）是指多台施工机械设备相互衔接或配备形成的机械联合作业系统的台时，组时费是指系统中各机械台时费之和。其计算公式为

$$机械组时费＝\sum 机械设备的台时费×机械配备的台数 \qquad (4-29)$$

五、工程实例分析

【工程实例分析 4-7】

（1）项目背景：某水利工程中中级工人工预算单价为 8.90 元/工时，柴油预算价格为 5.80 元/kg。施工机械台时费定额的折旧费除以 1.13 调整系数，修理及替换设备费除以 1.09 调整系数。

（2）工作任务：请按现行台时费定额计算 15t 自卸汽车的台时费。

（3）分析与解答。

第一步：查《水利工程施工机械台时费定额》中编号为 3017 的定额子目得：一类费用中折旧费 42.67 元/台时、修理及替换设备费 29.87 元/台时，一类费用小计为 72.54 元/台时；二类费用中机上人工为 1.3 工时/台时，柴油耗量为 13.1kg/台时。

第二步：计算一类费用。

1）折旧费＝42.67÷1.13＝37.76（元/台时）。

2）修理及替换设备费＝29.87÷1.09＝27.40（元/台时）。

3）一类费用＝37.76＋27.40＝65.16（元/台时）。

第三步：计算二类费用。

1）机上人工费＝1.3×8.90＝11.57（元/台时）。

2）动力燃料费＝13.1×5.80＝75.98（元/台时）。

3）二类费用＝11.57＋75.98＝87.55（元/台时）。

第四步：计算 15t 自卸汽车的机械台时费。

15t 自卸汽车的机械台时费＝一类费用＋二类费用。

$$=65.16＋87.55＝152.71（元/台时）。$$

【工程实例分析 4-8】

（1）项目背景：某工程用 QTP-80 外爬式塔式起重机，它的基础资料如下：

1）出厂价 39.6 万元，运杂费率 5%。

2）设备使用年限 19 年，年工作台时 2000 个，耐用总台时 38000 个，残值率 4%。

3）大修理次数两次，一次大修理费占设备预算价格的 4%。

4）台时经常性修理费占台时大修理费的 231%。

5）台时替换设备费占台时大修理费的 88%。

6）安装拆卸及辅助设施费，按规定单独计算，不列入台时费。

7）年保管费占设备预算价格的 0.25%。

8）动力、燃料费：电动机容量 53.4kW（其中主机容量 30kW），时间利用系数 0.4，能量利用系数 0.5，电动机效率 0.88，低压线路损耗系数 0.95。

9）机上人工两个，预算工资 8.90 元/工时。

10）电价 0.5 元/(kW·h)。

（2）工作任务：计算 QTP-80 外爬式塔式起重机台时费。

（3）分析与解答。

第一步：计算第一类费用。

设备预算价＝396000×(1＋5%)＝415800（元）。

1）基本折旧费＝415800×(1−4%)÷38000＝10.50（元/台时）。

2）大修理费＝(415800×4%)×2÷38000＝0.88（元/台时）。

3）经常性修理费＝0.88×231%＝2.03（元/台时）。

4）替换设备及工具、附具费＝0.88×88%＝0.77（元/台时）。

5）保管费＝415800×0.25%÷2000＝0.52（元/台时）。

一类费用小计：14.70 元/台时。

第二步：计算第二类费用。

1）机上人工工资＝2×8.90＝17.80（元/台时）。

2）耗电费＝53.4×0.4×0.5×1÷(0.88×0.95)×0.5＝6.39（元/台时）。

二类费用小计：24.19 元/台时。

第三步：计算 QTP-80 外爬式塔式起重机台时费。

台时费＝一类费用＋二类费用＝14.70＋24.19＝38.89（元/台时）。

任务五 砂石料单价

任务描述： 本任务主要学习自行采备砂石料的单价分析方法，掌握砂石料单价的编制方法。

砂石料是水利工程中砂砾料、砂、卵（砾）石、碎石、块石、料石、骨料等材料的统称。其中：砂砾料指未经加工的天然砂卵石料；骨料指经过加工分级后可用于混凝土制备的砂、砾石和碎石的统称。砂石料按粒径大小可划分为细骨料和粗骨料两种，其中：细骨料是指粒径为 0.15～5mm 的砂料；粗骨料是指粒径为 5～20mm、20～40mm、40～80mm、80～120（150）mm 的碎（卵）石料。

砂石料是水利水电工程的主要建筑材料，按其来源不同，一般可分为天然砂石料和人工砂石料两种。天然砂石料是岩石经风化和水流冲刷而形成的，有河砂、山砂、海砂以及河卵石、山卵石和海卵石等；人工砂石料是采用爆破等方式，开采岩体经机械设备的破碎、筛洗、碾磨加工而成的碎石和人工砂（又称机制砂）。

小型工程一般由施工企业到工地附近的料场采购。砂石料预算单价按主要材料预算价格的计算方法进行，也可按地方定额站发布的工业与民用建筑材料预算价格加至工地的运杂费用计算。材料的容重可分别按黄砂 1.5t/m³、碎石 1.6t/m³、块石 1.7t/m³ 计算。在计算过程中，砂、碎石（砾石）、块石等预算价格如超过 70 元/m³ 的，按 70 元/m³ 计入工程单价，计取有关费用，超过 70 元/m³ 的部分计取税金后列入相应部分之后。

在水利工程建设中，由于砂石料强度高，使用量大，大中型工程一般由施工单位自行采备，形成机械化联合作业系统。自行采备的砂石料必须单独编制单价。水利水电工程中砂石料单价的高低对工程投资的影响较大，所以在编制其单价时，必须深入现场调查，认真收集地质勘探、试验、设计资料，掌握其生产条件、生产流程，正确选用定额进行计算，保证砂石料单价的可靠性。现主要介绍自行采备砂石料的单价分析方法。

一、砂石料生产的工艺流程与单价组成

（一）砂石料生产的工艺流程

1. 覆盖层清除

天然砂石料场或采石场表面的杂草、树木、腐殖土或风化与弱风化岩石及夹泥层等覆盖物，在毛料开采前必须清理干净。

该工序单价应根据施工组织设计确定的施工方式，套用一般土石方工程概预算定额计算，然后摊入砂石料成品单价中。

2. 毛料开采运输

毛料开采运输是指毛料从料场开采、运输到筛分厂毛料堆的整个过程。

该工序费用应根据施工组织设计确定的施工方法，选用概预算定额进行计算。

3. 毛料的破碎、筛分、冲洗

（1）天然砂石料。天然砂石料的破碎、筛分、冲洗加工一般包括预筛分、超径石破碎、筛洗、中间破碎、二次筛分、堆存及废弃料清除等工序。

筛洗是指将毛料和碎石半成品通过各级筛分机与洗砂机筛分、冲洗成设计需要的质量合格的不同粒径粗骨料与细骨料的过程。一般包括预筛、初筛、复筛、洗砂等过程。其中，预筛分是指将毛料隔离超径石的过程。

破碎加工一般包括超径石破碎（粗碎）和中间破碎（中碎）。超径石破碎是指将预筛分隔离的超径石进行一次或两次破碎，加工成所需粒径的碎石半成品的过程；中间破碎是指由于生产和级配平衡的需要，将一部分大粒径骨料进行破碎加工的过程。按现行定额规定，超径石破碎定额包含中间破碎，只是在计算破碎单价时应根据要求破碎产品的粒径不同查找相应的定额表。破碎后的碎石再返回筛分厂进行筛洗。

二次筛分是指粗骨料在运输、储存过程中会受污染，逊径含量也可能超标，为保证混凝

土质量，有的工程在骨料上搅拌楼之前进行第二次筛分。

（2）人工砂石料。人工砂石料的破碎、筛分、冲洗加工一般包括破碎（一般分为粗碎、中碎、细碎）、筛分（一般分为预筛、初筛、复筛）、清洗等工序。根据现行定额，人工砂石料加工分为三种情况，即单独生产碎石、单独生产人工砂、同时生产碎石和人工砂。当人工砂石料加工的碎石原料含泥量超过5％时，需增加预洗工序。

编制破碎筛洗加工单价时，应根据施工组织设计确定的施工机械、施工方法，套用相应概预算定额进行计算。

4．成品的运输

成品运输是指将经过筛洗加工后的成品料，运至混凝土搅拌楼前的调节料仓或与搅拌楼上料胶带输送机相接为止的过程。运输方式根据施工组织设计确定，运输单价采用概预算定额相应的子目计算。

5．弃料处理

弃料处理是指天然砂砾料中的自然级配组合与设计采用级配组合不同而产生的弃料处理的过程。该部分费用应摊入成品骨料单价内。

具体采用以上哪些工序，要根据料场天然级配和混凝土生产时所需骨料确定其组合。水利部（2002年）定额按不同的生产规模，列出了通用工艺设备，砂石料的生产工艺可根据需要进行组合。

（二）砂石料单价组成

砂石料单价指混凝土拌和系统骨料储存仓内1m³骨料的价格，它一般包括从料场覆盖层清除到毛料开采运输、砂砾料加工，直至成品料运输到混凝土搅拌楼前调节料仓或与搅拌楼上料胶带输送机相接为止的全部生产流程所发生的费用。

砂石料单价应根据施工组织设计确定的砂石备料方案和工艺流程，按相应定额计算各加工工序单价，然后累计计算成品单价。根据《水利工程营业税改征增值税计价依据调整办法》，自采砂石料单价根据料源情况、开采条件和工艺流程按相应定额和不含增值税进项税额的基础价格进行计算，并计取间接费、利润及税金。自采砂石料按不含税金的单价参与工程费用计算。外购砂石料价格不包含增值税进项税额，基价70元/m³不变。

二、砂石料单价的计算

（一）进行砂石料级配平衡计算

级配平衡计算的主要内容有以下几项：

（1）根据地质勘探资料，编制砂砾料天然级配表。

（2）根据砂浆、混凝土工程量及其配合比列表计算出骨料需用量。

（3）确定天然砂砾料可利用率。

（4）根据天然级配表、骨料需用量列表进行骨料级配平衡计算，表中列出各种粒径骨料需用量、天然产出量以及各种粒径骨料缺少量和富余量。若骨料级配供求不平衡，则需要进行调整。如砾石多而缺砂时，可用砾石制砂，中小石不足时，可用超径石或大石破碎补充等。

（二）确定砂石加工厂规模及计算参数

1．确定砂石加工厂规模

砂石加工厂规模由施工组织设计确定。根据《施工组织设计规范》（GB/T 50502—2009）规定，砂石加工厂的生产能力应按混凝土高峰时段（3～5个月）月平均骨料需用量及其他砂石需用量计算。砂石加工厂生产时间，通常为每日二班制，高峰时为三班制，每月有效工作时间可按 360h 计算。小型工程的砂石加工厂一班制生产时，每月有效工作时间可按 180h 计算。计算出需要成品的小时生产能力后计及损耗，即可求得按进料量计的砂石加工厂小时处理能力。

2. 确定计算参数

计算参数主要是指砂石料生产流程中各工序的工序单价系数，主要有以下几个：

（1）覆盖层清除单价系数。覆盖层清除单价系数即为覆盖层清除摊销率，是指覆盖层的清除量占设计成品骨料量的比例，计算公式为

$$覆盖层清除摊销率 = \frac{覆盖层清除量（自然方）}{设计成品骨料量（成品料堆方）} \times 100\% \tag{4-30}$$

如各料场清除覆盖层性质与施工方法不同，应分别计算各料场覆盖层清除摊销率。

（2）毛料采运单价系数。毛料采运单价系数按 2002 年部颁定额确定。其中，天然砂砾料采运单价系数按砂砾料筛洗定额表中砂砾料采运量除以定额数量确定；砾石原料采运单价系数按人工砂石料加工定额表中碎石原料量（包含含泥量）除以定额数量确定。

（3）含泥碎石预洗单价系数。含泥碎石预洗单价系数按 2002 年部颁定额分章说明规定确定：制碎石取 1.22；制人工砂取 1.34。

（4）弃料处理单价系数。弃料处理单价系数即为弃料处理摊销率，计算公式为

$$弃料处理摊销率 = \frac{弃料处理量}{设计成品骨料量} \times 100\% \tag{4-31}$$

由天然砂砾料筛洗加工成合格骨料过程中产生的弃料总量是毛料开采量与设计成品骨料量之差，包括由于天然级配与设计级配不同而产生的级配弃料、超径弃料、筛洗剔除的杂质和含泥量以及施工损耗。在砂石骨料单价计算中，施工损耗在定额中考虑，不再计入弃料处理摊销率，只对超径弃料和级配弃料（包括筛洗剔除的杂质与含泥量）分别计算摊销率。如施工组织设计规定某种弃料需挖装运出至指定弃料地点时，则还应计算这一部分运出弃料摊销率。

弃料处理单价应按弃料处理摊销率摊入到成品骨料单价中。

（5）超径石破碎单价系数。超径石破碎（包含中间破碎）单价系数即为超径石破碎摊销率。超径石如果破碎利用，则需将其破碎单价按超径石破碎摊销率摊入到成品骨料单价中。计算公式为

$$超径石破碎单价系数 = \frac{超径石破碎量}{设计成品骨料总用量} \tag{4-32}$$

（6）二次筛分单价系数。如果骨料需要进行二次筛分，则需将二次筛分单价按二次筛分单价系数摊入到成品骨料单价中去。

$$二次筛分单价系数 = \frac{二次筛分量}{设计成品骨料总用量} \tag{4-33}$$

此外，砂砾料筛洗、人工制碎石、人工制砂、人工制碎石和砂、成品（半成品）运输等工序的工序单价系数均为 1.0。

（三）计算各工序单价

1. 计算覆盖层清除单价

覆盖层清除单价以自然方计，根据施工组织设计确定的施工方法，采用土石方工程相应定额编制单价。

2. 计算毛料采运、加工、运输单价

毛料（砂砾料或碎石原料）采运、加工、运输单价应根据施工组织设计确定的施工方法，结合砂石料加工厂生产规模，采用 2002 年部颁概预算定额第六章"砂石备料工程"中相应定额子目编制概预算单价。

计算时应注意以下几点：

（1）除注明者外，毛料开采、运输定额计量单位为成品方（堆方、码方），砂石料加工等定额计量单位为成品重量（t）。计量单位之间的换算如无实际资料时，可参考表 4-10 数据。

表 4-10　　　　　　　　　砂 石 料 密 度 表

砂石料类别	天然砂石料			人工砂石料		
	松散砂砾混合料	分级砾石	砂	碎石原料	成品碎石	成品砂
密度/(t/m³)	1.74	1.65	1.55	1.76	1.45	1.50

（2）在计算人工砂石料加工单价时，如果生产碎石的同时，附带生产人工砂的数量不超过总量的 10%，则采用单独制碎石定额计算其单价；如果生产碎石的同时，生产的人工砂数量超过总量的 10%，则采用同时制碎石和砂的定额计算其单价。

（3）在计算砂砾料（或碎石原料）采运单价时，如果有几个料场，或有几种开采运输方式时，应分别编制单价后用加权平均方法计算毛料采运综合单价。

（4）弃料单价应为选定处理工序处的砂石料单价。在预筛时产生的超径石弃料单价，其筛洗工序单价可按砂砾料筛洗定额中的人工和机械台时数量各乘 0.2 系数计价，并扣除用水。若余弃料需转运到指定地点时，其运输单价应按砂石备料工程有关定额子目计算。

（5）根据施工组织设计，砂石加工厂的预筛粗碎车间与成品筛洗车间距离超过 200m 时，应按半成品料运输方式及相关定额计算其单价。

（四）计算砂石料综合单价

砂石料综合单价等于各工序单价分别乘以其单价系数后累加。在砂石料综合单价计算中，如弃料用于其他工程项目，应按可利用量的比例从砂石料单价中扣除。

三、自采块石料石单价计算

自采块石、片石、料石、条石单价是指开采质量合格的石料并运输到施工现场堆料点所需人工费、材料费和机械使用费的单位价格。一般包括料场覆盖层（风化层、无用夹层等）清除、石料开采、加工（修凿）、运输、堆存以及以上施工过程中的损耗等。但块石、片石、条石、料石加工及运输各节概预算定额中，均已考虑了开采、加工、运输、堆存损耗因素在内，计算概预算单价时不另计系数和损耗。

$$J_石 = fF + D_1 + D_2 \qquad\qquad (4-34)$$

式中　$J_石$——自采块石、片石、条石、料石单价，片石、块石单价以元/m³ 成品码方计，料石、条石以元/m³ 清料方计；

　　　f——覆盖层清除摊销率，指覆盖层清除量占需用石料方量的比例，%；

　　　F——覆盖层清除单价，元/m³；

　　　D_1——石料开采加工单价，根据岩石级别、石料种类和施工方法按定额相应子目计算，元/m³；

　　　D_2——石料运输堆存单价，根据施工方法和运距按定额相应子目计算，元/m³。

四、工程实例分析

【工程实例分析 4-9】

(1) 项目背景：某水利水电工程，混凝土总量 100 万 m³，其中四级配 50 万 m³，三级配 35 万 m³，二级配 15 万 m³，另用水泥砂浆 2.0 万 m³。施工组织设计确定高峰时段混凝土浇筑量为 5 万 m³/月，砂石加工厂设在料场附近，与混凝土搅拌楼相距 2500m，其间成品骨料运输采用胶带运输机。粗骨料上搅拌楼之前设二次筛分，4 种骨料中有一半需进行二次筛洗。

该工程天然砂砾料场距坝址 3km，为水下中厚层料场，有效层平均厚度 4m，无覆盖，拟采用 2m³ 液压反铲挖掘机，2m³ 液压正铲挖掘机装 15t 自卸汽车运 1km 到加工厂。

据地质勘探资料，砂砾料天然级配见表 4-11。

表 4-11　　　　　　　　　　　砂 砾 料 天 然 级 配 表

项目	以天然砂砾料为 100%				以砾石为 100%				自然密度 /(t/m³)	砾石含泥率
	超径石 >150	砾石 150~5	砂子 5~0.15	粉粒 <0.15	G1 150~80	G2 80~40	G3 40~20	G4 20~5		
数值	10.0%	75.0%	10.0%	5.0%	35.0%	45.0%	8.0%	12.0%	1.95	<0.1%

注　石子、砂子粒径单位为 mm，以下表同。

(2) 工作任务：试根据以上资料计算石子概算单价、砂子综合概算单价。

(3) 分析与解答：

第一步：骨料需用量计算。

参考 2002 年概算定额附录 7 中附表 7-7，C15 混凝土用水泥强度等级为 32.5；附表 7-15 接缝水泥砂浆为 M20。

骨料需用量计算见表 4-12。

表 4-12　　　　　　　　　　　骨 料 需 用 量 计 算 表

序号	项目	混凝土量 /万 m³	骨料量 /万 t	砂子		砾石		石子级配			
				单位用量 /(t/m³)	合计用量 /万 t	单位用量 /(t/m³)	合计用量 /万 t	G1 150~80	G2 80~40	G3 40~20	G4 20~5
1	砂浆	2.0	3.10	1.55	3.1	0	0				
2	二级配	15.0	32.25	0.78	11.70	1.37	20.55			50	50
3	三级配	35.0	79.10	0.62	21.70	1.64	57.40		40	30	30
4	四级配	50.0	116.50	0.53	26.50	1.80	90.00	30	30	20	20
5	共计	102	230.95	0.62	63.00	1.65	167.95				
6	百分比/%		100		27.3		72.7	16.08	29.74	27.09	27.09

第二步：级配平衡计算。

天然砂砾料中粒径小于 0.15mm 的粉粒在加工过程中随水冲走，大于 150mm 的超径石有两个百分点无法利用，预筛后作弃料处理。由表 4-12 可知，天然砂砾料可利用率为 100%-5%-2%=93%。因此天然砂砾料产出量为 230.95÷93%=248.33（万 t），骨料需用量与天然级配平衡情况见表 4-13。

由表 4-13 可见，骨料级配供求不平衡：砾石多，砂缺 38.17 万 t，占需用量的 60%，需用砾石制砂。另外，G3、G4 石子缺 53.75 万 t，需用超径石和大石破碎补充，破碎量为

19.87＋38.19＋33.86＝91.92（万 t），占砾石总产量［186.25＋19.87＝206.12（万 t）］的 44.6%，占砂石总用量 230.95 万 t 的 39.8%。

表 4 - 13　　　　　　　　　　　　骨 料 级 配 平 衡 表

序号	项目	总量 /万 t	其中有用量		砾石分级量/万 t				>150mm 超径石 利用量/万 t	弃料量 /万 t
			砂量 /万 t	砾石 /万 t	G1 150~80	G2 80~40	G3 40~20	G4 20~5		
1	骨料需用量	230.95	63.00	167.95	27.00	49.95	45.50	45.50		
2	天然产出量	248.33	24.83	186.25	65.19	83.81	14.90	22.35	19.87	17.38
3	平衡情况	+17.38	-38.17	+18.30	+38.19	+33.86	-30.60	-23.15	+19.87	

注　其中超径石弃料量为 248.33×2%＝4.97（万 t）。

第三步：拟定砂石料生产流程和工厂规模。

（1）砂石料生产流程。根据级配平衡计算成果和施工组织设计，可拟定出砂石料生产流程，如图 4 - 1 所示。

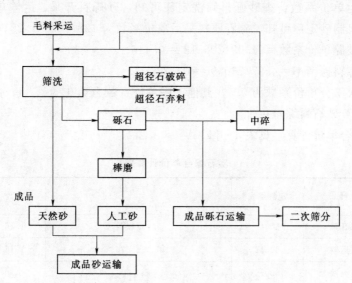

图 4 - 1　砂石料生产流程

（2）计算砂石加工厂规模。

1）砂砾料筛洗厂生产能力：

$$Q = 1.16 \times 50000 \times 230.95 \div 102 \div 360 = 364.1 \text{(t/h)}$$

式中，1.16 为加工损耗系数，查砂砾料筛洗定额确定，即用砂砾料采运量除以定额数量；360h/月为砂石加工厂每月有效工作时间。

查定额可知，砂砾料筛洗厂生产规模应为 $Q_1 = 2 \times 220$（t/h）。

2）超径石破碎车间生产能力：

$$Q = 91.92 \div 248.33 \times 2 \times 220 = 162.8 \text{(t/h)}$$

查定额可知，超径石破碎生产规模应为 $Q_2 = 1 \times 160$ t/h。

3）二次筛分厂生产能力（按混凝土搅拌能力计算）：

$$Q = 50000 \div 360 = 138.8 \text{(m}^3\text{/h)}$$

查定额可知，二次筛分生产规模应为 $Q_3 = 140\text{m}^3/\text{h}$。

4）砾石制砂厂生产能力：

$$Q = 1.28 \times 38.17 \div 248.33 \times 2 \times 220 = 86.6(\text{t/h})$$

式中，1.28 为损耗系数，查人工制砂定额确定，即用定额中碎石原料采运量除以定额数量。

查定额可知，砾石制砂厂生产规模应为 $Q_4 = 2 \times 50\text{t/h}$。

第四步：计算工序单价和工序单价系数。

（1）计算工序单价。工序单价可根据施工组织设计确定的施工方法与砂石加工厂规模，选用相应的定额子目计算。假设各工序单价计算结果为：砂砾料开采单价 1.99 元/m³，砂砾料运输单价 6.06 元/m³，砂砾料筛洗单价 5.34 元/t，超径石破碎单价 3.94 元/t，成品骨料运输单价 6.22 元/m³，骨料二次筛分单价 3.30 元/t，机制砂单价 23.86 元/t。工序单价计算过程略，计算方法详见项目五。

（2）计算工序单价系数。

1）毛料采运单价系数：查砂砾料筛洗定额可知，砂砾料开采、运输单价系数为 116/100=1.16；查机制砂定额可知，碎石原料采运单价系数为 128/100=1.28。

2）超径石破碎单价系数=91.92/206.12＝0.446。

3）超径石弃料摊销率＝4.97/230.95＝0.022。

4）骨料二次筛分单价系数为 0.5，其他工序单价系数为 1.0。

第五步：计算砂石料综合单价。

（1）砾石综合单价计算，见表 4－14。

表 4－14　　　　　　　　　　　　砾石综合单价计算表

序号	项　目	定额编号	工序单价 /（元/t）	系数	复价 /（元/t）
1	砂砾料开采	60047	1.99/1.74	1.16	1.33
2	砂砾料运输	60212	6.06/1.74	1.16	4.04
3	砂砾料筛洗	60075	5.34	1.0	5.34
4	超径石破碎	60092	3.94	0.446	1.76
5	超径弃料摊销 （就地弃料）	60047 60212 60075	1.33＋4.04＋5.34×0.2＝6.438	0.022	0.14
6	成品运输 （L=2500m）	60164	6.22/1.65	1.0	3.77
8	二次筛分	60411	3.30	0.5	1.65
9	合　计				18.03

备注：砾石单价为 18.03×1.65＝29.75（元/m³）

（2）砂子综合单价计算。本工程生产的砂有天然砂和人工砂两种，应先分别计算出其单价，再按其所占比例加权计算出砂子的综合单价。天然砂和人工砂的单价计算见表 4－15、表 4－16。

表 4 - 15　　　　　　　　　　　　天然砂单价计算表

序号	项　目	定额编号	工序单价/(元/t)	系数	复价/(元/t)
1	砂砾料开采	60047	1.99/1.74	1.16	1.33
2	砂砾料运输	60212	6.06/1.74	1.16	4.04
3	砂砾料筛洗	60075	5.34	1.0	5.34
4	超径弃料摊销（就地弃料）	60047 60212 60075	1.33＋4.04＋5.34×0.2＝6.438	0.022	0.14
5	成品运输（L=2500m）	60164	6.22/1.55	1.0	4.01
6	合　计				14.86

备注：天然砂单价为 14.86×1.55＝23.03(元/m³)

表 4 - 16　　　　　　　　　　　　人工砂单价计算表

序号	项　目	定额编号	工序单价/(元/t)	系数	复价/(元/t)
1	砾石原料（d＜40mm）		1.33＋4.04＋5.34＋1.76＝12.47	1.28	15.96
2	机制砂	60133	23.86	1.0	23.86
3	成品运输（L=2500m）	60164	6.22/1.50	1.0	4.15
4	合　计				43.97

备注：人工砂单价为 43.97×1.50＝65.96(元/m³)

注　砾石原料价按砾石采运、筛洗、破碎综合价计算。

第六步：计算砂子综合单价计算。

砂子综合单价＝23.03×24.83/(24.83＋38.17)＋65.96×38.17/(24.83＋38.17)

　　　　　　＝49.04(元/m³)

任务六　混凝土、砂浆材料单价

任务描述：本任务主要学习混凝土、砂浆材料的单价分析方法，掌握混凝土及砂浆材料的编制方法。

混凝土、砂浆材料单价是指配制 1m³ 混凝土、砂浆所需的水泥、砂石骨料、水、掺合料及外加剂等各种材料的费用之和，不包括混凝土和砂浆拌制、运输、浇筑等工序的人工、材料和机械费用，也不包括除搅拌损耗外的施工操作损耗及超填量等。混凝土、砂浆材料单价在混凝土工程单价中占有较大的比例，在编制混凝土工程概算单价时，应根据设计选定的不同工程部位的混凝土及砂浆的强度等级、级配和龄期确定出各组成材料的用量，进而计算出混凝土、砂浆材料单价。

根据 1m³ 混凝土、砂浆中各种材料预算用量分别乘以其材料预算价格，其总和即为定额项目表中混凝土、砂浆的材料单价。

一、编制混凝土材料单价应遵循的原则

(1) 编制拦河坝等大体积混凝土概预算单价时，必须考虑掺加适量的粉煤灰以节省水泥用量，其掺量比例应根据设计对混凝土的温度控制要求或试验资料选取。如无试验资料，可根据一般工作实际掺用比例情况，按 2002 年概算定额附录 7 "掺粉煤灰混凝土材料配合表"选取。

(2) 编制所有现浇混凝土及碾压混凝土概预算单价时，均应采用掺外加剂（木质素磺酸钙等）的混凝土配合比作为计价依据，以减少水泥用量。一般情况下不得采用纯混凝土配合比作为编制混凝土概预算单价的依据。

(3) 应根据设计对不同水工建筑物的不同运用要求，尽可能利用混凝土的后期强度（60d、90d、180d、360d），以降低混凝土强度等级，节省水泥用量。现行定额中。不同混凝土配合比所对应的混凝土强度等级均以 28d 龄期的抗压强度为准，如设计龄期超过 28d，应进行换算，各龄期强度等级换算为 28d 龄期强度等级的换算系数见表 4 - 17。当换算结果介于两种强度等级之间时，应选用高一级的强度等级。如某大坝混凝土采用 180d 龄期设计强度等级为 C20，则换算为 28d 龄期时对应的混凝土强度等级为：C20×0.71≈C14，其结果介于 C10～C15 之间，则混凝土的强度等级取 C15。

表 4 - 17   混凝土龄期与强度等级换算系数

设计龄期/d	28	60	90	180	360
强度等级换算系数	1.00	0.83	0.77	0.71	0.65

二、混凝土材料单价的计算

混凝土各组成材料的用量是计算混凝土材料单价的基础，应根据工程试验提供的资料计算。若设计深度或试验资料不足，也可按下述计算步骤和方法计算混凝土半成品的材料用量及材料单价。

1. 选定水泥品种与强度等级

拦河坝等大体积水工混凝土，一般可选用强度等级为 32.5 与 42.5 的水泥。对水位变化区外部混凝土，宜选用普通硅酸盐大坝水泥和普通硅酸盐水泥；对大体积建筑物内部混凝土、位于水下的混凝土和基础混凝土，宜选用矿渣硅酸盐大坝水泥、矿渣硅酸盐水泥和粉煤灰硅酸盐水泥。

2. 确定混凝土强度等级和级配

混凝土强度等级和级配是根据水工建筑物各结构部位的运用条件、设计要求和施工条件确定的。在资料不足的情况下，可参考表 4 - 18 选定。

3. 确定混凝土材料配合比

确定混凝土材料配合比时，应考虑按混合料、掺外加剂和利用混凝土后期强度等节约水泥的措施。混凝土材料中各项组成材料的用量，应按设计强度等级，根据试验确定的混凝土配合比计算。如无试验资料，可参照概算定额附录中的混凝土材料配合比查用。

2002 年概算定额附录 7 列出了不同强度混凝土、砂浆配合比，详见附录二。在使用附录混凝土材料配合比表时，应注意以下几个方面：

(1) 表中混凝土材料配合比是按卵石、粗砂拟定的，如改用碎石或中、细砂，应对配合比表中的各材料用量按表 4 - 19 系数换算（注：粉煤灰换算系数同水泥的换算系数）。

表 4 - 18　　　　　　　　　　混凝土强度等级与级配参考表

工　程　类　别		不同强度等级不同级配混凝土所占比例/%			
		C20~C25	C20	C15	C10
		二级配	三级配	三级配	四级配
大体积混凝土坝		8	32		60
轻型混凝土坝		8	92		
水闸		6	50	44	
溢洪道		6	69	25	
进水塔		30	70		
进水口		20	60	20	
隧洞衬砌	混凝土泵衬砌边顶拱	80	20		
	混凝土泵衬砌顶拱	30	70		
竖井衬砌	混凝土泵浇筑	100			
	其他方法浇筑	30	70		
明渠混凝土			75	25	
地面厂房		35	35	30	
河床式电站厂房		50	25	25	
地下厂房		50	50		
扬水站		30	35	35	
大型船闸		10	90		
中小型船闸		30	70		

表 4 - 19　　　　　　　　　碎石或中、细砂配合比换算系数

项　　　目	水泥	砂	石子	水
卵石换为碎石	1.10	1.10	1.06	1.10
粗砂换为中砂	1.07	0.98	0.98	1.07
粗砂换为细砂	1.10	0.96	0.97	1.10
粗砂换为特细砂	1.16	0.90	0.95	1.16

注　1. 水泥按重量计，砂、石子、水按体积计。
　　2. 若实际采用碎石及中细砂时，则总的换算系数应为各单项换算系数的乘积。

（2）埋块石混凝土，应按配合比表的材料用量，扣除埋块石实体的数量计算。

$$埋块石混凝土材料量＝配合表列材料用量×（1－埋块石率\%）\qquad（4-35）$$

$$1 块石实体方＝1.67 码方$$

因埋块石增加的人工见表 4 - 20。

表 4 - 20　　　　　　　　　埋块石混凝土人工工时增加量

埋块石率/%	5	10	15	20
每 100m³ 埋块石混凝土增加人工工时	24.0	32.0	42.4	56.8

注　不包括块石运输及影响浇筑的工时。

（3）当工程采用的水泥强度等级与配合比表中不同时，应对配合比表中的水泥用量进行调整，见表 4-21。

表 4-21　　　　　　　　　　　　　水泥强度等级换算系数参考表

原强度等级＼代换强度等级	32.5	42.5	52.5
32.5	1.00	0.86	0.76
42.5	1.16	1.00	0.88
52.5	1.31	1.13	1.00

（4）除碾压混凝土材料配合比表外，混凝土配合比表中各材料的预算量包括场内运输及操作损耗，不包括搅拌后（熟料）的运输和浇筑损耗，搅拌后的运输和浇筑损耗已根据不同浇筑部位计入定额内。

（5）水泥用量按机械拌和拟定，若人工拌和，则水泥用量需增加 5%。

4. 掺粉煤灰混凝土材料用量

定额附录中掺粉煤灰混凝土配合比的材料用量是按超量取代法（也称超量系数法）确定的，即按照与纯混凝土同稠度、等强度的原则，用超量取代法对纯混凝土中的材料量进行调整，调整系数称为粉煤灰超量系数。按下列步骤计算。

（1）掺粉煤灰混凝土的水泥用量：

$$C=C_0(1-f) \tag{4-36}$$

式中　C——掺粉煤灰混凝土的水泥用量，kg；

　　　C_0——与掺粉煤灰混凝土同稠度、等强度的纯混凝土水泥用量，kg；

　　　f——粉煤灰取代水泥百分率，即水泥节约量，其值可参考表 4-22 选取。

$$f=\frac{C_0-C}{C_0}\times100\% \tag{4-37}$$

表 4-22　　　　　　　　　　粉煤灰取代水泥百分率（f）参考表

混凝土强度等级	普通硅酸盐水泥	矿渣硅酸盐水泥
≤C15	15%～25%	10%～20%
C20	10%～15%	10%
C25～C30	15%～20%	10%～15%

注　1. 32.5（R）水泥及以下取下限，42.5（R）水泥及以上取上限。C20 及以上混凝土宜采用Ⅰ、Ⅱ级粉煤灰，C15及以下素混凝土可采用Ⅲ级粉煤灰。

　　2. 粉煤灰等级按《水工混凝土掺用粉煤灰技术规范》（DL/T 5055—2007）标准划分。

（2）确定粉煤灰的掺量：

$$F=K(C_0-C) \tag{4-38}$$

式中　F——粉煤灰掺量，kg；

　　　K——粉煤灰取代（超量）系数，为粉煤灰的掺量与取代水泥节约量的比值，可按表 4-23 取值。

表4-23	粉煤灰的取代（超量）系数表		
粉煤灰级别	Ⅰ级	Ⅱ级	Ⅲ级
超量系数	1.0～1.4	1.2～1.7	1.5～2.0

（3）砂、石用量计算。由于采用超量取代法计算的掺粉煤灰混凝土的灰重（即水泥及粉煤灰总重）较纯混凝土的灰重多，增加的灰重为

$$\Delta C = C + F - C_0 \qquad (4-39)$$

式中　ΔC——增加的灰重，kg。

按与纯混凝土容重相等的原则，掺粉煤灰混凝土砂、石总量应相应减少 ΔC，按含砂率相等的原则，则掺粉煤灰混凝土砂、石重分别按式（4-40）、式（4-41）计算：

$$S \approx \frac{S_0 - \Delta C S_0}{S_0 + G_0} \qquad (4-40)$$

$$G \approx \frac{G_0 - \Delta C G_0}{S_0 + G_0} \qquad (4-41)$$

式中　S——掺粉煤灰混凝土砂重，kg；

　　　S_0——纯混凝土砂重，kg；

　　　G——掺粉煤灰混凝土石重，kg；

　　　G_0——纯混凝土石重，kg。

由于增加的灰重 ΔC 主要是代替细骨料砂填充粗骨料石的空隙，故简化计算时也可将增加的灰重 ΔC 全部从砂的重量中核减，石重不变。

（4）用水量计算。

　　　　掺粉煤灰混凝土用水量 W＝纯混凝土用水量 W_0（m^3）　　　（4-42）

（5）外加剂用量计算。外加剂用量 Y 可按掺粉煤灰混凝土的水泥用量 C 的 0.2％～0.3％计算，概算定额取 0.2％，即

$$Y = C \times 0.2\% \qquad (4-43)$$

根据上述公式，可计算不同的超量系数 K 及不同的粉煤灰取代水泥百分率 f 时掺粉煤灰混凝土的材料用量。

5. 计算混凝土材料单价

混凝土材料单价计算公式为

　　　　混凝土材料单价＝Σ（某材料用量×某材料预算价格）　　　（4-44）

如果有几种不同强度等级的混凝土，需要计算混凝土材料的综合单价，则按各强度等级的混凝土所占比例计算加权平均单价。另外，根据《水利工程营业税改征增值税计价依据调整办法》，混凝土材料单价按混凝土配合比中各项材料的数量和不含增值税进项税额的材料价格进行计算。

三、砂浆材料单价的计算方法

砂浆材料单价的计算方法和混凝土材料单价的计算方法大致相同，应根据工程试验提供的资料确定砂浆的各组成材料及相应的用量，进而计算出砂浆材料单价。若无试验资料，可参照定额附录砂浆材料配合比表中各组成材料的预算量，进而计算出砂浆材料的单价。

砂浆材料单价计算公式为

$$砂浆材料单价 = \sum(某材料用量 \times 某材料预算价格) \quad (4-45)$$

四、混凝土材料单价计算实例分析

【工程实例分析 4-10】

（1）项目背景：某岸边开敞式溢洪道工程，设计选用的混凝土强度等级与级配为 C20 二级配占 6%、C20 三级配占 69%、C15 三级配占 25%。C20 混凝土用 32.5 普通水泥，C15 混凝土用 32.5 矿渣水泥。外加剂采用木质磺酸钙。已知混凝土各组成材料的预算价格为：32.5 普通水泥 350 元/t，32.5 矿渣水泥 325 元/t，木质磺酸钙 1.20 元/kg，砂石骨料 35 元/m³，水 0.40 元/m³。

（2）工作任务：试计算溢洪道混凝土工程定额中混凝土材料单价。

（3）分析与解答。

第一步：计算混凝土配合比材料预算量。

根据 2002 年概算定额附录 7 掺外加剂混凝土材料配合比表，查得上述各种强度等级与级配的混凝土配合比材料预算量，见表 4-24。

第二步：计算混凝土材料单价。

计算各种强度与级配的混凝土材料单价，并按所占比例加权平均计算其综合单价，见表 4-24。

表 4-24　　　　　　　　　　　混凝土材料单价计算表

混凝土强度等级	级配	材料预算量					材料费/元					混凝土材料单价/(元/m³)
		水泥/kg	砂/m³	卵石/m³	外加剂/kg	水/m³	水泥	砂	卵石	外加剂	水	
C20	二	254	0.5	0.82	0.52	0.15	88.9	17.5	28.7	0.62	0.06	135.78
C20	三	212	0.4	0.97	0.43	0.125	74.2	14	34.0	0.52	0.05	122.72
C15	三	181	0.42	0.96	0.37	0.125	58.83	14.7	33.6	0.44	0.05	107.62

第三步：计算混凝土材料综合单价。

$$混凝土材料综合单价 = 135.78 \times 6\% + 122.72 \times 69\% + 107.62 \times 25\%$$

$$= 119.73(元/m³)$$

【工程实例分析 4-11】

（1）项目背景：某工程用 C20 三级配掺粉煤灰混凝土，水泥强度等级为 42.5（R），水灰比为 0.6，水泥取代百分率为 12%，粉煤灰的取代系数为 1.30。

（2）工作任务：计算该混凝土的配合比材料用量。

（3）分析与解答。

第一步：计算掺粉煤灰混凝土水泥用量。

查 2002 年概算定额附录 7 表 7-7，C20 三级配纯混凝土配合比材料用量为：42.5 水泥 $C_0 = 218\text{kg}$，粗砂 $S_0 = 618\text{kg}$，卵石 $G_0 = 1627\text{kg}$，水 $W_0 = 0.125\text{m}^3$，则

$$C = C_0(1-f) = 218 \times (1-12\%) = 192(\text{kg})$$

第二步：计算粉煤灰掺量。

$$F = K(C_0-C) = 1.3 \times (218-192) = 34(\text{kg})$$

第三步：计算砂、石用量。

$$\Delta C = C + F - C_0 = 192 + 34 - 218 = 8(\text{kg})$$

$$S \approx S_0 - \frac{\Delta C S_0}{S_0+G_0} = 618 - \frac{8 \times 618}{618+1627} = 616(\text{kg})$$

$$G \approx G_0 - \frac{\Delta C G_0}{S_0+G_0} = 1627 - \frac{8 \times 1627}{618+1627} = 1621(\text{kg})$$

第四步：计算用水量。

$$W = W_0 = 0.125\text{m}^3$$

第五步：计算外加剂用量。

$$Y = 192 \times 0.2\% = 0.38(\text{kg})$$

项目学习小结

本学习项目主要介绍了水利水电工程概预算中基础单价的编制方法。基础单价是编制建筑安装工程单价的基础，必须牢固掌握：人工预算单价的组成和计算方法；材料预算价格的组成和计算方法；施工机械台时费的费用构成及计算方法；施工用电、水、风预算价格的费用构成和计算方法；自行采备砂石料的生产工艺流程及单价编制方法；混凝土及砂浆材料单价的计算方法等。

职业技能训练四

一、单选题

1. 根据现行部颁规定，人工预算单价是指（　　）的工资单价。

A. 现场管理人员　　　　B. 生产及管理人员　　　C. 生产工人　　　　　D. 辅助生产工人

2. 某枢纽工程位于安徽省合肥市肥东县，其中级工人工预算单价为（　　）元/工时。

A. 8.90　　　　　　　　B. 9.62　　　　　　　　C. 9.15　　　　　　　D. 10.12

3. 材料预算价格是指材料从购买地运到（　　）的出库价格。

A. 工作面　　　　　　　　　　　　　　　B. 工地总仓库

C. 工地分仓库或堆放场地　　　　　　　　D. 工程所在地

4. 根据现行部颁规定，材料运输保险费的计算基础是（　　）。

A. 材料运输费　　　　　　　　　　　　　B. 材料原价

C. 材料运到工地时的价格　　　　　　　　D. 材料原价+包装费+运杂费

5. 根据现行部颁规定，水利工程施工机械台时费中人工费应按（　　）计算。

A. 初级工　　　　　　　B. 中级工　　　　　　　C. 熟练工　　　　　　D. 高级工

6. 根据现行部颁规定，施工机械台时费由（ ）组成。

A. 第一类费用   B. 第一、二类费用

C. 第一、二、三类费用   D. 第一、二、三、四类费用

7. 某施工机械设备预算价格为 240 万元，经济寿命期为 15000 台时，残值率为 5%，该设备的基本折旧费为（ ）。

A. 160 元/台时   B. 162 元/台时   C. 158 元/台时   D. 152 元/台时

8. 根据现行部颁规定，大型施工机械未列安装拆卸费，则其费用可在（ ）中单列。

A. 台时费   B. 其他直接费   C. 其他施工临时工程   D. 进出场费

9. 采用电网供电时，电价计算时应按工程所在地供电部门规定的（ ）电网电价和规定的加价进行计算。

A. 大宗工业用电   B. 非工业用电   C. 农业用电   D. 居民生活用电

10. 根据现行部颁规定，从最后一级降压变压器低压侧至施工用电户的线路损耗已包括在（ ）之内。

A. 电能损耗摊销费   B. 施工用电价格

C. 施工机械设备的台时耗电定额   D. 供电设施摊销费

二、多选题

1. 按现行部颁规定，人工预算单价中的辅助工资包括（ ）。

A. 施工津贴   B. 夜餐津贴   C. 工会经费

D. 艰苦边远地区津贴   E. 节日加班津贴

2. 建筑材料预算价格一般应包括（ ）。

A. 原价   B. 运杂费   C. 运输技术安全措施费

D. 运输保险费   E. 采购及保管费

3. 在工程施工中，下列用电可直接计入工程造价的是（ ）。

A. 施工机械用电   B. 施工照明用电   C. 生产人员生活用电

D. 文化福利建筑室内外照明用电   E. 其他机械用电

4. 按现行部颁规定，施工用风价格由（ ）组成。

A. 折旧费   B. 动力燃料费   C. 供风损耗摊销费

D. 供风设施维修摊销费   E. 基本风价

5. 自行采备骨料单价一般应包括（ ）。

A. 覆盖层清除摊销   B. 毛料开采运输、加工   C. 采购及保管费

D. 成品料运输   E. 弃料处理摊销及各项损耗

三、判断题

1. 2002 年部颁水利建筑工程概（预）算定额中，零星材料费是以人工费、机械费之和为计算基数的。 （ ）

2. 自卸汽车司机的工资已经包含在自卸汽车台时使用费内，不得另行计算。 （ ）

3. 国有铁路部门运输费计算三要素是货物运价号、运价里程和运价率。 （ ）

4. 根据现行部颁规定，材料采购及保管费的计算基础是材料原价。 （ ）

5. 根据现行部颁规定，混凝土配合比计算过程中，如设计龄期为 180d，则需按规定的折算系数将设计强度等级换算为 28d 龄期强度等级。 （ ）

四、计算题

1. 某水利工程用 42.5 号普通硅酸盐水泥, 资料见表 4 – 25, 请计算该种水泥的预算价格。

表 4 – 25　　　　　　　　　　　　　基 本 资 料 表

指　标	甲厂	乙厂	指　标	甲厂	乙厂
供应比例	35%	65%	吨公里运价/元	0.53	0.53
出厂价/(元/t)	400	350	装卸费小计/(元/t)	15.0	15.0
厂家至工地距离/km	80	110	材料运输保险费率/%	0.4	0.4

2. 某施工机械出厂价 120 万元 (含增值税), 运杂费率 5%, 残值率 3%, 寿命台时为 10000h, 电动机功率 250kW, 电动机台时电力消耗综合系数 0.8, 中级工 8.90 元/工时, 电价 0.732 元/(kW·h), 同类型施工机械台时费定额的数据为: 折旧费 108.10 元, 修理及替换设备费 44.65 元, 安装拆卸费 1.38 元; 中级工 2.4 工时。

问题:

(1) 编制该施工机械一类费用。

(2) 编制该施工机械二类费用。

(3) 计算该施工机械台时费。

3. 某水利工程施工用电, 90% 由电网供电, 10% 由自备柴油机发电。已知电网电价为 0.35 元/(kW·h), 电力建设基金 0.04 元/(kW·h), 三峡建设基金 0.007 元/(kW·h), 柴油发电机总容量为 1000kW, 其中 200kW 一台, 400kW 两台, 并配备三台水泵供给冷却水。以上三种机械台时费分别为 160 元/台时、268 元/台时和 13 元/台时。请计算外购电电价、自发电电价和综合电价 (高压输电线路损耗率为 5%, 变配电设备及配电线路损耗率为 6%, 供电设施维修摊销费为 0.05 元/(kW·h), 发电机出力系数取 0.8, 厂用电率取 5%)。

4. 某工程施工用风由总容量 200m³/min 的压缩空气系统供给, 共配置固定式空压机七台, 其中 20m³/min 四台、40m³/min 三台, 采用循环水冷却。本工程用风供风管道较长, 损耗率与维修摊销费应取大值。已知 40m³/min 与 20m³/min 的空压机台时费分别为 150 元/台时和 82 元/台时, 空压机能量利用系数取 0.8, 供风设施维修摊销费取 0.005 元/m³, 供风损耗率取 10%, 单位循环冷却水费为 0.007 元/m³。请计算风价。

5. 某水利工程施工用水设一个取水点三级供水 (表 4 – 26), 各级泵站出水口处均设有调节池, 水泵能量利用系数 K 取 0.8, 供水损耗率 8%, 供水设施维修摊销费取 0.05 元/m³。问题: 计算施工用水综合单价。

表 4 – 26　　　　　　　　　　　　某水利工程取水点基本资料

位置	水泵型号	电机功率/kW	台数/台	设计扬程流量/m	水泵额定流量/(m³/h)	设计用水量/(m³/组时)	台时单价/(元/台时)	备注
一级水泵	14sh – 13	220	4	43	972	600	125.44	另备用一台
二级水泵	12sh – 9A	155	3	35	892	1700	88.29	另备用一台
三级水泵	D115 – 30×5	115	1	140	155	100	103.81	另备用一台
小计						2400		

6. 某水利工程闸墩采用 C20（Ⅲ）混凝土浇筑，所用水泥为 32.5 级，水灰比为 0.55，骨料采用中砂与碎石。

（1）查 2002 年概算定额附录 7 得到下列预算量：水泥：212kg；粗砂：0.4m³；卵石：0.97m³；外加剂：0.43kg；水：0.125m³。

（2）若当地材料预算价为：

32.5 级水泥 300 元/t，碎石 72 元/m³，中砂 60 元/m³，外加剂 1.20 元/kg，水 0.75 元/m³。

试计算混凝土材料单价。

项目五　建筑、安装工程单价编制

项目描述：工程单价是编制分部工程概算的基础，在现行的招投标体制下，单价合同也是经常采用的一种方式。工程单价编制的质量不仅影响投标的结果，甚至会严重影响中标后的经济效益。因此，本项目通过工程实例分析，讲清编制方法与注意事项，强化学生对建筑与安装工程单价的编制训练。

项目学习目标：掌握建筑、安装工程概算单价的组成与计算程序；掌握建筑工程、机电设备、金属结构设备与安装工程中各分部分项工程的概算单价编制方法及使用定额的注意事项。

项目学习重点：各分部分项工程单价的编制。

项目学习难点：安装工程单价的编制。

任务一　建筑工程单价的编制方法

任务描述：本任务介绍建筑工程单价的概念、编制原则、工程单价的组成及编制程序，通过学习使学生掌握编制工程单价的基础方法。

一、建筑工程概算单价的编制原则与方法

（一）工程概算单价的概念

工程概算单价（简称工程单价）包括建筑工程单价和安装工程单价两部分。工程单价是指完成单位工程量（如 $1m^3$、$100m^3$、$1t$ 等）所耗用的直接费、间接费、利润、材料补差和税金五部分费用的总和。它是编制水利水电建筑安装工程概预算的基础。建筑安装工程的主要工程项目都要计算工程单价。

建筑工程包括土方开挖工程、石方开挖工程、土石填筑工程、混凝土工程、模板工程、砂石备料工程、钻孔灌浆及锚固工程、疏浚工程及其他工程九项内容。

（二）工程概算单价的编制原则、步骤与方法

1. 编制原则

（1）严格执行《水利工程设计概（估）算编制规定》（水总〔2014〕429 号）。

（2）正确选用现行定额。现行使用的定额为水利部颁布的《水利建筑工程概算定额》（2002）和《水利工程施工机械台时费定额》（2002）。

（3）正确套用定额子目：概算编制者必须熟读定额的总说明、章节说明、定额表附注及附录的内容，熟悉各定额子目的适用范围、工作内容及有关定额系数的使用方法，根据合理的施工组织设计确定的有关技术条件，选用相应的定额子目。

（4）现行概算定额中没有的工程项目，可编制补充定额；对于非水利水电专业工程，按照专业专用的原则，执行有关专业部颁发的相应定额，如公路工程执行交通部《公路工程设计概算定额》、铁路工程执行铁道部《铁路工程设计概算定额》等。但费用标准仍执行水利

部现行取费标准，对选定的定额子目内容不得随意更改或删除。

（5）现行概算定额各定额子目中，已按现行施工规范和有关规定，计入了不构成建筑工程单位实体的各种施工操作损耗、允许超挖及超填量、合理的施工附加量及体积变化等所需增加的人工、材料及机械台时消耗量，编制工程概算时，应一律按设计几何轮廓尺寸计算的工程量计算。

（6）使用2002年概算定额编制建筑工程概算单价时，除定额中规定允许调整外，均不得对定额中的人工、材料、施工机械台时数量及施工机械的名称、规格、型号进行调整。

（7）如定额参数（建筑物尺寸、运距等）介于概算定额两子目之间时，可采用插入法调整定额值。计算公式为

$$A=B+\frac{(C-B)(a-b)}{c-b} \tag{5-1}$$

式中　A——所求定额值；

B——小于A而接近A的定额值；

C——大于A而接近A的定额值；

a——A项定额值的运距；

b——B项定额值的运距；

c——C项定额值的运距。

2. 编制步骤

（1）了解工程概况，熟悉设计图纸，收集基础资料，弄清工程地质条件，确定取费标准。

（2）根据工程特征和施工组织设计确定的施工条件、施工方法及采用的机械设备情况，正确选用定额子目。

（3）根据工程的基础单价和有关费用标准，计算直接费、间接费、利润、材料补差和税金，并加以汇总求得建筑工程单价。

3. 编制方法

建筑工程单价的编制一般采用表格法，所用表格形式见表5-1。

表5-1　　　　　　　　　　建 筑 工 程 单 价 表

定额编号：＿＿＿＿＿＿　　　　项目：＿＿＿＿＿＿＿＿　　　定额单位：

施工方法：

编号	名称及规格	单位	数量	单价/元	合计/元

（1）将定额编号、项目名称、定额单位、施工方法等分别填入表中相应栏内。其中"名称及规格"一栏应填写详细和具体，如施工机械的型号、混凝土的强度等级和级配等。

（2）将定额中查出的人工、材料、机械台时消耗量填入表5-1的"数量"栏中。

（3）将相应的人工预算单价、材料预算价格和机械台时费填入表5-1的"单价"栏中。

（4）按"消耗量×单价"得出相应的人工费、材料费和机械使用费，分别填入相应"合计"栏中，相加得出基本直接费。

（5）根据规定的费率标准，计算其他直接费、间接费、利润、材料补差与税金等，汇总后即得出该工程项目的工程单价。

二、建筑工程单价组成与计算

建筑工程单价由直接费、间接费、利润、材料补差和税金五部分组成。

（一）直接费

直接费指建筑工程施工过程中直接消耗在工程项目上的活劳动和物化劳动。由基本直接费和其他直接费组成。

1. 基本直接费

其包括人工费、材料费、施工机械使用费。

（1）人工费。

人工费指为完成建筑工程的单位工程量，按现行概算定额子目所需的全部人工数乘人工预算单价计算得出的费用。

$$人工费 = \sum 定额人工工时数 \times 人工工时预算单价 \qquad (5-2)$$

（2）材料费。

由主要材料费和其他材料费或零星材料费组成。

主要材料费指为完成建筑工程的单位工程量，按现行概算定额子目所需主要材料、构件、半成品及周转使用材料摊销量等的全部耗用量乘相应材料预算价格计算的材料费。

其他材料费或零星材料费，指为完成建筑工程的单位工程量，按现行概算定额子目以费率（％）形式表示的其他材料费或零星材料费。如工作面内的脚手架、排架、操作平台等的搭拆摊销费，地下工程的照明费，混凝土工程的养护用水费，石方开挖工程的钻杆、空心钢、冲击器以及其他一些用量少的零星材料费。

$$材料费 = \sum 定额主要材料耗用量 \times 材料预算价格 + 其他材料费 + 零星材料费 \qquad (5-3)$$

$$其他材料费 = 主要材料费 \times 其他材料费费率 \qquad (5-4)$$

$$零星材料费 = （人工费 + 机械费） \times 零星材料费费率 \qquad (5-5)$$

（3）施工机械使用费。

其由主要施工机械使用费和其他机械使用费组成。

主要施工机械使用费，指为完成建筑工程的单位工程量，按现行概算定额子目所需主要施工机械的台（组）时数量乘相应台时费计算的施工机械使用费。

其他机械使用费是指为完成建筑工程的单位工程量，按现行概算定额以费率（％）列示的次要机械和辅助机械的使用费，包括材料、机具的场内运输机械，混凝土浇筑现场运输中的次要机械，疏浚工程中的客轮、油轮等辅助生产船舶等。

$$机械使用费 = \sum 定额主要施工机械台时数 \times 机械台时$$
$$+ 主要机械费 \times 其他机械费费率（％） \qquad (5-6)$$

2. 其他直接费

它指为完成建筑工程的单位工程量，按现行规定应计入概算单价的冬、雨季施工增加费、夜间施工增加费、特殊地区施工增加费、临时设施费、安全生产措施费及其他费用。均按建筑工程基本直接费的百分率计算。

$$其他直接费 = 基本直接费 \times 其他直接费率之和 \qquad (5-7)$$

（1）冬、雨季施工增加费。根据不同地区，按基本直接费的百分率计算。

西南区、中南区、华东区 0.5%～1.0%；华北区 1.0%～2.0%；西北区、东北区 2.0%～4.0%；西藏自治区 2.0%～4.0%。

西南区、中南区、华东区中，按规定不计冬季施工增加费的地区取小值，计算冬季施工增加费的地区可取大值；华北区中，内蒙古等较严寒地区可取大值，其他地区取中值或小值；西北区、东北区中，陕西、甘肃等省取小值，其他地区可取中值或大值。各地区包括的省（自治区、直辖市）如下：

1）华北区：北京、天津、河北、山西、内蒙古等 5 个省（自治区、直辖市）。

2）东北区：辽宁、吉林、黑龙江等 3 个省。

3）华东区：上海、江苏、浙江、安徽、福建、江西、山东等 7 个省（直辖市）。

4）中南区：河南、湖北、湖南、广东、广西、海南等 6 个省（自治区）。

5）西南区：重庆、四川、贵州、云南等 4 个省（直辖市）。

6）西北区：陕西、甘肃、青海、宁夏、新疆等 5 个省（自治区）。

（2）夜间施工增加费。按基本直接费的百分率计算。

1）枢纽工程：建筑工程 0.5%，安装工程 0.7%。

2）引水工程：建筑工程 0.3%，安装工程 0.6%。

3）河道工程：建筑工程 0.3%，安装工程 0.5%。

（3）特殊地区施工增加费。特殊地区施工增加费指在高海拔、原始森林、沙漠等特殊地区施工而增加的费用，其中高海拔地区施工增加费已计入定额，其他特殊增加费应按工程所在地区规定标准计算，地方没有规定的不得计算此项费用。

（4）临时设施费。按基本直接费的百分率计算。

1）枢纽工程：建筑及安装工程 3.0%。

2）引水工程：建筑及安装工程 1.8%～2.8%。若工程自采加工人工砂石料，费率取上限；若工程自采加工天然砂石料，费率取中值；若工程采用外购砂石料，费率取下限。

3）河道工程：建筑及安装工程 1.5%～1.7%。灌溉田间工程取下限，其他工程取中上限。

（5）安全生产措施费。按基本直接费的百分率计算。

1）枢纽工程：建筑及安装工程 2.0%。

2）引水工程：建筑及安装工程 1.4%～1.8%。一般取下限标准，隧洞、渡槽等大型建筑物较多的引水工程、施工条件复杂的引水工程取上限标准。

3）河道工程：建筑及安装工程 1.2%。

（6）其他。按基本直接费的百分率计算。

1）枢纽工程：建筑工程 1.0%，安装工程 1.5%。

2）引水工程：建筑工程 0.6%，安装工程 1.1%。

3）河道工程：建筑工程 0.5%，安装工程 1.0%。

特别说明：

（1）砂石备料工程其他直接费费率取 0.5%。

（2）掘进机施工隧洞工程其他直接费取费费率执行以下规定：土石方类工程、钻孔灌浆及锚固类工程。其他直接费费率为 2%～3%；掘进机由建设单位采购、设备费单独列项时，台时费中不计折旧费，土石方类工程、钻孔灌浆及锚固类工程其他直接费费率为 4%～5%。

敞开式掘进机费率取低值，其他掘进机取高值。

（二）间接费

间接费指施工企业为建筑安装工程施工而进行组织与经营管理所发生的各项费用。间接费构成产品成本，由规费和企业管理费组成。

$$间接费＝直接费×间接费费率 \qquad (5-8)$$

根据工程性质不同，间接费标准划分为枢纽工程、引水工程、河道工程三部分，同时根据水利部办公厅关于印发《水利工程营业税改征增值税计价依据调整办法》的通知（办水总〔2016〕132号）规定，间接费标准按表5-2执行。

表5-2
间接费费率表

序号	工程类别	计算基础	间接费费率/%		
			枢纽工程	引水工程	河道工程
一	建筑工程				
1	土方工程	直接费	8.5	5～6	4～5
2	石方工程	直接费	12.5	10.5～11.5	8.5～9.5
3	砂石备料工程（自采）	直接费	5	5	5
4	模板工程	直接费	9.5	7～8.5	6～7
5	混凝土浇筑工程	直接费	9.5	8.5～9.5	7～8.5
6	钢筋制安工程	直接费	5.5	5	5
7	钻孔灌浆工程	直接费	10.5	9.5～10.5	9.25
8	锚固工程	直接费	10.5	9.5～10.5	9.25
9	疏浚工程	直接费	7.25	7.25	6.25～7.25
10	掘进机施工隧洞工程（1）	直接费	4	4	4
11	掘进机施工隧洞工程（2）	直接费	6.25	6.25	6.25
12	其他工程	直接费	10.5	8.5～9.5	7.25
二	机电、金属结构设备安装工程	人工费	75	70	70

引水工程：一般取下限标准，隧洞、渡槽等大型建筑物较多的引水工程、施工条件复杂的引水工程取上限标准。

河道工程：灌溉田间工程取下限，其他工程取上限。

工程类别划分说明如下。

（1）土方工程。包括土方开挖与填筑等。

（2）石方工程。包括石方开挖与填筑、砌石、抛石工程等。

（3）砂石备料工程。包括天然砂砾料和人工砂石料的开采加工。

（4）模板工程。包括现浇各种混凝土时制作及安装的各类模板工程。

（5）混凝土浇筑工程。包括现浇和预制各种混凝土、伸缩缝、止水、防水层、温控措施等。

（6）钢筋制安工程。包括钢筋制作与安装工程等。

（7）钻孔灌浆工程。包括各种类型的钻孔灌浆、防渗墙、灌注桩工程等。

（8）锚固工程。包括喷混凝土（浆）、锚杆、预应力锚索（筋）工程等。

（9）疏浚工程。指用挖泥船、水力冲挖机组等机械疏浚江河、湖泊的工程。

（10）掘进机施工隧洞工程（1）。包括掘进机施工土石方类工程、钻孔灌浆及锚固类工程等。

（11）掘进机施工隧洞工程（2）。指掘进机设备单独列项采购并且在台时费中不计折旧费的土石方类工程、钻孔灌浆及锚固类工程等。

（12）其他工程。指除表中所列 11 类工程以外的其他工程。

（三）利润

利润指按现行规定需计入建筑工程单价中的利润。均按直接费与间接费之和的 7% 计算。

$$利润＝（直接费＋间接费）×利润率（7\%）\qquad(5-9)$$

（四）材料补差

材料补差指根据主要材料消耗量、主要材料预算价格与材料基价之间的差值，计算的主要材料补差金额。材料基价是指计入基本直接费的主要材料的限制价格。

$$材料补差＝（材料预算价格－材料基价）×材料消耗量\qquad(5-10)$$

（五）税金

税金指应计入建筑安装工程费用内的增值税销项税额，税率为 9%。自采砂石料税率为 3%。

$$税金＝（直接费＋间接费＋利润＋材料补差）×税率\qquad(5-11)$$

（六）建筑工程单价

$$建筑工程单价＝直接费＋间接费＋利润＋材料补差＋税金\qquad(5-12)$$

计算程序见表 5-3。

（注：建筑工程单价含有未计价材料（如输水管道）时，其格式参照安装工程单价。）

表 5-3　　　　　　　　建筑工程单价计算程序表

序号	项　　目	计　算　方　法
（一）	直接费	(1) + (2)
(1)	基本直接费	①+②+③
①	人工费	∑定额劳动量（工时）×人工预算单价（元/工时）
②	材料费	∑定额材料用量×材料预算价格
③	施工机械使用费	∑定额机械使用量（台时）×施工机械台时费（元/台时）
(2)	其他直接费	(1)×其他直接费率之和
（二）	间接费	（一）×间接费率
（三）	利润	［（一）+（二）］×利润率
（四）	材料补差	（材料预算价格－材料基价）×材料消耗量
（五）	税金	［（一）+（二）+（三）+（四）］×税率
（六）	建筑工程单价	（一）+（二）+（三）+（四）+（五）

任务二　土方工程单价编制

任务描述：本任务介绍土方工程的项目划分、定额选用及工程单价的编制方法。通过学习使学生掌握编制土方工程单价的基本方法。

一、项目划分和定额选用

1. 项目划分

（1）按组成内容分。土方开挖工程由开挖和运输两个主要工序组成。计算土方开挖工程单价时，应计算土方开挖和运输工程综合单价。

（2）按施工方法分。土方开挖工程可分为机械施工和人力施工两种，人力施工效率低而且成本高，只有当工作面狭窄或施工机械进入困难的部位才采用，如小断面沟槽开挖、陡坡上的小型土方开挖等。

（3）按开挖尺寸分。土方开挖工程可分为一般土方开挖、渠道土方开挖、沟槽土方开挖、柱坑土方开挖、平洞土方开挖、斜井土方开挖、竖井土方开挖等。在编制土方开挖工程单价时，应按下述规定来划分项目。

1）一般土方开挖工程是指一般明挖土方工程和上口宽大于 16m 的渠道及上口面积大于 80m² 柱坑土方工程。

2）渠道土方开挖工程是指上口宽不大于 16m 的梯形断面、长条形、底边需要修整的渠道土方工程。

3）沟槽土方开挖工程是指上口宽不大于 8m 的矩形断面或边坡陡于 1：0.5 的梯形断面，长度大于宽度 3 倍的长条形，只修底不修边坡的土方工程，如截水墙、齿墙等各类墙基和电缆沟等。

4）柱坑土方开挖工程是指上口面积不大于 80m²，长度小于宽度 3 倍，深度小于上口短边长度或直径，四侧垂直或边坡陡于 1：0.5，不修边坡只修底的坑挖工程，如集水坑工程。

5）平洞土方开挖工程是指水平夹角不大于 6°、断面面积大于 2.5m² 的洞挖工程。

6）斜井土方开挖工程是指水平夹角为 6°～75°、断面面积大于 2.5m² 的洞挖工程。

7）竖井土方开挖工程是指水平夹角 75°，断面面积大于 2.5m²、深度大于上口短边长度或直径的洞挖工程，如抽水井、通风井等。

（4）按土质级别和运距分。不同的土质和运距均应分别列项计算工程单价。

2. 定额选用

（1）了解土类级别的划分。土类的级别是按开挖的难易程度来划分的，除冻土外，现行部颁定额均按土石十六级分类法划分，土类级别共分为 Ⅰ～Ⅳ 级。

（2）熟悉影响土方工程工效的主要因素。主要影响因素有土的级别、取（运）土的距离、施工方法、施工条件、质量要求。例如，土的级别越高，其密度（t/m³）越大，开挖的阻力也越大，土方开挖、运输的工效就会降低。再如，水下土方开挖施工、开挖断面小深度大的沟槽及长距离的土方运输等都会降低施工工效，相应的工程单价就会提高。

（3）正确选用定额子目。因为土方定额大多是按影响工效的参数来划分节和子目的，所以了解工程概况，掌握现场的地质条件和施工条件，根据合理的施工组织设计确定的施工方法及选用的机械设备来确定影响参数，才能正确地选用定额子目，这是编好土方开挖工程单价的关键。

二、使用定额编制土方开挖工程概算单价的注意事项

(1) 土方工程定额中使用的计量单位有自然方、松方和实方三种类型。

1) 自然方是指未经扰动的自然状态的土方。

2) 松方是指自然方经人工或机械开挖松动过的土方或备料堆置土方。

3) 实方是指土方填筑（回填）并经过压实后的符合设计干密度的成品方。

4) 在计算土方开挖、运输工程单价时，计量单位均按自然方计算。

(2) 在计算砂砾（卵）石开挖和运输工程单价时，应按Ⅳ类土定额进行计算。

(3) 当采用推土机或铲运机施工时，推土机的推土距离和铲运机的铲运距离是指取土中心至卸土中心的平均距离；若推土机推松土时，定额中推土机的台时数量应乘以 0.8 的系数。

(4) 当采用挖掘机、装载机挖装土料自卸汽车运输的施工方案时，定额中是按挖装自然方拟定的；如挖装松土时，定额中的人工工时及挖装机械的台时数量应乘以 0.85 的系数。

(5) 在查机械台时数量定额时，应注意以下两个问题：

1) 凡一种机械名称之后，同时并列几种型号规格的，如压实机械中的羊足碾，运输定额中的自卸汽车等，表示这种机械只能选用其中一种型号规格的机械定额进行计价。

2) 凡一种机械分几种型号规格与机械名称同时并列的，则表示这些名称相同而规格不同的机械定额都应同时进行计价。

(6) 定额中的其他材料费、零星材料费、其他机械费均以费率（%）形式表示，其计量基数如下。

1) 其他材料费：以主要材料费之和为计算基数。

2) 零星材料费：以人工费、机械费之和为计算基数。

3) 其他机械费：以主要机械费之和为计算基数。

(7) 当采用挖掘机或装载机挖装土方自卸汽车运输的施工方案时，定额子目是按土类级别和运距来划分的。关于运距计算和定额选用有下列几种情况。

1) 当运距小于 5km 且又是整数运距时，如 1km、2km、3km，直接按表中定额子目选用。若遇到 1.5km、3.6km、4.3km 时，可采用插入法计算其定额值，计算公式见式 (5-1)。

当运距小于 1km（如 0.7km）时，其定额值计算式为

$$定额值（运距 0.7km）=1km 值-(2km 值-1km 值)×(1-0.7) \tag{5-13}$$

2) 当运距为 5~10km 时，有

$$定额值=5km 值+(运距-5)×增运 1km 值 \tag{5-14}$$

3) 当运距大于 10km 时，有

$$定额值=5km 值+5×增运 1km 值+(运距-10)×增运 1km 值×0.75 \tag{5-15}$$

三、土方开挖工程概算单价实例分析

【工程实例分析 5-1】

(1) 项目背景：华东地区某泵站工程项目地处县城以外，设计流量为 $3m^3/s$。其基础土方开挖工程采用 $1m^3$ 挖掘机挖装 10t 自卸汽车运 4.3km 至弃料场弃料。已知基本资料如下。

1) 初级工的人工预算单价为 4.26 元/工时。

2) 泵站基础土方为Ⅲ类土。

3）所用机械台时费为：1m³ 挖掘机 125.97 元/台时，59kW 推土机 64.59 元/台时，10 自卸汽车 90.55 元/台时。

（2）工作任务：计算该项目基础土方开挖运输的概算单价。

（3）分析与解答。

第一步：分析基本资料，确定取费费率，由题意得知该工程地处华东地区县城以外，泵站的工程性质属于河道工程，故其他直接费率取 4.2%，间接费率取 5%，利润率为 7%，税金率取 11%。

第二步：根据工程特征和施工组织设计确定的施工条件、施工方法、土类级别及采用的机械设备情况，选用部颁概算定额——36，定额见表 5-4。

表 5-4　　　　　　　　　1m³ 挖掘机挖土自卸汽车运输（Ⅲ类土）　　　　　　　单位：100m³

项　　目	单位	运　　距/km					增运/km
		1	2	3	4	5	
工长	工时						
高级工	工时						
中级工	工时						
初级工	工时	7.0	7.0	7.0	7.0	7.0	
合计	工时	7.0	7.0	7.0	7.0	7.0	
零星材料费	%	4	4	4	4	4	
挖掘机（液压1m³）	台时	1.04	1.04	1.04	1.04	1.04	
推土机（59kW）	台时	0.52	0.52	0.52	0.52	0.52	
自卸汽车（5t）	台时	10.23	13.39	16.30	19.05	21.68	2.42
（8t）	台时	6.76	8.74	10.56	12.28	13.92	1.52
（10t）	台时	6.29	7.97	9.51	10.96	12.36	1.28
编　　号		10622	10623	10624	10625	10626	10627

注　表中自卸汽车定额类型为一种名称后列几种型号规格，故只能选用其中一种进行计价。

第三步：因汽车运距 4.3km，介于定额子目 10625 与 10626 之间，所以自卸汽车的台时数量需用内插法计算，采用式（5-1）计算为

$$定额值（运距 4.3km）=10.96+\frac{12.36-10.96}{5-4}×(4.3-4)$$

$$=11.38（台时）$$

第四步：将定额中查出的人工、材料、机械台时消耗量填入表 5-5 的"数量"栏中。将相应的人工预算单价、材料预算价格和机械台时费填入表 5-5 的"单价"栏中。按"消耗量×单价"得出相应的人工费、材料费和机械使用费填入"合计"栏中，相加得出基本直接费。

第五步：根据已取定的各项费率，计算出其他直接费、间接费、利润、税金等，汇总后即得出该工程项目的工程单价。

土方开挖运输概算单价的计算见表 5-5，计算结果为 16.26 元/m³。

表 5 - 5　　　　　　　　　　建 筑 工 程 单 价 表

定额编号：10625，10626　　　　　土方开挖运输工程　　　　　定额单位：100 m³（自然方）

施工方法：1m³ 液压挖掘机挖装 10t 自卸汽车运 4.3km 弃料

序号	名称及规格	单位	数量	单价/元	合计/元
一	直接费				1327.38
（一）	基本直接费				1273.88
1	人工费（初级工）	工时	7	4.26	29.82
2	零星材料费	％	4	1224.88	49.00
3	机械使用费				1195.06
	挖掘机液压 1m³	台时	1.04	125.97	131.01
	推土机 59kW	台时	0.52	64.59	33.59
	自卸汽车 10t	台时	11.38	90.55	1030.46
（二）	其他直接费	％	4.2	1273.88	53.50
二	间接费	％	5	1327.38	66.37
三	利润	％	7	1393.75	97.56
四	材料补差				
五	税金	％	9	1491.31	134.22
六	单价合计				1625.53

任务三　石方工程单价编制

任务描述：本任务介绍石方工程的项目划分、定额选用及工程单价的编制方法。通过学习使学生掌握编制石方工程单价的基本方法。

一、项目划分和定额选用

石方工程包括石方开挖和石渣运输等项目。项目划分分述如下。

1. 石方开挖项目划分

（1）石方开挖按施工条件分。按施工条件分为明挖石方和暗挖石方两大类。

（2）石方开挖按施工方法分。主要分为风钻钻孔爆破开挖、浅孔钻钻孔爆破开挖、液压钻孔爆破开挖和掘进机开挖等几种。钻孔爆破方法一般有浅孔爆破法、深孔爆破法、洞室爆破法和控制爆破法（定向、光面、预裂、静态爆破等）。掘进机是一种新型的开挖专用设备，掘进机开挖是对岩石进行纯机械的切割或挤压破碎，并使掘进与出渣、支护等作业能平行连续地进行，施工安全、工效较高。但掘进机一次性投入大、费用高。

（3）按开挖形状及对开挖面的要求分。主要分为一般石方开挖、一般坡面石方开挖、沟槽石方开挖、坑挖石方开挖、基础石方开挖、平洞石方开挖、斜井石方开挖、竖井石方开挖等。在编制石方开挖工程单价时，应按概算定额石方开挖工程的章说明来具体划分，介绍如下。

1）一般石方开挖是指一般明挖石方和底宽超过 7m 的沟槽石方、上口面积大于 160m² 的坑挖石方，以及倾角不大于 20°并垂直于设计开挖面的平均厚度大于 5m 的坡面石方等开挖工程。

2）一般坡面石方开挖是指倾角大于 20°、垂直于设计开挖面的平均厚度不大于 5m 的石方开挖工程。

3）沟槽石方开挖是指底宽不大于 7m，两侧垂直或有边坡的长条形石方开挖工程，如渠道、排水沟、地槽、截水槽等。

4）坡面沟槽石方开挖是指槽底轴线与水平夹角大于 20°的沟槽石方开挖工程。

5）坑挖石方是指上口面积不大于 160m²，深度不大于上口短边长度（或直径）的石方开挖工程，如柱基础、混凝土基坑、集水坑等。

6）基础石方开挖是指不同开挖深度的基础石方开挖工程，如混凝土坝、水闸、厂房、溢洪道、消力池等不同开挖深度的基础石方开挖工程。

7）平洞石方开挖是指水平夹角不大于 6°的洞挖工程。

8）斜井石方开挖是指水平夹角为 45°～75°的井挖工程。水平夹角为 6°～45°的斜井，按斜井石方开挖定额乘以 0.9 系数计算。

9）竖井石方开挖是指水平夹角大于 75°，上口面积大于 5m²，深度大于上口短边长度（或直径）的洞挖工程，如调压井、闸门井等。

10）地下厂房石方开挖是指地下厂房或窑洞式厂房的开挖工程。

2. 石渣运输项目划分

（1）按施工方法主要分为人力运输和机械运输。

1）人力运输即人工装双胶轮车、轻轨斗车运输等，适用于工作面狭小、运距短、施工强度低的工程或工程部位。

2）机械运输即挖掘机（或装载机）配自卸汽车运输，它的适应性较大，故一般工程都可采用；电瓶机车可用于洞井出渣，内燃机车适于较长距离的运输。

（2）按作业环境主要分为洞内运输与洞外运输。在各节运输定额中，一般都有"露天""洞内"两部分内容。

3. 定额选用

（1）了解岩石级别的分类。岩石级别的分类是按其成分和性质划分级别的，现行部颁定额是按土石十六级分类法划分的，其中Ⅴ～ⅩⅥ级为岩石。

（2）熟悉影响石方开挖工效的因素。石方开挖的工序由钻孔、装药、爆破、翻渣、清理等组成。影响开挖工序的主要因素如下。

1）岩石级别。因为岩石级别越高，其强度越高，钻孔的阻力越大，钻孔工效越低；同时对爆破的抵抗力也越大，所需炸药也越多。所以，岩石级别是影响开挖工效的主要因素之一。

2）石方开挖的施工方法。石方开挖所采用的钻孔设备、爆破的方法、炸药的种类、开挖的部位不同，都会对石方开挖的工效产生影响。

3）石方开挖的形状及设计对开挖面的要求，根据工程设计的要求，石方开挖往往需开挖成一定的形状，如沟、槽、坑、洞、井等，其爆破系数（每平方米工作面上的炮孔数）较没有形状要求的一般石方开挖要大得多，爆破系数越大，爆破效率越低，耗用爆破器材（炸药、雷管、导线）也越多。为了防止不必要的超挖、欠挖，工程设计对开挖面有基本要求（如爆破对建基面的损伤限制、对开挖面平整度的要求等）时，需对钻孔、爆破、清理等工序必须在施工方法和工艺上采取措施。例如，为了限制爆破对建基面的损伤，往往在建基面以上设置一定厚度的保护层（保护层厚度一般以 1.5m 计），保护层开挖大多采用浅孔小炮，爆破系数很高，爆破效率很低，有的甚至不允许放炮，采用人工开挖。再如，有的为了满足开挖面平整度的要求，须在开挖面进行专门的预裂爆破。综上所述，设计对开挖形状及开挖面的要求，也是影响开挖工效的主要因素。

（3）正确选用定额子目。因为石方开挖定额大多按开挖形状及部位来分节的，各节再按岩石级别来划分定额子目，所以在编制石方工程单价时，应根据施工组织设计确定的施工方法、运输线路、建筑物施工部位的岩石级别及设计开挖断面的要求等来正确选用定额子目。

二、使用现行定额编制石方开挖工程概算单价的注意事项

（1）在编制石方开挖及运输工程单价时，均以自然方为计量单位。

（2）石方开挖各节定额中，均包括了允许的超挖量和合理的施工附加量所增加的人工、材料及机械台时消耗量，使用本定额时，不得在工程量计算中另计超挖量和施工附加量。

（3）各节石方开挖定额，均已按各部位的不同要求，根据规范规定，分别考虑了保护层开挖等措施，如预裂爆破、光面爆破等，编制概算单价时一律不做调整。

（4）石方开挖定额中炸药的代表型号规格，应根据不同施工条件和开挖部位按下述品种、规格选取。

1）一般石方开挖按 2 号岩石铵锑炸药选取。

2）露天石方开挖（基础、坡面、沟槽、坑）按 2 号岩石铵锑炸药和 4 号抗水岩石铵锑炸药各半选取。

3）洞挖石方（平洞、斜井、竖井、地下厂房等）按 4 号抗水岩石铵锑炸药选取。

（5）洞井石方开挖定额中的通风机台时量是按一个工作面长度 400m 拟定。如工作面长度超过 400m，应按石方开挖定额章说明中"通风机调整系数表"进行内插调整通风机台时定额量。

（6）石方运输单价与开挖综合单价关系。在概算中，石方运输费用不单独表示，而是在开挖费用中体现。因此在石方开挖各节定额子目中均列有"石渣运输"项目。编制概算单价时，应按定额石渣运输量乘以石方运输单价（仅计算基本直接费）计算开挖综合单价。

（7）在计算石方运输单价时，各节运输定额，一般都有"露天""洞内"两部分内容。若既有洞内又有洞外运输时，应分别套用。洞内运输部分，套用"洞内"定额基本运距（装运卸）及"增运"子目；洞外运输部分，套用"露天"定额及"增运"子目（仅有运输工序）。

（8）在查石方开挖定额中的材料消耗量时，应注意下列两个问题：

1）凡一种材料名称之后，同时并列几种不同型号、规格的，如石方开挖工程定额导线中的火线和电线，表示这种材料只能选用其中一种型号规格的定额进行计价。

2）凡一种材料分几种型号规格与材料名称同时并列的，如石方开挖工程定额中同时并列的导火线和导电线，则表示这些名称相同而型号规格不同的材料都应同时计价。

三、石方开挖工程概算单价实例分析

【工程实例分析 5－2】

（1）项目背景：某水电站工程位于华东地区，其基础岩石级别为Ⅺ级，基础石方开挖采用风钻钻孔爆破，开挖深度为 1.8m，石渣运输采用 1.5m³ 装载机装 10t 自卸汽车运 2km 弃

渣，已知基本资料如下。

1）材料预算价格：合金钻头 50 元/个，炸药综合价 4.5 元/kg，火雷管 1.0 元/个，导火线 0.5 元/m。

2）机械台时费：手风钻 29.75 元/台时，1.5 m³ 装载机 132.56 元/台时，88 kW 推土机 108.53 元/台时，10t 自卸汽车 90.55 元/台时。

3）人工预算单价：工长 11.55 元/工时，中级工 8.90 元/工时，初级工 6.13 元/工时。

（2）工作任务：计算石方开挖运输综合单价。

（3）分析与解答。

第一步：分析基本资料，确定取费费率，由题意得知该工程地处华东地区，水电站的工程性质属于枢纽工程，故其他直接费率取 7%，间接费率取 12.5%，利润率为 7%，税金率取 9%。

第二步：根据工程特征和施工组织设计确定的施工条件、施工方法、岩石级别及采用的机械设备情况，石方开挖定额选用概算定额二-11 20131 子目，定额见表 5-6。石渣运输定额采用二-40 20514 子目，定额见表 5-7。

表 5-6　　　　　　　基础石方开挖——风钻钻孔（开挖深度不大于 2m）　　　　定额单位：100m³

项　目	单位	岩　石　级　别			
		V～Ⅷ	Ⅸ～Ⅹ	ⅩⅠ～Ⅻ	ⅩⅢ～ⅩⅣ
工长	工时	5.4	6.6	8.2	10.7
高级工	工时				
中级工	工时	52.5	75.8	104.1	147.6
初级工	工时	205.0	251.0	300.9	371.2
合计	工时	262.9	333.4	413.2	529.5
合金钻头	个	2.89	4.75	6.8	9.57
炸药	kg	46	59	69	79
火雷管	个	264	331	382	432
导火线	m	392	493	569	644
其他材料费	%	7	7	7	7
风钻（手持式）	台时	11.72	19.92	31.52	51.52
其他机械费	%	10	10	10	10
石渣运输	m³	110	110	110	110
编号		20129	20130	20131	20132

表 5-7　　　　　　　1.5m³ 装载机装石渣自卸汽车运输（露天）　　　　单位：100m³

项　目	单位	运　距/km					增运 1km
		1	2	3	4	5	
工长	工时						
高级工	工时						
中级工	工时						

项　　目	单位	运距/km					增运 1km
		1	2	3	4	5	
初级工	工时	14.2	14.2	14.2	14.2	14.2	
合计	工时	14.2	14.2	14.2	14.2	14.2	
零星材料费	%	2	2	2	2	2	
装载机（1.5m³）	台时	2.67	2.67	2.67	2.67	2.67	
推土机（88kW）	台时	1.34	1.34	1.34	1.34	1.34	
自卸汽车（8t）	台时	11.01	13.97	16.69	19.24	21.69	2.27
（10t）	台时	9.92	12.29	14.46	16.51	18.48	1.81
（12t）	台时	8.70	10.67	12.48	14.19	15.83	1.51
编　　号		20513	20514	20515	20516	20517	20518

第三步：计算石渣运输单价（只计算基本直接费）。把已知的人工预算单价、机械台时费和定额子目 20514 的数值填入表 5-8 中相应各栏进行计算，注意零星材料费的计算基础为人工费与机械使用费之和，计算过程详见表 5-8，石渣运输单价计算结果为 17.33元/m³。

表 5-8　　　　　　　　　　建　筑　工　程　单　价　表

定额编号：20514　　　　　　　　　石渣运输工程　　　　　　定额单位：100m³（自然方）

施工方法：1.5m³ 装载机装 10t 自卸汽车运 2km 弃料

序号	名称及规格	单位	数量	单价/元	合计/元
一	直接费				
（一）	基本直接费				1733.27
1	人工费（初级工）	工时	14.2	6.13	87.05
2	零星材料费	%	2	1699.28	33.99
3	机械使用费				1612.23
	装载机 1.5m³	台时	2.67	132.56	353.94
	推土机 88kW	台时	1.34	108.53	145.43
	自卸汽车 10t	台时	12.29	90.55	1112.86

第四步：计算石方开挖运输综合单价。将已知的各项基础单价、取定的费率及定额子目 20131 中的各项数值填入表 5-9 中，其中石渣运输单价为表 5-8 中的计算结果。注意：其他材料费的计算基础为主要材料费之和，其他机械费的计算基础为主要机械费之和；计算过程详见表 5-9，石方开挖运输综合单价的结果为 101.26 元/m³。

表 5 - 9

建 筑 工 程 单 价 表

定额编号：20131 基础石方开挖 定额单位：100m³（自然方）

施工方法：岩石级别为Ⅺ级，采用手风钻钻孔爆破

序号	名称及规格	单位	数量	单价/元	合计/元
一	直接费				7717.59
（一）	基本直接费				7212.70
1	人工费				2865.72
	工长	工时	8.2	11.55	94.71
	中级工	工时	104.1	8.90	926.49
	初级工	工时	300.9	6.13	1844.52
2	材料费				1409.19
	合金钻头	个	6.80	50.00	340.00
	炸药	kg	69	4.50	310.50
	火雷管	个	382	1.00	382.00
	导火线	m	569	0.50	284.50
	其他材料费	%	7	1317.00	92.19
3	机械使用费				1031.49
	风钻（手持式）	台时	31.52	29.75	937.72
	其他机械费	%	10	937.72	93.77
4	石渣运输	m³	110	17.33	1906.30
（二）	其他直接费	%	7	7212.70	504.89
二	间接费	%	12.5	7717.59	964.70
三	利润	%	7	8682.29	607.76
四	材料补差				
五	税金	%	9	9290.05	836.10
六	单价合计				10126.15

任务四　土石填筑工程单价编制

任务描述：本任务介绍土石方填筑工程的项目划分、定额选用及工程单价的编制方法。通过学习使学生掌握编制堆石、砌石及土方填筑工程单价的基本方法。

一、项目划分与定额选用

土石填筑工程主要包括铺筑砂石垫层、砌石、抛石护底护岸及土石坝物料压实等工程项目。其中，砌石工程又分为干砌石、浆砌石等，因其能就地取材、施工技术简单、造价低，故在我国水利工程中应用较普遍。在编制土石填筑工程概算单价时，一般应根据工程类别、结构部位、施工方法和材料种类等来选用相应的定额子目。在项目划分上要注意区分工程部

位的含义和主要材料规格与标准。

1. 区分工程部位的含义

（1）护坡。它是指坡面与水平面夹角（α）在 $10°<\alpha\leq30°$ 范围内，砌体平均厚度 0.5m 以内（含勒脚），主要起保护作用的砌体。

（2）护底。它是指护砌面与水平面夹角在 10° 以下，包括齿墙和围坎。

（3）挡土墙。它是指坡面与水平面夹角（α）在 $30°<\alpha\leq90°$ 范围内，承受侧压力，主要起挡土作用的砌体。

（4）墩墙。它是指砌体一般与地面垂直，能承受水平和垂直荷载的砌体，包括闸墩和桥墩。

2. 定额中主要材料规格与标准

（1）卵石。它指最小粒径在 20cm 以上的河滩卵石，呈不规则圆形。卵石较坚硬，强度高，常用其砌筑护坡或墩墙。

（2）碎石。它指经破碎、加工分级后，粒径大于 5mm 的石块。

（3）块石。它指厚度大于 20cm，长、宽各为厚度的 2～3 倍，上下两面平行且大致平整，无尖角、薄边的石块。

（4）片石。它指厚度大于 15cm，长、宽各为厚度的 3 倍以上，无一定规则形状的石块。

（5）毛条石。它指一般长度大于 60cm 的长条形四棱方正的石料。

（6）料石。它指毛条石经过修边打荒加工，外露面方正，各相邻面正交，表面凹凸不超过 10mm 的石料。

（7）砂砾料。它指天然砂卵（砾）石混合料。

（8）堆石料。它指山场岩石经爆破后，无一定规格、无一定大小的任意石料。

（9）反滤料、过渡料。它指土石坝或一般堆砌石工程的防渗体与坝壳（土料、砂砾料或堆石料）之间的过渡区石料，由粒径、级配均有一定要求的砂、砾石（碎石）等组成。

（10）水泥砂浆。它是水泥、砂和水按一定的比例拌和而成的，它强度高，防水性能好，多用于重要建筑物及建筑物的水下部位。水泥砂浆的强度等级是以试件 28d 抗压强度作为标准。

（11）混合砂浆。它是在水泥砂浆中掺入一定数量的石灰膏、黏土混合而成的，它适用于强度要求不高的小型工程或次要建筑物的水上部位。

（12）细骨料混凝土。它是用水泥、砂、水和 40mm 以下的骨料按规定级配配合而成，可节省水泥，提高砌体强度。

二、使用现行定额编制土石填筑工程概算单价注意事项

（1）注意定额中的计量单位。

1）定额中材料的计量单位。对砂、碎石、堆石料、过渡料和反滤料按堆方（松方）计；对块石、片石和卵石按码方计；对条石、料石按清料方计。块石的实方指堆石坝坝体方，块石松方就是块石的堆方，在一般土石方工程换算时可参考表 5-10。

2）定额计量单位。土石填筑工程定额计量单位，除注明者外，均按建筑实体方（或称成品方）计算。其中，抛石护底护岸工程为抛投方，铺筑砂石垫层、干砌石、浆砌石为砌体方，土石坝物料压实为实方。概算单价的单位应与定额计量单位相一致。

表 5 - 10　　　　　　　　　　　　土石方松实系数换算表

项　目	自　然　方	松　方	实　方	码　方
土方	1	1.33	0.85	
石方	1	1.53	1.31	
砂方	1	1.07	0.94	
混合料	1	1.19	0.88	
块石	1	1.75	1.43	1.67

（2）在土石填筑工程概算定额中，材料部分列有砂、石料的定额量，均已考虑了施工操作损耗和体积变化因素。砂、石料自料场运至施工现场堆放点的运输费用应包括在石料单价内。施工现场堆放点至工作面的场内运输已包括在砌石工程定额内。编制砌石工程概算单价时，不得重复计算石料运输费。砂、石料如为外购，则按材料预算价格计算。

（3）编制堆砌石工程概算单价时，应考虑在开挖石渣中检集块（片）石的可能性，以节省开采费用，其利用数量应根据开挖石渣的多少和岩石质量情况合理确定。

（4）浆砌石定额中已计入了一般要求的勾缝，如设计有防渗要求的开槽勾缝，应增加相应的人工费和材料费。

（5）料石砌筑定额包括了砌体外露面的一般修凿，如设计要求作装饰性修凿，应另行增加修凿所需的人工费。

（6）土石坝物料压实定额是按自料场直接运输上坝与自成品供料场运输上坝两种情况编制的，且已包括了压实过程中的所有损耗量及坝面施工干扰，使用时应根据施工组织设计方案采用相应的定额子目；如不是土石堤、坝的一般土料、砂石料压实，其人工、机械定额应乘以 0.8 的系数。

（7）堤防土料填筑及一般土料压实，每 $100m^3$ 压实方，需要土料运输量（自然方）$118m^3$。

三、土石填筑工程概算单价编制中工序单价的计算

土石填筑工程单价包括堆石单价、砌石单价及土方填筑单价，分别叙述如下。

1. 堆石单价

堆石单价包括备料单价、压实单价和综合单价。

（1）备料单价。堆石坝的石料备料单价计算，同一般块石开采一样，包括覆盖层清理、石料钻孔爆破和工作面废渣处理。覆盖层的清理费用，以占堆石料的百分率摊入计算。石料钻孔爆破施工工艺同石方工程。堆石坝分区填筑对石料有级配要求，主、次堆石区石料最大粒（块）径可达 1.0m 及以上，而垫层料、过渡层料仅为 0.08m、0.3m 左右，虽在爆破设计中尽可能一次获得级配良好的堆石料，但不少石料还须分级处理（如轧制加工等）。故各区料所耗工料相差很多，而一般石方开挖定额很难体现这一因素，单价编制时要注意这一问题。

石料运输，根据不同的施工方法，套用相应的定额计算。现行概算定额的综合定额，其堆石料运输所需的人工、机械等数量，已经计入压实工序的相应项目中，不在备料单价中体现。爆破、运输采用石方工程开挖定额时，须加计损耗和进行定额单位换算。石方开挖单位为自然方，石方填筑单位为坝体压实方。

（2）压实单价。压实单价包括平整、洒水、压实等费用。压实定额中均包括了体积换算、施工损耗等因素。注意"零星材料费"的计算基数不含堆石料的运输费用。考虑到各区堆石料粒（块）径大小、层厚尺寸、碾压遍数的不同，压实单价应按过渡料、堆石料等分别编制。

（3）综合单价。堆石单价计算有以下两种形式。

1）综合定额法。采用现行概算定额编制堆石单价时，一般应按综合定额计算。可将备料单价作为堆石料（包括反滤料、过渡料）材料预算价格，计入填筑单价即可。

2）综合单价法。当采用其他定额或施工方法与现行概算综合定额不同时，须套用相应的单项定额，分别计算各工序单价，再进行单价综合计算。

2. 砌石单价

其包括备料单价和砌筑单价，其中砌筑单价包括干砌石和浆砌石两种。

（1）计算备料单价。备料单价作为砌筑工程定额中的一项材料单价，计算时应根据施工组织设计确定的施工方法，套用砂石备料工程定额相应开采、运输定额子目计算（仅计算定额基本直接费，这样可直接代入砌筑单价计算表，避免重复计算其他直接费、间接费、利润和税金）。如为外购块石、条石或料石时，按材料预算价格计算。

（2）计算砌筑单价。应根据不同的施工项目、施工部位、施工方法及所用材料套用相应定额进行计算。如为浆砌石，则需先计算胶结材料的半成品价格。砌筑定额中的石料数量均已考虑了施工操作损耗和体积变化因素，其材料价格采用备料价格；一般砂、碎石（砾石）、块石、料等预算价格应控制在 70 元/m³ 左右，超过部分计取税金后列入相应部分之后。

3. 土方填筑单价

土方填筑工程施工工序一般包括料场覆盖层清除、土料开采运输（土料翻晒）和铺土压实三大工序。在计算土方填筑工程单价时，应与上述工序相对应，一般包括覆盖层清除摊销费、土料开采运输单价、土料翻晒备料单价、压实单价四部分，具体组成内容应根据施工组织设计确定的施工因素来选择。

（1）料场覆盖层清除及清除摊销费。根据填筑土料的质量要求，料场表层覆盖的杂草、乱石、树根及不合格的表土等必须予以清除，以确保土方的填筑质量。其清除费用按清除量乘以清除单价来计算。覆盖层清除摊销费就是将其清除费用摊入填筑设计成品方中，即单位设计成品方应摊入的清除费用。可用下式计算：

$$覆盖层清涂摊销费 = \frac{覆盖层清除总费用}{设计成品方量}$$

$$= 覆盖层清除单价 \times \frac{覆盖层清除量}{设计成品方量}$$

$$= 覆盖层清除单价 \times 覆盖层清除摊销率 \qquad (5-16)$$

（2）土料翻晒单价。若取土区土料含水量偏大，不能直接用于填筑施工，则在料场必须先行犁耙翻晒，必要时堆置土牛以备填筑用料。计算时查部颁预算定额——43 10463 子目。

（3）土方开挖运输单价。内容同本项目任务二。

（4）土方压实单价。主要工作内容包括平土、洒水、刨毛、碾压、削坡及坝面各种辅助工作。压实定额按自料场直接运输上坝与自成品供料场运输上坝两种情况分别编制。计算压实单价时，应根据施工组织设计确定的施工方案、设计要求压实后需达到的干密度正确选用相应的定额子目。土方压实单价的单位为实方。

（5）土方填筑综合单价。土方填筑综合单价由若干个分项工序单价组成。

编制概算单价时，土石填筑工程定额中未编列土石坝物料的运输定额，在土石坝填筑概算定额中土石坝物料运输量已算好，列在定额最后一行。土石坝物料压实定额中已计入超填量及施工附加量，并考虑坝面干扰因素；土石坝物料运输量，包括超填及附加量，雨后清理、削坡、施工沉陷等损耗以及物料折实因素等。计算概算单价时，可根据定额所列物料运输数量采用概算定额相关子目计算物料运输上坝费用，并乘以坝面施工干扰系数 1.02。

编制预算单价时，压实工序以前的施工工序定额或单价（即开挖运输单价、翻晒备料单价）都要乘以综合折实系数，即

$$综合折实系数 = \frac{(1+A\%) \times 设计干密度}{天然干密度} \tag{5-17}$$

则

$$
\begin{aligned}
土方填筑综合单价 = &覆盖层清除单价 \times 摊销率 + （翻晒单价 \times 翻晒比例 + 挖运单价）\\
&\times 综合折实系数 + 压实单价
\end{aligned}
\tag{5-18}
$$

综合系数 A 包括开挖、上坝运输、雨后清理、边坡削坡、接缝削坡、施工沉陷、取土坑、试验坑和不可避免的压坏等损耗因素，其值应根据不同的施工方法和坝料按表 5-11 选取，使用时不再调整。

表 5-11　　　　　　　　　　综 合 系 数 选 用 表

项　　　目	$A/\%$	项　　　目	$A/\%$
机械填筑混合坝坝体土料	5.86	人工填筑心（斜）墙土料	3.43
机械填筑均质坝坝体土料	4.93	坝体砂砾料、反滤料	2.20
机械填筑心（斜）墙土料	5.70	坝体堆石料	1.40
人工填筑坝体土料	3.43		

四、土石填筑工程概算单价实例分析

【工程实例分析 5-3】

（1）项目背景：某水闸工程位于华东地区一河道上，其护底工程采用 M7.5 浆砌块石施工，所有砂石材料均需外购，其外购单价为：砂 40 元/m³，块石 73 元/m³，已知基本资料如下。

1）M7.5 水泥砂浆每立方米配合比：32.5 级普通硅酸盐水泥 261.00kg，砂 1.11m³，施工用水 0.157m³。

2）材料价格：32.5 级普通硅酸盐水泥 300 元/t，施工用水 2.60 元/m³，电价 1.2 元/(kW·h)。

3）人工预算单价：工长 9.27 元/工时，中级工 6.62 元/工时，初级工 4.64 元/工时。

4）机械台时费：0.4m³ 砂浆搅拌机 19.89 元/台时，胶轮车 0.9 元/台时。

（2）工作任务。

计算该水闸 M7.5 浆砌块石护底工程概算单价。

（3）分析与解答。

第一步：分析基本资料，确定取费费率，由题意得知该工程地处华东地区，水闸的工程性质属于引水工程，故其他直接费率取 4.6%，间接费率取 10.5%（一般引水工程取下限），

利润率为 7%，税金率取 9%。

第二步：计算砂浆材料单价，根据所采用砂浆材料的配合比计算如下：

砂浆单价＝261.00×0.3＋1.11×40＋0.157×2.60＝123.11（元/m³）

第三步：根据工程部位和施工方法选用定额，定额选用概算定额三-8 30031 子目，定额见表 5-12。

表 5-12　　　　　　　　　　　　　浆 砌 块 石

工作内容：选石、修石、冲洗、拌制砂浆、砌筑、勾缝　　　　　　　　　　单位：100m³（砌体方）

项　目	单位	护坡		护底	基础	挡土墙	桥墩闸墩
		平面	曲面				
工长	工时	17.3	19.8	15.4	13.7	16.7	18.2
高级工	工时						
中级工	工时	356.5	436.2	292.6	243.3	339.4	387.8
初级工	工时	490.1	531.2	457.2	427.4	478.5	504.7
合计	工时	863.9	987.2	765.2	684.4	834.6	910.7
块石	m³	108	108	108	108	108	108
砂浆	m³	35.3	35.3	35.3	34.0	34.4	34.8
其他材料费	%	0.5	0.5	0.5	0.5	0.5	0.5
砂浆搅拌机 0.4m³	台时	6.54	6.54	6.54	6.30	6.38	6.45
胶轮车	台时	163.44	163.44	163.44	160.19	161.18	162.18
编　号		30029	30030	30031	30032	30033	30034

第四步：计算浆砌石工程单价。将已知的各项基础单价、取定的费率及定额子目 30031 中的各项数值填入表 5-13 中。注意：按现行规定，外购材料块石的预算价格为 73 元/m³，超过了 70 元/m³ 的限价，故进入工程单价的块石价格为 70 元/m³ 计，超过部分 73-70＝3（元/m³）应计算材料补差后列入砌石单价第五项税金之前。计算过程详见表 5-13，浆砌块石护底的工程单价为 225.20 元/m³。

表 5-13　　　　　　　　　　　　建 筑 工 程 单 价 表

定额编号：30031　　　　　　　　　浆砌块石护底　　　　　　　定额单位：100m³（砌体方）

施工方法：选石、修石、冲洗、拌制砂浆、砌筑、勾缝

序号	名称及规格	单位	数量	单价/元	合计/元
一	直接费				17200.08
（一）	基本直接费				16443.67
1	人工费				4201.18
	工长	工时	15.4	9.27	142.76
	中级工	工时	292.6	6.62	1937.01
	初级工	工时	457.2	4.64	2121.41
2	材料费				11965.31

序号	名称及规格	单位	数量	单价/元	合计/元
	块石		108	70.00	7560.00
	砂浆		35.3	123.11	4345.78
	其他材料费	%	0.5	11905.78	59.53
3	机械使用费				277.18
	砂浆拌和机 0.4m³	台时	6.54	19.89	130.08
	胶轮车	台时	163.44	0.90	147.10
(二)	其他直接费	%	4.6	16443.67	756.41
二	间接费	%	10.5	17200.08	1806.01
三	利润	%	7	19006.09	1330.43
四	材料补差（块石）	m³	108	73-70	324.00
五	税金	%	9	20660.52	1859.45
六	单价合计				22519.97

【工程实例分析 5-4】

（1）项目背景：某水库为均质土坝，位于华东地区，其施工方法采用 2.75 m³ 铲运机从土料场运 500m 直接上坝，拖拉机碾压；料场土类级别为Ⅲ级，坝体土料设计干密度为 16.5kN/m³，土料天然干密度为 14.5kN/m³。已知基本资料如下。

1）料场覆盖层清除单价为 4.30 元/m³（自然方），覆盖层清除摊销率为 4%。

2）人工预算单价为：初级工 6.13 元/工时；中级工 8.90 元/工时。

3）材料预算价格为：柴油 6.5 元/kg；电价 1.2 元/(kW·h)。

4）机械台时费：2.75m³ 铲运机 10.53 元/台时，55kW 推土机 69.12 元/台时，74kW 推土机 103.86 元/台时，55kW 拖拉机 55.34 元/台时，74kW 拖拉机 79.61 元/台时，蛙式打夯机 13.92 元/台时，刨毛机 66.41 元/台时。

（2）工作任务：计算该工程土方填筑的综合单价。

（3）分析与解答。

第一步：根据工程性质确定取费费率，工程性质属于枢纽工程，故其他直接费率取 7%，间接费率取 8.5%，利润率为 7%，税金率取 9%。

第二步：计算土方的开挖运输单价，根据采用的施工方法，选用概算定额——33 10574 子目，定额见表 5-14。计算过程见表 5-15，开挖运输单价为 10.87 元/m³（自然方）。

表 5-14　　　　　　　2.75m³ 铲运机铲运土（Ⅲ类土）　　　　定额单位：100m³

项　目	单位	运　距/m				
		100	200	300	400	500
工长	工时					
高级工	工时					
中级工	工时					

续表

项　目	单　位	运　距/m				
		100	200	300	400	500
初级工	工时	3.7	6.0	7.9	9.7	11.3
合　计	工时	3.7	6.0	7.9	9.7	11.3
零星材料费	%	10	10	10	10	10
铲运机 2.75m³	台时	3.00	4.79	6.33	7.72	9.07
拖拉机 55kW	台时	3.00	4.79	6.33	7.72	9.07
推土机 55kW	台时	0.30	0.48	0.63	0.77	0.91
编　　号		10570	10571	10572	10573	10574

表 5－15　　　　　　　　　**建 筑 工 程 单 价 表**

定额编号：10574　　　　　　　　土方开挖运输工程　　　　　　　定额单位：100m³（自然方）

施工方法：2.75m³ 铲运机铲装运 500m 上坝

序号	名称及规格	单位	数量	单价/元	合计/元
一	直接费				858.75
（一）	基本直接费				802.57
1	人工费（初级工）	工时	11.3	6.13	69.27
2	零星材料费	%	10	729.61	72.96
3	机械使用费				660.34
	铲运机 2.75m³	台时	9.07	10.53	95.51
	拖拉机 55kW	台时	9.07	55.34	501.93
	推土机 55kW	台时	0.91	69.12	62.90
（二）	其他直接费	%	7	802.57	56.18
二	间接费	%	8.5	858.75	72.99
三	利润	%	7	931.74	65.22
四	材料补差				
五	税金	%	9	996.96	89.73
六	单价合计				1086.69

　　第三步：计算土方压实单价，根据施工方法和采用的压实机械，选用概算定额三－19 30075 子目，定额见表 5－16。计算过程见表 5－17，结果为 6.09 元/m³（压实方）。

表 5－16　　　　　　　**土石坝物料压实（土料自料场直接运输上坝）**

工作内容：推平、刨毛、压实，削坡、洒水补夯边及坝面各种辅助工作　　　　　　单位：100m³（压实方）

项　　目	单位	拖拉机压实		羊脚碾压实	
		干密度/(kN/m³)			
		≤16.67	>16.67	≤16.67	>16.67
工长	工时				
高级工	工时				

续表

项目	单位	拖拉机压实		羊脚碾压实	
		干密度/(kN/m³)			
		≤16.67	>16.67	≤16.67	>16.67
中级工	工时				
初级工	工时	21.8	25.1	26.8	29.4
合计	工时	21.8	25.1	26.8	29.4
零星材料费	%	10	10	10	10
羊脚碾 5～7t 拖拉机 59kW	组时			1.81	2.33
羊脚碾 8～12t 拖拉机 74kW	组时			1.30	1.68
拖拉机 74kW	台时	2.06	2.65		
推土机 74kW	台时	0.55	0.55	0.55	0.55
蛙式打夯机 2.8kW	台时	1.09	1.09	1.09	1.09
刨毛机	台时	0.55	0.55	0.55	0.55
其他机械费	%	1	1	1	1
土料运输（自然方）	m³	126	126	126	126
编 号		30075	30076	30077	30078

表 5-17 **建 筑 工 程 单 价 表**

定额编号：30075　　　　　　　　　　　土料压实工程　　　　　　　　　　定额单位：100m³（压实方）

施工方法：拖拉机压实，Ⅲ类土，设计干密度：16.5kN/m³

序号	名称及规格	单位	数量	单价/元	合计/元
一	直接费				481.61
（一）	基本直接费				450.10
1	人工费（初级工）	工时	21.8	6.13	133.63
2	零星材料费	%	10	409.18	40.92
3	机械使用费				275.55
	拖拉机 74kW	台时	2.06	79.61	164.00
	推土机 74kW	台时	0.55	103.86	57.12
	蛙式打夯机 2.8kW	台时	1.09	13.92	15.17
	刨毛机	台时	0.55	66.41	36.53
	其他机械费	%	1	272.82	2.73
（二）	其他直接费	%	7	450.10	31.51
二	间接费	%	8.5	481.61	40.94
三	利润	%	7	522.55	36.58
四	材料补差				
五	税金	%	9	559.13	50.32
六	单价合计				609.45

第四步：计算综合折实系数，根据工程性质查表 5-11，取综合系数 $A=4.93\%$，则

$$综合折实系数 = \frac{(1+A\%) \times 设计干密度}{天然干密度}$$

$$= \frac{(1+4.93\%) \times 1.65}{1.45} = 1.19$$

第五步：计算土方填筑综合单价，按式（5-18）进行计算。

土方填筑综合单价 $= 4.30 \times 4\% + 10.87 \times 1.02 \times 1.19 + 6.09 = 19.45$（元/ m^3）（压实方）。

任务五　混凝土工程单价编制

任务描述：本任务介绍混凝土工程的项目划分、定额选用及工程单价的编制方法。通过学习使学生掌握编制混凝土工程及钢筋制作与安装工程单价的基本方法。

一、项目划分与定额选用

1. 项目划分

混凝土工程按施工工艺可分为现浇混凝土和预制混凝土两大类。现浇混凝土又可分为常态混凝土、碾压混凝土和沥青混凝土。混凝土具有强度高以及抗渗性、耐久性好等优点，在水利工程建设中应用十分广泛，如常态混凝土适用于坝、闸涵、船闸、水电站厂房、隧洞衬砌等工程；沥青混凝土适用于堆石坝、砂壳坝的心墙、斜墙及均质坝的上游防渗工程等。

2. 定额选用

应根据设计提供的资料，确定建筑物的施工部位，选定正确的施工方法及运输方案，确定混凝土的强度等级和级配，并根据施工组织设计确定的拌和系统的布置形式等来选用相应的定额。

二、使用现行定额编制混凝土工程概算单价注意事项

1. 注意定额的计量单位

（1）各类混凝土浇筑的计量单位均为建筑物及构筑物的成品实体方。

（2）混凝土拌制及混凝土运输定额的计量单位均为半成品方，不包括干缩、运输、浇筑和超填等损耗的消耗量在内。

（3）止水、沥青砂柱止水、混凝土管安装计量单位为延长米；钢筋制作与安装的计量单位为 t；防水层、伸缩缝、沥青混凝土涂层、斜墙碎石垫层涂层计量单位为 m^2。

2. 熟悉混凝土定额的主要工作内容

（1）常态混凝土浇筑主要工作包括基础面清理、施工缝处理、铺水泥砂浆、平仓浇筑、振捣、养护、工作面运输及辅助工作。混凝土浇筑定额中包括浇筑和工作面运输所需全部人工、材料和机械的数量及费用，但是混凝土拌制及浇筑定额中不包括骨料预冷、加冰、通水等温控所需人工、材料、机械的数量和费用。地下工程混凝土浇筑施工照明用电已计入浇筑定额的其他材料费中。

（2）预制混凝土主要工作包括预制场冲洗、清理、配料、拌制、浇筑、振捣、养护，模板制作、安装、拆除、修整，现场冲洗、拌浆、吊装、砌筑、勾缝，以及预制场和安装现场场内运输及辅助工作。混凝土构件预制及安装定额包括预制及安装过程中所需人工、材料、机械的数量和费用。若预制混凝土构件单位重量超过定额中起重机械的起重量时，可用相应

起重量的机械替换，但是"台时量"不变。预制混凝土定额中的模板材料为单位混凝土成品方的摊销量，已考虑周转。

（3）沥青混凝土浇筑包括配料、混凝土加温、铺筑、养护、模板制作、安装、拆除、修整及场内运输和辅助工作。

（4）碾压混凝土浇筑包括冲毛、冲洗、清仓、铺水泥砂浆、混凝土配料、拌制、运输、平仓、碾压、切缝、养护、工作面运输及辅助工作等。

（5）混凝土拌制定额是按常态混凝土拟订的。混凝土拌制包括配料、加水、加外加剂，搅拌、出料、清洗及辅助工作。

（6）混凝土运输包括装料、运输、卸料、空回、冲洗、清理及辅助工作。现浇混凝土运输是指混凝土自搅拌楼或搅拌机出料口至浇筑现场工作面的全部水平和垂直运输。预制混凝土构件运输指预制场到安装现场之间的运输；预制混凝土构件在预制场和安装现场内的运输已包括在预制及安装定额内。

（7）钢筋制作与安装定额中，其钢筋定额消耗量已包括钢筋制作与安装过程中的加工损耗、搭接损耗及施工架立筋附加量。

3. 关于"模板"问题

在混凝土工程定额中，常态混凝土和碾压混凝土定额中不包含模板制作与安装，模板的费用应按模板工程定额另行计算；预制混凝土及沥青混凝土定额中已包括了模板的相关费用，计算时不得再算模板费用。

4. 注意"节"定额表下面的"注"

在使用有些定额子目时，应根据"注"的要求来调整人工、机械的定额消耗量。

三、混凝土工程概算单价编制中工序单价的计算

混凝土工程概算单价主要包括现浇混凝土单价、预制混凝土单价、钢筋制作安装单价和止水单价等，对于大型混凝土工程还要计算混凝土温控措施费。

（一）现浇混凝土单价编制

1. 混凝土材料单价

混凝土材料单价指按级配计算的砂、石、水泥、水、掺合料及外加剂等每 m³ 混凝土的材料费用的价格。不包括拌制、运输、浇筑等工序的人工、材料和机械费用，也不包含除搅拌损耗外的施工操作损耗及超填量等。

混凝土材料单价在混凝土工程单价中占有较大比例，编制概算单价时，应按本工程的混凝土级配试验资料计算。如无试验资料，可参照本书附录二或概算定额附录 7 混凝土配合比表计算混凝土材料单价。具体计算混凝土材料单价时，参见项目四的任务六。

2. 混凝土拌制单价

混凝土的拌制包括配料、运输、搅拌、出料等工序。在进行混凝土拌制单价计算时，应根据所采用的拌制机械来选用概算定额四 - 35～四 - 37 中的相应子目进行工程单价计算。一般情况下，混凝土拌制单价作为混凝土浇筑定额中的一项内容，即构成混凝土浇筑单价中的定额基本直接费，为避免重复计算其他直接费、间接费、利润和税金，混凝土拌制单价只计算定额基本直接费。混凝土搅拌系统布置视工程规模大小、工期长短、混凝土数量多少，以及地形条件、施工技术要求和设备拥有情况来具体拟定。在使用定额时，要注意以下两点。

（1）混凝土拌制定额按拌制常态混凝土拟定，若拌制加冰、加掺合料等其他混凝土，则

应按表 5-18 所规定的系数对混凝土拌制定额进行调整。

表 5-18　　　　　　　　　　　混凝土拌制定额调整表

搅拌楼规格	混 凝 土 级 别			
	常态混凝土	加冰混凝土	加掺合料混凝土	碾压混凝土
1×2.0m³ 强制式	1.00	1.20	1.00	1.00
2×2.5m³ 强制式	1.00	1.17	1.00	1.00
2×1.0m³ 自落式	1.00	1.00	1.10	1.30
2×1.5m³ 自落式	1.00	1.00	1.10	1.30
3×1.5m³ 自落式	1.00	1.00	1.10	1.30
2×3.0m³ 自落式	1.00	1.00	1.10	1.30
4×3.0m³ 自落式	1.00	1.00	1.10	1.30

　　（2）各节用搅拌楼拌制现浇混凝土定额子目中，以组时表示的"骨料系统"和"水泥系统"是指骨料、水泥进入搅拌楼之前与搅拌楼相衔接而必须配备的有关机械设备，包括自搅拌楼骨料仓下廊道内接料斗开始的胶带输送机及其供料设备；自水泥罐开始的水泥提升机械或空气输送设备、胶带运输机、吸尘设备，以及袋装水泥的拆包机械等。其组时费用根据施工组织设计选定的施工工艺和设备配备数量自行计算。

　　3．混凝土运输单价

　　混凝土运输是指混凝土自搅拌机（楼）出料口至浇筑现场工作面的运输，是混凝土工程施工的一个重要环节，包括水平运输和垂直运输两部分。水利工程多采用数种运输设备相互配合的运输方案，不同的施工阶段、不同的浇筑部位可能采用不同的运输方式。但使用现行概算定额时须注意，各节现浇混凝土定额中"混凝土运输"作为浇筑定额的一项内容，它的数量已包括完成每一定额单位有效实体所需增加的超填量和施工附加量等。编制概算单价时，一般应根据施工组织设计选定的运输方式来选用运输定额子目，为避免重复计算其他直接费、间接费、利润和税金，混凝土运输单价只计算定额基本直接费，并以该运输单价乘以混凝土浇筑定额中所列的"混凝土运输"数量构成混凝土浇筑单价的直接费用项目。

　　4．混凝土浇筑单价

　　混凝土浇筑的主要子工序包括基础面清理、施工缝处理、入仓、平仓、振捣、养护、凿毛等。影响浇筑工序的主要因素有仓面面积、施工条件等。仓面面积大，便于发挥人工及机械效率，工效高。施工条件对混凝土浇筑工序的影响很大，计算混凝土浇筑单价时，需注意以下几点：

　　（1）现行混凝土浇筑定额中包括浇筑和工作面运输（不含浇筑现场垂直运输）所需全部人工、材料和机械的数量和费用。

　　（2）混凝土浇筑仓面清洗用水，地下工程混凝土浇筑施工照明用电，已分别计入浇筑定额的用水量及其他材料费中。

　　（3）平洞、竖井、地下厂房、渠道等混凝土衬砌定额中所列示的开挖断面和衬砌厚度按设计尺寸选取。定额与设计厚度不符，可用插入法计算。

　　（4）混凝土材料定额中的"混凝土"，系指完成单位产品所需的混凝土成品量，其中包括干缩、运输、浇筑和超填等损耗量在内。

（二）预制混凝土单价

预制混凝土单价一般包括混凝土拌和、运输、预制、预制构件运输及安装等工序单价。现行概算定额中混凝土预制及安装定额包括混凝土拌和及预制场内混凝土运输工序，场外混凝土运输、预制件运输需根据所采用的运输机械选用相应的定额，另计运输单价。

混凝土预制构件运输包括装车、运输、卸车，应按施工组织设计确定的运输方式、装卸和运输机械、运输距离选择定额。

混凝土预制构件安装与构件重量、设计要求安装有关的准确度以及构件是否分段等有关。当混凝土构件单位重量超过定额中起重机械起重量时，可用相应起重机械替换，但台时量不变。

（三）混凝土温度控制费用的计算

在水利工程中，为防止拦河大坝等大体积混凝土由于温度应力而产生裂缝和坝体接缝灌浆后接缝再度拉裂，根据现行设计规程和混凝土坝设计及施工规范的要求，对混凝土坝等大体积混凝土工程的施工，都必须进行混凝土温控设计，提出温控标准和降温防裂措施。温控措施很多，至于采用哪些温控措施，应根据不同地区的气温条件、不同坝体结构的温控要求、不同工程的特定施工条件及建筑材料的要求等综合因素，分别采用风或水预冷骨料，采用水化热较低的水泥，减少水泥用量，加冰或冷水拌制混凝土，对坝体混凝土采取一期、二期通水冷却及表面保护等措施。

1. 温控措施费用的计算原则和标准

大体积混凝土温控措施的费用，应根据坝址夏季月平均气温、设计要求温控标准、混凝土冷却降温后的降温幅度和混凝土的浇筑温度参照表5－19进行计算。

表 5－19　　　　　　　　　混凝土温控措施费用计算标准参考表

夏季月平均气温/℃	降温幅度/℃	温 控 措 施	占混凝土总量比例/%
20 以下		个别高温时段，加冰或加冷水拌制混凝土	20
20 以下	5	加冰、加冷水拌制混凝土	35
		坝体一期、二期通水冷却及混凝土表面保护	100
20～25	5～10	风或水预冷大骨料	25～35
		加冰、加冷水拌制混凝土	40～45
		坝体一期、二期通水冷却及混凝土表面保护	100
20～25	10 以上	风预冷大、中骨料	35～40
		加冰、加冷水拌制混凝土	45～55
		坝体一期、二期通水冷却及混凝土表面保护	100
25 以上	10～15	风预冷大、中、小骨料	35～45
		加冰、加冷水拌制混凝土	55～60
		坝体一期、二期通水冷却及混凝土表面保护	100
25 以上	15 以上	风和水预冷大、中、小骨料	50
		加冰、加冷水拌制混凝土	60
		坝体一期、二期通水冷却及混凝土表面保护	100

注　降温幅度指夏季月平均气温与混凝土出机口温度之差。

2．基本参数的选择和确定

（1）工程所在地区的多年月平均气温、水温、寒潮降温幅度和次数等气象数据。

（2）设计要求的混凝土出机口温度、浇筑温度和坝体的允许温差。

（3）拌制 1m³ 混凝土所需加冰或加水的数量、时间及相应措施的混凝土数量。

（4）混凝土骨料预冷的方式，平均预冷 1m³ 混凝土骨料所需消耗冷风、冷水的数量，预冷时间与温度，1m³ 混凝土需预冷骨料的数量及需进行骨料预冷的混凝土数量。

（5）坝体的设计稳定温度，接缝灌浆的时间，坝体混凝土一期、二期通低温水的时间、流量、冷水温度及通水区域。

（6）各制冷或冷冻系统的工艺流程，配置设备的名称、规格、型号、数量和制冷剂消耗指标等。

（7）混凝土表面保护方式，保护材料的品种、规格及每 m³ 混凝土的保护材料数量。

3．混凝土温控措施费用计算步骤

（1）根据夏季月平均气温、水温计算混凝土用砂、石骨料的自然温度和常温混凝土出机口温度。如常温混凝土出机口温度能满足设计要求，则不需采用特殊降温措施（计算方法见概算定额附录 10 表 10 - 1）。

（2）根据温控设计确定的混凝土出机口温度，确定应预冷材料（石子、砂、水等）的冷却温度，并据此验算混凝土出机口温度能否满足设计要求。1m³ 混凝土加片冰数量一般为 40～60kg，加冷水量＝配合比用水量－加片冰数量－骨料含水量，机械热可用插值法计算。

（3）计算风冷骨料、冷水、片冰、坝体通水等温控措施的分项单价，然后计算出 1m³ 混凝土温控综合直接费。

（4）计算其他直接费、间接费、企业利润及税金，然后计算 1m³ 混凝土温控综合单价。

（5）根据需温控混凝土占混凝土总量的比例，计算 1m³ 混凝土温控加权平均单价。

（四）钢筋制作安装单价编制

钢筋是水利工程的主要建筑材料，常用钢筋多为直径 6～40mm。建筑物或构筑物所用钢筋的安装方法有散装法和整装法两种。散装法是将加工成型的散钢筋运到工地，再逐根绑扎或焊接。整装法是在钢筋加工厂内制作好钢筋骨架，再运至工地安装就位。水利工程因结构复杂，断面庞大，多采用散装法。

在进行钢筋制作安装单价计算时，现行概算定额中不分工程部位和钢筋规格型号，把"钢筋制作与安装"定额综合成一节，定额编号为四- 23 40123 子目，计量单位为 t；其钢筋定额消耗量已包括切断及焊接损耗、截余短头废料损耗，以及搭接帮条等附加量。该节概算定额适用于水工建筑物各部位的现浇及预制混凝土。

四、混凝土工程概算单价实例分析

【工程实例分析 5 - 5】

（1）项目背景：某水闸工程位于华东地区一河道上，其底板采用现浇钢筋混凝土底板，底板厚度为 1.0m，混凝土强度等级为 C25，二级配；施工方法采用 0.8m³ 搅拌机拌制混凝土，1t 机动翻斗车装混凝土运 100m 至仓面进行浇筑。已知基本资料如下。

1）人工预算单价：工长 9.27 元/工时，高级工 8.57 元/工时，中级工 6.62 元/工时，初级工 4.64 元/工时。

2）材料预算价格：42.5 级普通硅酸盐水泥 340 元/t，中砂 35 元/m³，碎石（综合）45 元/m³，水 0.5 元/m³，电 1.2 元/(kW·h)，柴油 6.5 元/kg，施工用风 0.35 元/m³。

3）机械台时费：0.8 搅拌机 27.87 元/台时，胶轮车 0.9 元/台时，机动翻斗车（1t）14.22 元/台时，1.1kW 插入式振动器 2.02 元/台时，风水枪 33.09 元/台时。

（2）工作任务：计算闸底板现浇混凝土工程的概算单价。

（3）分析与解答。

第一步：计算混凝土材料单价。查概算定额附录 7，可知 C25 混凝土、42.5 级普通硅酸盐水泥二级配混凝土材料配合比（1m³）：42.5 级普通硅酸盐水泥 289kg，粗砂 733kg（0.49m³），卵石 1382kg（0.81m³），水 0.15m³。实际采用的是碎石和中砂，应按表 4-11 系数进行换算。

换算后的混凝土配比单价为

$$289×0.34×1.10×1.07+0.49×35×1.10×0.98+0.81×45×1.06×0.98$$
$$+0.15×0.50×1.10×1.07 = 172.07(元/m³)$$

第二步：计算混凝土拌制单价（只计定额基本直接费）。选用概算定额四-35 40172 子目，定额见表 5-20，计算过程见表 5-21，混凝土拌制单价为 15.60 元/m³。

第三步：计算混凝土运输单价（只计定额基本直接费）。选用概算定额四-40 40192 子目，定额见表 5-22，计算过程见表 5-23。结果为 7.15 元/m³。

表 5-20　　　　　　　　　　　搅　拌　机　拌　制

适用范围：各种级配常态混凝土　　　　　　　　　　　　　　　　　　　　单位：100m³

项　目	单　位	搅拌机出料/m³	
		0.4	0.8
工长	工时		
高级工	工时		
中级工	工时	126.2	93.8
初级工	工时	167.2	124.4
合计	工时	293.4	218.2
零星材料费	%	2	2
搅拌机	工时	18.90	9.07
胶轮车	工时	87.15	87.15
编　　号		40171	40172

第四步：计算混凝土浇筑单价。根据工程性质、特点确定取费费率，其他直接费率取 4.6%，间接费率取 8.5%，利润率为 7%，税金率取 9%。

选用概算定额四-10 40057 子目，定额见表 5-24。计算过程见表 5-25。混凝土浇筑工程的概算单价为 346.37 元/m³。

表 5 – 21　　　　　　　　　　　建 筑 工 程 单 价 表

定额编号：40172　　　　　　　　　　混凝土拌制　　　　　　　　　　定额单位：100m³

施工方法：0.8m³ 搅拌机拌制混凝土

序号	名称及规格	单位	数量	单价/元	合计/元
一	直接费				
（一）	基本直接费				1559.99
1	人工费				1198.18
	中级工	工时	93.8	6.62	620.96
	初级工	工时	124.4	4.64	577.22
2	零星材料费	％	2	1529.40	30.59
3	机械使用费				331.22
	搅拌机（0.8m³）	台时	9.07	27.87	252.78
	胶轮车 1t	台时	87.15	0.90	78.44
	合　　计				1559.99

表 5 – 22　　　　　　　　　　　机动翻斗车运混凝土

适用范围：人工给料　　　　　　　　　　　　　　　　　　　　　　单位：100m³

项　目	单　位	运　距/m					增运100m
		100	200	300	400	500	
工长	工时						
高级工	工时						
中级工	工时	37.6	37.6	37.6	37.6	37.6	
初级工	工时	30.8	30.8	30.8	30.8	30.8	
合计	工时	68.4	68.4	68.4	68.4	68.4	
零星材料费	％	5	5	5	5	5	
机动翻斗车 1t	台时	20.32	23.73	26.93	29.87	32.76	2.78
编　　号		40192	40193	40194	40195	40196	40197

表 5 – 23　　　　　　　　　　　建 筑 工 程 单 价 表

定额编号：40192　　　　　　　　　　混凝土运输　　　　　　　　　定额单位：100 m³

施工方法：1t机动翻斗车运混凝土100m

序号	名称及规格	单位	数量	单价/元	合计/元
一	直接费				
（一）	基本直接费				714.81
1	人工费				391.82
	初级工	工时	30.8	4.64	142.91
	中级工	工时	37.6	6.62	248.91
2	零星材料费	％	5	680.77	34.04
3	机械使用费				288.95
	机动翻斗车 1t	台时	20.32	14.22	288.95
	合　　计				714.81

表 5 - 24 底 板

适用范围：溢流堰、护坦、铺盖、阻滑板、趾板等　　　　　　　　　　　　单位：100m³

项 目	单 位	厚 度/cm		
		100	200	400
工长	工时	17.6	11.8	8.1
高级工	工时	23.4	15.8	10.9
中级工	工时	310.6	209.3	143.8
初级工	工时	234.4	157.9	108.5
合计	工时	586.0	394.8	271.3
混凝土	m³	112	108	106
水	m³	133	107	74
其他材料费	%	0.5	0.5	0.5
振动器 1.1kW	台时	45.84	44.16	43.31
风水枪	台时	17.08	11.51	7.91
其他机械费	%	3	3	3
混凝土拌制	m³	112	108	106
混凝土运输	m³	112	108	106
编 号		40057	40058	40059

表 5 - 25 建 筑 工 程 单 价 表

定额编号：40057　　　　　　　　　底板混凝土浇筑　　　　　　　　　定额单位：100m³

施工方法：1t 机动翻斗车装混凝土运 100m 至仓面，1.1kW 插入式振动器振捣

序号	名称及规格	单位	数量	单价/元	合计/元
一	直接费				27371.75
(一)	基本直接费				26168.02
1	人工费				3507.48
	工长	工时	17.6	9.27	163.15
	高级工	工时	23.4	8.57	200.54
	中级工	工时	310.6	6.62	2056.17
	初级工	工时	234.4	4.64	1087.62
2	材料费				19435.03
	混凝土	m³	112	172.07	19271.84
	水	m³	133	0.50	66.50
	其他材料费	%	0.5	19338.34	96.69
3	机械使用费				677.51
	振动器 1.1kW	台时	45.84	2.02	92.60

续表

序号	名称及规格	单位	数量	单价/元	合计/元
	风水枪	台时	17.08	33.09	565.18
	其他机械费	%	3	657.78	19.73
4	混凝土拌制	m³	112	15.60	1747.20
5	混凝土运输	m³	112	7.15	800.80
（二）	其他直接费	%	4.6	26168.02	1203.73
二	间接费	%	8.5	27371.75	2326.60
三	利润	%	7	29698.35	2078.88
四	材料补差				
五	税金	%	9	31777.23	2859.95
六	单价合计				34637.18

【工程实例分析 5－6】

（1）项目背景：在【工程实例分析 5－5】的水闸工程中，闸底板和闸墩采用的钢筋型号有 $\phi20mm$ 的 A3、$\phi25mm$ 的变形钢筋，已知基本资料如下。

1）人工预算单价同工程实例分析 5－5，其他资料可根据背景材料在本教材中查得。

2）材料预算价格。钢筋 3400 元/t，铁丝 5.8 元/kg，电焊条 4.5 元/kg，水 0.5 元/m³，电 2.6 元/(kW·h)，汽油 6.5 元/kg，施工用风 0.15 元/m³。

3）施工机械台时费。钢筋调直机（14kW）14.08 元/台时，风沙枪 33.09 元/台时，钢筋切断机（20kW）18.52 元/台时，钢筋弯曲机（$\phi6\sim40mm$）10.85 元/台时，电焊机（25kVA）9.42 元/台时，电弧对焊机（150 型）103.24 元/台时，载重汽车（5t）58.22 元/台时，塔式起重机（10t）93.83 元/台时。

（2）工作任务：计算该水闸的钢筋制作与安装工程概算单价。

（3）分析与解答。

1）根据背景材料查得：其他直接费率为 4.6%，间接费率为 5%，税金率为 9%，钢筋基价为 2560 元/t。

2）因现行概算定额中不分工程部位和钢筋规格型号，把"钢筋制作与安装"定额综合成一节，故选用定额编号为四-23 40123 子目，定额见表 5－26。钢筋制作与安装工程单价计算过程见表 5－27，结果为：5873.69 元/t。

表 5－26　　　　　　　　　钢　筋　制　作　与　安　装

适用范围：水工建筑物各部位

工作内容：回直、除锈、切断、弯制、焊接、绑扎及加工场至施工场地运输　　　　　　单位：1t

项　目	单位	数量	项　目	单位	数量
工长	工时	10.6	合计	工时	106.0
高级工	工时	29.7	钢筋	t	1.07
中级工	工时	37.1	铁丝	kg	4
初级工	工时	28.6	电焊条	kg	7.36

续表

项　目	单位	数量	项　目	单位	数量
其他材料费	%	1	电弧对焊机 150 型	台时	0.42
钢筋调直机 14kW	台时	0.63	载重汽车 5t	台时	0.47
风沙枪	台时	1.58	塔式起重机 10t	台时	0.11
钢筋切断机 20kW	台时	0.42	其他机械费	%	2
钢筋弯曲机 ϕ6～40mm	台时	1.10	编　号		10123
电焊机 25kVA	台时	10.50			

表 5 - 27　　　　　　　　　　**建 筑 工 程 单 价 表**

定额编号：40123　　　　　　　　钢筋制作与安装　　　　　　　　定额单位：1t

工作内容：回直、除锈、切断、弯制、焊接、绑扎及加工场至施工场地运输

序号	名称及规格	单位	数量	单价/元	合计/元
一	直接费				3996.36
（一）	基本直接费				3820.61
1	人工费				731.09
	工长	工时	10.6	9.27	98.26
	高级工	工时	29.7	8.57	254.53
	中级工	工时	37.1	6.62	245.60
	初级工	工时	28.6	4.64	132.70
2	材料费				2823.48
	钢筋	t	1.07	2560	2739.20
	铁丝	kg	4	5.80	23.20
	电焊条	kg	7.36	4.50	33.12
	其他材料费	%	2795.52	27.96	
3	机械使用费				266.04
	钢筋调直机 14kW	台时	0.63	14.08	8.87
	风沙枪	台时	1.58	33.09	52.28
	钢筋切断机 20kW	台时	0.42	18.52	7.78
	钢筋弯曲机 ϕ6～40mm	台时	1.10	10.85	11.94
	电焊机 25kVA	台时	10.50	9.42	98.91
	电弧对焊机 150 型	台时	0.42	103.24	43.86
	载重汽车 5t	台时	0.47	58.22	27.36
	塔式起重机 10t	台时	0.11	93.83	10.32
	其他机械费	%	2	250.82	5.22
（二）	其他直接费	%	4.6	3820.61	175.75
二	间接费	%	5	3996.36	199.82
三	利润	%	7	4196.18	293.73
四	材料补差（钢筋）	t	1.07	3400－2560	898.80
五	税金	%	9	5388.71	484.98
六	单价合计				5873.69

任务六 模板工程单价编制

任务描述：本任务介绍模板工程的项目划分、定额选用与使用注意事项及工程单价的编制程序，通过学习使学生掌握编制模板工程单价的基础方法。

一、项目划分与定额选用

为适应水利工程建设管理的需要，现行概预算定额将模板制作、安装定额单独列，从而简化了混凝土定额子目，细化了混凝土工程费用的构成，也使模板与混凝土定额的组合更灵活、适应性更强。模板工程是指混凝土浇筑工程中使用的平面模板、曲面模板、异形模板、滑动模板等的制作、安装及拆除等。

1. 模板的分类

（1）按形式分。模板可分为平面模板、曲面模板、异形模板（如渐变段、厂房蜗壳及尾水管等）、针梁模板、滑模、钢模台车。

（2）按材质分。模板可分为木模板、钢模板、预制混凝土模板。木模板的周转次数少、成本高、易于加工，大多用于异形模板。钢模板的周转次数多、成本低，广泛用于水利工程建设中。

（3）按安装性质分。模板可分为固定模板和移动模板。固定模板每使用一次，就拆除一次。移动模板与支撑结构构成整体，使用后整体移动，如隧洞中常用的钢模台车或针梁模板。使用这种模板能大大缩短模板安拆的时间和人工、机械费用，也提高了模板的周转次数，故广泛应用于较长的隧洞中。对于边浇筑边移动的模板称为滑动模板（简称滑模），采用滑模浇筑具有进度快、浇筑质量高、整体性好等优点，故广泛应用于大坝及溢洪道的溢流面、闸（桥）墩、竖井、闸门井等部位。

（4）按使用性质分。模板可分为通用模板和专用模板。通用模板制作成标准形状，经组合安装至浇筑仓面，是水利工程建设中最常用的一种模板。专用模板按需要制成后，不再改变形状，如上述钢模台车、滑模。专用模板成本较高，可使用次数多，所以广泛应用于工厂化生产的混凝土预制厂。

2. 定额的选用

模板的主要作用就是支撑流态混凝土的重量和侧压力，使之按设计要求的形状凝固成型。混凝土浇筑立模的工作量很大，其费用和耗用的人工较多，故模板作业对混凝土质量、进度、造价影响较大。选用定额时应根据工程部位、模板的类型、施工方法等因素，综合考虑选用概算定额第五章中相应的定额子目。

二、使用现行定额的注意事项

（1）模板单价包括模板及其支撑结构的制作、安装、拆除、场内运输及修理等全部工序的人工、材料和机械费用。

（2）模板制作与安装拆除定额，均以 100m^2 立模面积为计量单位，立模面积应按混凝土与模板的接触面积计算，即按混凝土结构物体形及施工分缝要求所需的立模面积计算。

（3）模板材料均按预算消耗量计算，包括制作、安装、拆除、维修的损耗和消耗，并考虑了周转和回收。

（4）模板定额中的材料，除模板本身外，还包括支撑模板的立柱、围图、桁（排）架及铁件等。对于悬空建筑物（如渡槽槽身）的模板，计算到支撑模板结构的承重梁为止。承重梁以下的支撑结构应包括在"其他施工临时工程"中。

（5）在隧洞衬砌钢模台车、针梁模板台车、竖井衬砌的滑模台车及混凝土面板滑模台车中，所用到的行走机构、构架、模板及支撑型钢，电动机、卷扬机、千斤顶等动力设备，均作为整体设备以工作台时计入定额。但定额中未包括轨道及埋件，只有溢流面滑模定额中含轨道及支撑轨道的埋件、支架等材料。

（6）大体积混凝土（如坝、船闸等）中的廊道模板，均采用一次性预制混凝土板（浇筑后作为建筑物结构的一部分）。混凝土模板预制及安装，可参考混凝土预制及安装定额编制其单价。

（7）概算定额中列有模板制作定额，并在"模板安装拆除"定额子目中嵌套模板制作数量$100m^2$，这样便于计算模板综合工程单价。而预算定额中将模板制作和安装拆除定额分别计列，使用预算定额时将模板制作及安装拆除工程单价算出后再相加，即为模板综合单价。

（8）使用概算定额计算模板综合单价时，模板制作单价有两种计算方法。

1）若施工企业自制模板，按模板制作定额计算出基本直接费（不计入其他直接费、间接费、利润和税金），作为模板的预算价格代入安装拆除定额，统一计算模板综合单价。

2）若外购模板，安装拆除定额中的模板预算价格应为模板使用一次的摊销价格，其计算公式为

$$\frac{外购模板预算价格(1-残值率)}{周转次数\times综合系数} \tag{5-19}$$

公式中残值率为10%，周转次数为50次，综合系数为1.15（含露明系数及维修损耗系数）。

（9）概算定额中凡嵌套有"模板$100m^2$"的子目，计算"其他材料费"时，计算基数不包括模板本身的价值。

三、模板工程概算单价实例分析

【工程实例分析5-7】

（1）项目背景：某水闸工程位于华东地区，其闸墩施工采用标准钢模板立模，已知基本资料如下。

1）人工预算单价：工长9.27元/工时，高级工8.57元/工时，中级工6.62元/工时，初级工4.64元/工时。

2）材料预算价格：施工用电0.60元/（kW·h），汽油4.8元/kg，施工用风0.15元/m^3，组合钢模板6.50元/kg，型钢3.60元/kg，卡扣件4.5元/kg，铁件6.5元/kg，电焊条7.0元/kg，预制混凝土柱350.0元/m^3。

3）施工机械台时费：钢筋切断机（20kW）18.52元/台时，载重汽车（5t）58.22元/台时，电焊机（25kVA）9.42元/台时，汽车起重机（5t）63.63元/台时。

（2）工作任务：计算该水闸工程闸墩施工的模板制作与安装综合概算单价。

（3）分析与解答。

第一步：计算模板制作单价。

1）确定取费费率，根据工程性质、特点确定取费费率，其他直接费率取 4.6%，间接费率取 7%，利润率为 7%，税金率取 9%。

2）因模板制作是模板安装工程材料定额的一项内容，为避免重复计算，故模板制作单价只计算定额基本直接费。查概算定额选用五-12 50062 子目，定额见表 5-28。计算过程见表 5-29，模板制作单价（基本直接费）为 9.45 元/m²。

第二步：计算闸墩钢模板制作、安装综合单价。查概算定额选用五-1 50001 子目，定额见表 5-30。计算过程详见表 5-31，注意：在计算其他材料费时，其计算基数不包括模板本身的价值。计算结果为 59.95 元/m²。

表 5-28　　　　　　　　　　　　　**普 通 模 板 制 作**

适用范围：标准钢模板：直墙、挡土墙、防浪墙、闸墩、底板、趾板、板、梁、柱等

平面木模板：混凝土坝、厂房下部结构等大体积混凝土的直立面、斜面、混凝土墙、墩等

曲面模板：混凝土墩头、进水口下侧收缩曲面等弧形柱面

工作内容：标准钢模板：铁件制作、模板运输

平面木模板：模板制作、立柱、围图制作、铁件制作、模板运输

曲面模板：钢架制作、面板拼装、铁件制作、模板运输

单位：100m²

项　　目	单位	标准钢模板	平面木模板	曲面模板
工长	工时	1.2	4.1	4.5
高级工	工时	3.8	12.1	14.7
中级工	工时	4.2	33.6	30.3
初级工	工时	1.5	12.8	11.9
合计	工时	10.7	62.6	61.4
锯材	m²		2.3	0.4
组合钢模板	kg	81		106
型钢	kg	44		498
卡扣件	kg	26		43
铁件	kg	2	25	36
电焊条	kg	0.6		11.0
其他材料费	%	2	2	2
圆盘锯	台时		4.69	
双面刨床	台时		3.91	
型钢剪断机 13kW	台时			0.98
型材弯曲机	台时			1.53
钢筋切断机 20kW	台时	0.07	0.17	0.19
钢筋弯曲机 ϕ6～40mm	台时		0.44	0.49
载重汽车 5t	台时	0.37	1.68	0.43

续表

项　　目	单位	标准钢模板	平面木模板	曲面模板
电焊机 25kVA	台时	0.72		8.17
其他机械费	%	5	5	5
编　　号		50062	50063	50064

表 5-29　　　　　　　　**建筑工程单价表**

定额编号：50062　　　　　　闸墩钢模板制作　　　　　　定额单位：100m²

施工方法：铁件制作、模板运输

序号	名称及规格	单位	数量	单价/元	合计/元
一	直接费				
（一）	基本直接费				945.03
1	人工费				78.45
	工长	工时	1.2	9.27	11.12
	高级工	工时	3.8	8.57	32.57
	中级工	工时	4.2	6.62	27.80
	初级工	工时	1.5	4.64	6.96
2	材料费				835.48
	组合钢模板	kg	81	6.50	526.50
	型钢	kg	44	3.60	158.40
	卡扣件	kg	26	4.50	117.00
	铁件	kg	2	6.50	13.00
	电焊条	kg	0.6	7.00	4.20
	其他材料费	%	2	819.10	16.38
3	机械使用费				31.10
	钢筋切断机　20kW	台时	0.07	18.52	1.30
	载重汽车　5t	台时	0.37	58.22	21.54
	电焊机　25kVA	台时	0.72	9.42	6.78
	其他机械费	%	5	29.62	1.48

表 5-30　　　　　　　　**普　通　模　板**

适用范围：标准钢模板：直墙、挡土墙、防浪墙、闸墩、底板、趾板、板、梁、柱等

　　　　　平面木模板：混凝土坝、厂房下部结构等大体积混凝土的直立面、斜面、混凝土墙、墩等

　　　　　曲面模板：混凝土墩头、进水口下侧收缩曲面等弧形柱面

工作内容：模板安装、拆除、除灰、刷脱模机、试剂、维修、倒仓　　　　　　单位：100m²

项　　目	单位	标准模板		平面木模板	曲面模板
		一般部位	梁板柱部位		
工长	工时	17.5	21.9	11.0	14.1
高级工	工时	85.2	106.5	7.4	59.3
中级工	工时	123.2	154.0	111.2	167.2

项　　目	单位	标准模板		平面木模板	曲面模板
		一般部位	梁板柱部位		
初级工	工时			27.7	37.2
合计	工时	225.9	282.4	157.3	277.8
模板	m²	100	100	100	100
铁件	kg	124		321	357
预制混凝土柱	m³	0.3		1.0	
电焊条	kg	2.0	2.0	5.2	5.8
其他材料费	%	2	2	2	2
汽车起重机　5t	台时	14.6	14.60	11.95	12.88
电焊机　25kVA	台时	2.06	2.06	6.71	2.06
其他机械费	%	5	5	5	10
编　号		50001	50002	50003	50004

注　底板、趾板为岩石基础时，标准钢模板定额人工乘 1.2 系数，其他材料费按 8% 计算。

表 5-31　　　　　　　　　　建　筑　工　程　单　价　表

定额编号：50001　　　　　　　模板制作与安装　　　　　　　定额单位：100m²

工作内容：模板安装、拆除、除灰、刷脱模剂、维修、倒仓

序号	名称及规格	单位	数量	单价/元	合计/元
一	直接费				
（一）	基本直接费				4592.30
1	人工费				1707.97
	工长	工时	17.5	9.27	162.23
	高级工	工时	85.2	8.57	730.16
	中级工	工时	123.2	6.62	815.58
2	材料费				1888.50
	模板	m²	100	9.45	945.00
	铁件	kg	124	6.50	806.00
	预制混凝土柱	m³	0.3	350.00	105.00
	电焊条	kg	2.0	7.00	14.00
	其他材料费	%	2	925.00	18.50
3	机械使用费				995.83
	汽车起重机　5t	台时	14.60	63.63	929.00
	电焊机　25kVA	台时	2.06	9.42	19.41
	其他机械费	%	5	948.41	47.42
（二）	其他直接费	%	4.6	4592.30	211.25
二	间接费	%	7	4803.55	336.25
三	利润	%	7	5139.80	359.79
四	材料补差				
五	税金	%	9	5499.59	494.96
六	单价合计				5994.55

任务七　钻孔灌浆及锚固工程单价编制

任务描述： 本任务介绍钻孔灌浆与锚固工程项目划分、定额选用与使用注意事项、工程单价编制步骤，通过学习使学生掌握编制基础处理工程单价的方法。

一、钻孔灌浆工程项目划分与定额选用

钻孔灌浆工程指水工建筑物为提高地基承载能力、改善和加强其抗渗性能及整体性所采取的处理措施，包括帷幕灌浆、固结灌浆、回填（接触）灌浆、防渗墙、减压井等工程。其中，灌浆就是利用灌浆机施加一定的压力，将浆液通过预先设置的钻孔或灌浆管，灌入岩石、土或建筑物中，使其胶结成坚固、密实而不透水的整体。灌浆是水利工程基础处理中最常用的有效手段，下面重点介绍。

（一）灌浆的分类

1. 按灌浆材料分

主要有水泥灌浆、水泥黏土灌浆、黏土灌浆、沥青灌浆和化学灌浆五类。

2. 按灌浆作用分

主要有以下几种：

（1）帷幕灌浆。为在坝基形成一道阻水帷幕以防止坝基及绕坝渗漏，降低坝底扬压力而进行的深孔灌浆。

（2）固结灌浆。为提高地基整体性、均匀性和承载能力而进行的灌浆。

（3）接触灌浆。为加强坝体混凝土和基岩接触面的结合能力，使其有效传递应力，提高坝体的抗滑稳定性而进行的灌浆。接触灌浆多在坝体下部混凝土固化收缩基本稳定后进行。

（4）接缝灌浆。大体积混凝土由于施工需要而形成了许多施工缝，为了恢复建筑物的整体性，利用预埋的灌浆系统，对这些缝进行的灌浆。

（5）回填灌浆。为使隧道顶拱岩面与衬砌的混凝土面，或压力钢管与底部混凝土接触面结合密实而进行的灌浆。

（二）岩基灌浆施工工艺流程

灌浆工艺流程一般为：施工准备→钻孔→冲洗→表面处理→压水试验→灌浆→封孔→质量检查。

（1）施工准备。包括场地清理、劳动组合、材料准备、孔位放样、电风水布置、机具设备就位、检查等。

（2）钻孔。采用手风钻、回转式钻机和冲击钻等钻孔机械进行。

（3）冲洗。用水将残存在孔内的岩粉和铁砂末冲出孔外，并将裂隙中的充填物冲洗干净，以保证灌浆效果。

（4）表面处理。为防止有压情况下浆液沿裂隙冒出地面而采取的塞缝、浇盖面混凝土等措施。

（5）压水试验。压水试验目的是确定地层的渗透特性，为岩基处理设计和施工提供依据。压水试验是在一定压力下将水压入孔壁四周缝隙，根据压入流量和压力，计算出代表岩层渗透特性的技术参数。规范规定，渗透特性用透水率表示，单位为吕容（Lu），定义为：压水压力为 1MPa 时，每米试段长度每分钟注入水量 1L 时，称为 1Lu。

（6）灌浆。按照灌浆时浆液灌注和流动的特点，可分为纯压式和循环式两种灌浆方式。

1）纯压式灌浆。单纯地把浆液沿灌浆管路压入钻孔，再扩张到岩层裂隙中。适用于裂隙较大、吸浆量多和孔深不超过 15m 的岩层。这种方式设备简单，操作方便，当吃浆量逐渐变小时，浆液流动慢，易沉淀，影响灌浆效果。

2）循环式灌浆。浆液通过进浆管进入钻孔后，一部分被压入裂隙，另一部分由回浆管返回拌浆筒。这样可使浆液始终保持流动状态，防止水泥沉淀，保证了浆液的稳定和均匀，提高灌浆效果。

按照灌浆顺序，灌浆方法有一次灌浆法和分段灌浆法。后者又可分为自上而下分段、自下而上分段及综合灌浆法。

1）一次灌浆法。将孔一次钻到设计深度，再沿全孔一次灌浆。施工简便，多用于孔深 10m 内、基岩较完整、透水性不大的地层。

2）分段灌浆法。

a. 自上而下分段灌浆法。自上而下钻一段（一般不超过 5m）后，冲洗、压水试验、灌浆。待上一段浆液凝结后，再进行下一段钻灌工作。如此钻、灌交替，直至设计深度。此法灌浆压力较大，质量好，但钻、灌工序交叉，工效低。多用于岩层破碎、竖向节理裂隙发育地层。

b. 自下而上分段灌浆法。一次将孔钻到设计深度，然后自下而上利用灌浆塞逐段灌浆。这种方法钻灌连续，速度较快，但不能采用较高压力，质量不易保证。一般适用于岩层较完整、坚固的地层。

c. 综合灌浆法。通常接近地表的岩层较破碎，越往下则越完整，上部采用自上而下分段，下部采用自下而上分段，使之既能保证质量又可加快速度。

（7）封孔。人工或机械（灌浆及送浆）用砂浆封填孔口。

（8）质量检查。质量检查的方法较多，最常用的是打检查孔检查，取岩心、做压水试验检查透水率是否符合设计和规范要求。检查孔的数量，一般帷幕灌浆为灌浆孔的 10%，固结灌浆为 5%。

（三）影响灌浆施工工效的主要因素

（1）岩石（地层）级别。岩石（地层）级别是钻孔工序的主要影响因素。岩石级别越高，对钻进的阻力越大，钻进工效越低，钻具消耗越多。

（2）岩石（地层）的透水性。透水性是灌浆工序的主要影响因素。透水性强（透水率高）的地层可灌性好，吃浆量大，单位灌浆长度的耗浆量大；反之，灌注每吨浆液干料所需的人工、机械台班（时）用量就少。

（3）施工方法。一次灌浆法和自下而上分段灌浆法的钻孔和灌浆两大工序互不干扰，工效高。自上而下分段灌浆法钻孔与灌浆相互交替，干扰大、工效低。

（4）施工条件。露天作业，机械的效率能正常发挥。隧洞（或廊道）内作业影响机械效率的正常发挥，尤其是对较小的隧洞（或廊道），限制了钻杆的长度，增加了接换钻杆次数，降低了工效。

（四）混凝土防渗墙

建筑在冲积层上的挡水建筑物，一般设置混凝土防渗墙，这是一种有效的防渗处理措施。防渗墙施工包括造孔和浇筑混凝土两部分内容。

1. 造孔

防渗墙的成墙方式大多采用槽孔法。造孔采用冲击钻机、反循环钻、液压开槽机等机械进行。一般用冲击钻较多，其施工程序包括造孔前的准备、泥浆制备、造孔、终孔验收、清孔换浆等。

2. 浇筑混凝土

防渗墙采用导管法浇筑水下混凝土。其施工工艺为浇筑前的准备、配料拌和、浇筑混凝土、质量验收。由于防渗墙混凝土不经振捣，因而混凝土应具有良好的和易性。要求入孔时坍落度为 18～22cm，扩散度为 34～38cm，最大骨料粒径不大于 4cm。

（五）定额选用

在计算钻孔灌浆工程单价时，应根据设计确定的孔深、灌浆压力等参数以及岩石的级别、透水率等，按施工组织设计确定的钻机、灌浆方式、施工条件来选择概预算定额相应的定额子目，这是正确计算钻孔灌浆工程单价的关键。

二、锚固工程分类及定额选用

1. 锚固工程分类

锚固可分为锚桩、锚洞、喷锚护坡与预应力锚固四大类。其适用范围见表 5－32。

表 5－32　　　　　　　　　　锚固分类及适用范围

类型	结构形式	适用范围
锚桩	钢筋混凝土桩：人工挖孔桩 　　　　　　大口径钻孔桩 钢桩：型钢桩、钢棒桩	适用于浅层具有明显滑面的地基加固
喷锚支护	锚杆加喷混凝土 锚杆挂网加喷混凝土	适用于高边坡加固，隧洞入口边坡支护
预应力锚固	混凝土柱状锚头	适用于大吨位预应力锚固
	墩头锚锚头	适用于大、中、小吨位预应力锚固
	爆炸压接螺杆锚头	适用于中、小吨位预应力锚固
	锚塞锚环钢锚头	适用于小吨位预应力锚固
	组合型钢锚头	适用于大、中、小吨位预应力锚固

2. 施工特点

预应力锚固是在外荷载作用前，针对建筑物可能滑移拉裂的破坏方向，预先施加主动压力。这种人为的预压应力能提高建筑物的滑动和防裂能力。预应力锚固由锚头、锚束、锚根等三部分组成。

预应力锚束按材料分为钢丝、钢绞线与优质钢筋三类，预应力锚束按作用可分为无黏结型和黏结型。钢丝的强度最高，宜于密集排列，多用于大吨位锚束，适用于混凝土锚头、墩头及组合锚；钢绞线的价格较高，锚具也较贵，适用中小型锚束，与锚塞锚环型锚具配套使用，对编束、锚固较方便；优质钢筋适用于预应力锚杆极短的锚束，热轧钢筋只用作砂浆锚杆及受力钢筋。

钻孔设备应根据地质条件、钻孔深度、钻孔方向和孔径大小选择钻机。工程中一般用风钻、SGZ－1（Ⅲ）、YQ－100、XJ－100－1 及东风－300 专用锚杆钻机、履带钻、地质钻机等钻机。

3. 施工工艺

(1) 一般锚杆的施工工艺：钻孔→锚杆制作→安装→水泥浆封孔（或药卷产生化学反应封孔）、锚定。锚杆长度超过 10m 的长锚杆，应配锚杆钻机或地质钻机。

(2) 预应力锚杆施工程序：造孔、锚束编制→运输吊装→放锚束、锚头锚固→超张拉、安装、补偿→采用水泥浆封孔、灌浆防护。

(3) 喷锚支护的一般工艺：凿毛→配料→上料、拌和→挂网、喷锚→喷混凝土→处理回弹料、养护。

4. 定额选用

(1) 在概算定额中，锚杆分地面和地下，钻孔设备分为风钻钻孔、履带钻孔、锚杆钻机钻孔、地质钻机钻孔、锚杆台车钻孔、凿岩台车钻孔。按注浆材料又分为砂浆和药卷。锚杆以"根"为单位，按锚杆长度和钢筋直径分项，不同的岩石级别划分子目。

套用定额时应注意的问题：加强长砂浆锚杆束是按 $4 \times \phi 28mm$ 锚筋拟订的，如设计采用锚筋根数、直径不同，应按设计调整锚筋用量。定额中的锚筋材料预算价按钢筋价格计算，锚筋的制作已含在定额中。

(2) 预应力锚束分为岩体和混凝土，按作用分为无黏结型和黏结型。以"束"为单位，按施加预应力的等级分类，按锚束长度分项。

(3) 喷射分为地面和地下，按材料分为喷浆和混凝土，喷浆以"喷射面积"为单位，按有钢筋和无钢筋喷射工艺不同，按喷射厚度不同定额的消耗量不同。喷射混凝土分为地面护坡、平洞支护、斜井支护，以"喷射混凝土的体积"为单位，按厚度不同划分子项。喷浆（混凝土）定额的计量以喷后的设计有效面积（体积）计算，定额中已包括了回弹及施工损耗量。

(4) 锚筋桩可参考相应的锚杆定额，定额中的锚杆附件包括垫板、三角铁和螺帽等。锚杆（索）定额中的锚杆（索）长度是指嵌入岩石的设计有效长度，不包括锚头外露部分，按规定应留的外露部分及加工过程中的消耗，均已计入定额。

三、使用现行定额编制钻孔灌浆及锚固工程概算单价应注意的问题

(1) 灌浆工程定额中的水泥用量是指概算基本量，如有实际资料，可按实际消耗量调整。

(2) 灌浆工程定额中的灌浆压力划分标准为：高压大于 3MPa，中压为 1.5～3MPa，低压小于 1.5MPa。

(3) 灌浆工程定额中的水泥强度等级的选择应符合设计要求，设计未明确的可按以下标准选择：回填灌浆 32.5，帷幕与固结灌浆 32.5，接缝灌浆 42.5，劈裂灌浆 32.5，高喷灌浆 32.5。

(4) 工程的项目设置、工程量数量及其单位均必须与概算定额的设置、规定相一致。如不一致，应进行科学的换算。

1) 钻孔与灌浆。

a. 帷幕灌浆。现行概算定额分造孔及帷幕灌浆两部分，造孔和灌浆均以单位延长米（m）计，帷幕灌浆概算定额包括制浆、灌浆、封孔、孔位转移、检查孔钻孔、压水试验等内容。预算定额则需另计检查孔压水试验，检查孔压水试验按试段计。

b. 固结灌浆。现行概算定额分造孔及固结灌浆两部分，造孔和灌浆均以单位延长米（m）计。固结灌浆定额包括已计入灌浆前的压水试验和灌浆后的补浆及封孔灌浆等工作。预算定额灌浆后的压水实验要另外计算。

c. 劈裂灌浆。劈裂灌浆多用于土坝（堤）除险加固坝体的防渗处理。概算定额分钻机钻土坝（堤）灌浆孔和土坝（堤）劈裂灌浆，均以单位延长米计。劈裂灌浆定额已包括检查孔、制浆、灌浆、劈裂观测、冒浆处理、记录、复灌、封孔、孔位转移、质量检查。定额是按单位孔深干料灌入量不同而分类的。

d. 回填灌浆。现行概算定额分隧洞回填灌浆和钢管道回填灌浆。隧洞回填灌浆适用于混凝土衬砌段。隧洞回填灌浆定额的工作内容包括预埋管路、简易平台搭拆、风钻通孔、制浆、灌浆、封孔、检查孔钻孔、压浆试验等。定额是以设计回填面积为计量单位的，按开挖面积分子目。

e. 坝体接缝灌浆。现行概算定额分预埋铁管法和塑料拔管法，定额适用于混凝土坝体，按接触面积（m²）计算。

2）混凝土防渗墙。一般都将造孔和浇筑分列，概算定额均以阻水面积（100m²）为单位，按墙厚分列子目；而预算定额造孔用折算进尺（100 折算米）为单位，防渗墙混凝土用100m³ 为单位，所以一定要按科学的换算方式进行换算。

（5）关于岩土的平均级别和平均透水率。

岩土的级别和透水率分别为钻孔和灌浆两大工序的主要参数，正确确定这两个参数对钻孔灌浆单价有重要意义。由于水工建筑物的地基绝大多数不是单一的地层，通常多达十几层或几十层。各层的岩土级别、透水率各不相同，为了简化计算，几乎所有的工程都采用一个平均的岩石级别和平均的透水率来计算钻孔灌浆单价。在计算这两个重要参数的平均值时，一定要注意计算的范围要和设计确定的钻孔灌浆范围完全一致，也就是说，不要简单地把水文地质剖面图中的数值拿来平均，要注意把上部开挖范围内的透水性强的风化层和下部不在设计灌浆范围的相对不透水地层都剔开。

（6）在使用概算定额七-1"钻机钻岩石层帷幕灌浆孔"（自下而上灌浆法）、七-3"钻岩石层排水孔、观测孔"（钻机钻孔）时，应注意下列事项：

1）当终孔孔径大于 91mm 或孔深大于 70m 时，钻机应改用 300 型钻机。

2）在廊道或隧洞内施工时，其人工、机械定额应乘以表 5-33 中的系数。

表 5-33　　　　　　　　　　人工、机械定额调整系数表

廊道或隧洞高度/m	0～2.0	2.0～3.5	3.5～5.0	5.0
系数	1.19	1.10	1.07	1.05

3）概算定额七-1、七-3 中各定额是按平均孔深 30～50m 拟订的。当孔深小于 30m 或孔深大于 50m 时，其人工和钻机定额应乘以表 5-34 中的系数。

表 5-34　　　　　　　　　　人工、机械定额调整系数表

孔深/m	≤30	30～50	50～70	70～90	＞90
系数	0.94	1.00	1.07	1.17	1.31

（7）当采用地质钻机钻灌不同角度的灌浆孔或观察孔、试验孔时，其人工、机械、合金片、钻头和岩心管定额应乘以表5-35中的系数。

表5-35　　　　　　　　人工、机械及材料定额调整系数表

钻机与水平夹角	0°～60°	60°～75°	75°～85°	85°～90°
系数	1.19	1.05	1.02	1.00

（8）压水试验适用范围。现行概算定额中，压水试验已包含在灌浆定额中。预算定额中的压水试验适用于灌浆后的压水试验。灌浆前的压水试验和灌浆后的补灌及封孔灌浆已计入定额。压水试验一个压力点法适用于固结灌浆，三压力五阶段法适用于帷幕灌浆。压浆试验适用于回填灌浆。

（9）加强长砂浆锚杆束是按$4×\phi28mm$锚筋拟定的，如设计锚筋根数、直径不同，应按设计调整锚筋用量。定额中的锚筋材料预算价格按钢筋价格计算，锚筋的制作已包含在定额中。

（10）锚筋桩可参考相应的锚杆定额，定额中的锚杆附件包括垫板、三角铁和螺帽等。锚杆（索）定额中的长度是指嵌入岩石的设计有效长度，不包括锚头外露部分，按规定应留的外露部分及加工过程中的消耗，均已计入定额。

（11）喷浆（混凝土）定额的计量，以喷后的设计有效面积（体积）计算，定额已包括了回弹及施工损耗量。

四、钻孔灌浆工程概算单价实例分析

【工程实例分析5-8】

（1）项目背景：华东地区某水库坝基岩石基础固结灌浆，采用手风钻钻孔，一次灌浆法，灌浆孔深5m，岩石级别为Ⅷ级。已知基本资料如下。

1）坝基岩石层平均单位吸水率3Lu，灌浆水泥采用32.5级普通硅酸盐水泥。

2）人工预算单价：工长11.55元/工时，高级工10.67元/工时，中级工8.90元/工时，初级工6.13元/工时。

3）材料预算单价：合金钻头50元/个，空心钢10元/kg，32.5级普通硅酸盐水泥300元/t，水0.5元/m^3，施工用风0.15元/m^3，施工用电1.2元/（kW·h）。

4）施工机械台时费：风钻29.60元/台时，灌浆泵（中压泥浆）31.31元/台时，灰浆搅拌机14.40元/台时，胶轮车0.90元/台时。

（2）工作任务：试计算坝基岩石固结灌浆综合概算单价。

（3）分析与解答。

第一步：计算钻孔单价。

1）根据工程性质确定取费费率，其他直接费率7%，间接费率10.5%，利润率7%，税金率9%。

2）根据采用的施工方法和岩石级别（Ⅷ），查概算定额，选用七-2 70017定额子目，定额见表5-36。计算过程见表5-37。钻岩石层固结灌浆孔概算单价为19.87元/m。

第二步：计算基础固结灌浆工程单价。根据本工程灌浆岩层的平均吸水率3Lu，查概算定额七-5 70046子目，定额见表5-38。计算过程见表5-39，基础固结灌浆概算单价为127.37元/m。

表 5－36　　　　　　　　　　钻岩石层固结灌浆孔（风钻钻灌浆孔）

适用范围：露天作业、孔深小于 8m

工作内容：孔位转移、接拉风管、钻孔、检查孔钻孔　　　　　　　　　　单位：100m

项　目	单位	岩 石 级 别			
		Ⅴ～Ⅷ	Ⅸ～Ⅹ	Ⅺ～Ⅻ	ⅩⅢ～ⅩⅨ
工长	工时	2	3	5	7
高级工	工时				
中级工	工时	29	38	55	84
初级工	工时	54	70	101	148
合计	工时	85	111	161	239
合金钻头	个	2.30	2.72	3.38	4.31
空心钢	kg	1.13	1.46	2.11	3.50
水	m³	7	10	15	23
其他材料费	%	14	13	11	9
风钻	台时	20.0	25.8	37.2	55.8
其他机械费	%	15	14	12	10
编　号		70017	70018	70019	70020

注　洞内作业，人工、机械乘 1.15 系数。

表 5－37　　　　　　　　　　建 筑 工 程 单 价 表

定额编号：70017　　　　　　钻岩石层固结灌浆　　　　　　定额单位：100m

施工方法：手风钻钻孔孔深 5m　　　工作内容：孔位转移、接拉风管、钻孔、检查孔钻孔

序号	名称及规格	单 位	数 量	单价/元	合计/元
一	直接费				1541.86
（一）	基本直接费				1440.99
1	人工费				612.22
	工长	工时	2	11.55	23.10
	中级工	工时	29	8.90	258.10
	初级工	工时	54	6.13	331.02
2	材料费				147.97
	合金钻头	个	2.30	50.00	115.00
	空心钢	kg	1.13	10.00	11.30
	水	m³	7	0.50	3.50
	其他材料费	%	14	129.80	18.17
3	机械使用费				680.80
	风钻	台时	20.0	29.60	592.00
	其他机械费	%	15	592.00	88.80
（二）	其他直接费	%	7	1440.99	100.87
二	间接费	%	10.5	1541.86	161.90

序号	名称及规格	单位	数量	单价/元	合计/元
三	利润	%	7	1703.76	119.26
四	材料补差				
五	税金	%	9	1823.02	164.07
六	单价合计				1987.09

表 5-38　　　　　　　　　　　**基 础 固 结 灌 浆**

工作内容：冲洗、制浆、灌浆、封孔、孔位转移以及检查孔的压水试验、灌浆　　　　　单位：100m

项　目	单位	透 水 率/Lu						
		2 以下	2~4	4~6	6~8	8~10	10~20	20~50
工长	工时	23	23	24	25	26	28	29
高级工	工时	48	48	50	51	53	56	58
中级工	工时	139	141	145	151	159	169	175
初级工	工时	240	243	251	263	277	297	308
合计	工时	450	455	470	490	515	550	570
水泥	t	2.3	3.2	4.1	5.7	7.4	8.7	10.4
水	m³	481	528	565	610	663	715	1005
其他材料费	%	15	15	14	14	13	13	12
灌浆泵　中压泥浆	台时	92	93	96	100	105	112	116
灰浆搅拌机	台时	84	85	88	92	97	104	108
胶轮车	台时	13	17	22	31	42	47	58
其他机械费	%	5	5	5	5	5	5	5
编　号		70045	70046	70047	70048	70049	70050	70051

表 5-39　　　　　　　　　　**建 筑 工 程 单 价 表**

定额编号：70046　　　　　　　　　　基础固结灌浆　　　　　　　　　　定额单位：100m

工作内容：冲洗、制浆、灌浆、封孔、孔位转移以及检查孔的压水试验、灌浆

序号	名称及规格	单位	数量	单价/元	合计/元
一	直接费				9761.60
（一）	基本直接费				9122.99
1	人工费				3522.30
	工长	工时	23	11.55	265.65
	高级工	工时	48	10.67	512.16
	中级工	工时	141	8.90	1254.90
	初级工	工时	243	6.13	1489.59
2	材料费				1242.00
	水泥	t	3.2	255.00	816.00
	水	m³	528	0.50	264.00
	其他材料费	%	15	1080.00	162.00

序号	名称及规格	单位	数量	单价/元	合计/元
3	机械使用费				4358.69
	灌浆泵　中压泥浆	台时	93	31.31	2911.83
	灰浆搅拌机	台时	85	14.40	1224.00
	胶轮车	台时	17	0.90	15.30
	其他机械费	%	5	4151.13	207.56
（二）	其他直接费	%	7	9122.99	638.61
二	间接费	%	10.5	9761.60	1024.97
三	企业利润	%	7	10786.57	755.06
四	材料补差（水泥）	t	3.2	300－255	144.00
五	税金	%	9	11685.63	1051.71
六	单价合计				12737.34

第三步：计算坝基岩石基础固结灌浆综合概算单价。

坝基岩石基础固结灌浆综合概算单价包括钻孔单价和灌浆单价，即

坝基岩石基础固结灌浆综合概算单价 = 20.23 + 129.71 = 149.94（元/m）

【工程实例分析 5-9】

（1）项目背景：长江大堤某段位于华东地区，其堤身加固防渗采用黏土劈裂灌浆处理，施工方法为：150型地质钻机套管固壁钻进，孔深 25m，灌浆泵灌浆；设计单位孔深干料灌入量为 0.5t/m。已知基本资料如下。

1）人工预算单价：工长 8.02 元/工时，高级工 7.40 元/工时，中级工 6.16 元/工时，初级工 4.26 元/工时。

2）材料预算单价：水 0.5 元/m³，黏土 8.0 元/t，合金钻头 50.0 元/个，合金片 10.0 元/kg，岩芯管 12.0 元/m，钻杆 15.0 元/m，钻杆接头 16.0 元/个，水玻璃 4.5 元/kg，施工用电 0.6 元/(kW·h)。

3）机械台时费：地质钻机（150型）32.37 元/台时，泥浆搅拌机 23.07 元/台时，灌浆泵（中压泥浆）27.11 元/台时，胶轮车 0.90 元/台时。

（2）工作任务：计算长江大堤黏土劈裂灌浆工程概算单价。

（3）分析与解答。

第一步：计算钻机钻孔概算单价。

1）根据工程性质确定取费费率，其他直接费率 4.2%，间接费率 9.25%，利润率 7%，税金率 9%。

2）根据施工方法和所用机械，查概算定额选用七-8 70062 子目，定额见表 5-40。计算过程见表 5-41，计算结果为 84.48 元/m。

第二步：计算堤身劈裂灌浆概算单价。根据灌浆材料及设计单位孔深干料灌入量 0.5t/m，查概算定额，选用七-9 70063 子目，定额见表 5-42。计算过程见表 5-43，结果为 115.51 元/m。

第三步：长江大堤黏土劈裂灌浆工程单价为：84.48 + 115.51 = 199.99（元/m）。

表 5－40　　　　　　　　　　钻机钻土坝（堤）灌浆孔

适用范围：露天作业，垂直孔，孔深 50m 以内

工作内容：泥浆固壁钻进：固定孔位，准备，泥浆制备、运送、固壁、钻孔、记录、孔位转移

套管固壁钻进：固定孔位，准备，钻孔、下套管、拔套管、记录、孔位转移　单位：100m

项　　目	单位	泥浆固壁钻进	套管固壁钻进
工长	工时	24	36
高级工	工时	24	36
中级工	工时	34	50
初级工	工时	401	601
合计	工时	483	723
水	m³	800	
黏土	t	17	
合金钻头	个	1.5	2.5
合金片	kg	0.2	0.4
岩芯管	m	1.5	8.0
钻杆	m	1.5	2.0
钻杆接头	个	1.4	1.9
其他材料费	%	14	13
地质钻机 150 型	台时	52	77
灌浆泵 中压泥浆	台时	52	
泥浆搅拌机	台时	12	
其他机械费	%	5	5
编　　号		70061	70062

表 5－41　　　　　　　　　　建 筑 工 程 单 价 表

定额编号：70062　　　　　　钻机钻土坝（堤）灌浆孔　　　　　定额单位：100m

工作内容：固定孔位，准备，钻孔、下套管、拔套管、记录、孔位转移

序号	名称及规格	单位	数量	单价/元	合计/元
一	直接费				6630.24
（一）	基本直接费				6362.99
1	人工费				3423.38
	工长	工时	36	8.02	288.72
	高级工	工时	36	7.40	266.40
	中级工	工时	50	6.16	308.80
	初级工	工时	601	4.26	2560.26
2	材料费				322.50
	合金钻头	个	2.5	50.00	125.00
	合金片	kg	0.4	10.00	4.00
	岩芯管	m	8.0	12.00	96.00
	钻杆	m	2.0	15.00	30.00
	钻杆接头	个	1.9	16.00	30.40
	其他材料费	%	13	285.40	37.10

续表

序号	名称及规格	单位	数量	单价/元	合计/元
3	机械使用费				2617.11
	地质钻机　150型	台时	77	32.37	2392.49
	其他机械费	%	5	2492.49	124.62
（二）	其他直接费	%	4.2	6362.99	267.25
二	间接费	%	9.25	6630.24	613.30
三	利润	%	7	7243.54	507.05
四	材料补差				
五	税金	%	9	7750.59	697.55
六	单价合计				8448.14

表 5－42　　　　　土坝（堤）劈裂灌浆（灌黏土浆）　　　　　单位：100m

工作内容：检查钻孔、制浆、灌浆、劈裂观测、记录、复灌、封孔、孔位转移、质量检查

项　　目	单位	单位孔深干料灌入量（0.5t/m）			
		0.5	1.0	1.5	2.0
工长	工日	44	57	81	114
高级工	工日	71	90	131	183
中级工	工日	269	338	489	688
初级工	工日	551	682	971	1348
合计	工日	935	1167	1672	2333
水	m³	138	171	239	306
黏土	t	50	91	148	206
水玻璃	kg	300	450	750	1050
其他材料费	%	13	11	9	8
灌浆泵　中压泥浆	台时	33	48	80	113
泥浆搅拌机	台时	32	58	95	132
胶轮车	台时	50	99	146	181
其他机械费	%	5	5	5	5
编　　号		70063	70064	70065	70066

表 5－43　　　　　　　建 筑 工 程 单 价 表

定额编号：70063　　　　钻机钻土坝（堤）灌浆孔　　　　定额单位：100m

工作内容：检查钻孔、制浆、灌浆、劈裂观测、记录、复灌、封孔、孔位转移、质量检查

序号	名称及规格	单位	数量	单价/元	合计/元
一	直接费				9065.20
（一）	基本直接费				8699.81
1	人工费				4882.58
	工长	工时	44	8.02	35288.00
	高级工	工时	71	7.40	525.40
	中级工	工时	269	6.16	1657.04
	初级工	工时	551	4.26	2347.26

续表

序号	名称及规格	单位	数量	单价/元	合计/元
2	材料费				2055.47
	水	m³	138	0.50	69.00
	黏土	t	50	8.00	400.00
	水玻璃	kg	300	4.50	1350.00
	其他材料费	%	13	1819.00	236.47
3	机械使用费				1761.76
	灌浆泵　中压泥浆	台时	33	27.11	894.63
	泥浆搅拌机胶轮车	台时	50	0.90	45.00
	其他机械费	%	5	21677.87	83.89
（二）	其他直接费	%	4.2	8699.81	365.39
二	间接费	%	9.25	9065.20	838.53
三	利润	%	7	9903.73	693.26
四	材料补差				
五	税金	%	9	10596.99	953.73
六	单价合计				11550.72

任务八　疏浚工程和其他工程单价编制

任务描述：本任务介绍疏浚工程的项目划分、定额选用与使用注意事项及工程单价的编制程序，通过学习使学生掌握编制疏浚工程单价的基础方法。

一、疏浚工程项目划分和定额选用

1. 概述

疏浚工程项目包括疏浚工程和吹填工程。疏浚工程主要用于：河湖整治，内河航道疏浚，出海口门疏浚，湖、渠道、海边的开挖与清淤工程，以挖泥船应用最广泛。挖泥船按工作机构原理和输送方式的不同划分为机械式、水力式和气动式三大类，常用的机械式挖泥船有链斗式、抓斗式、铲斗式；水力式挖泥船有绞吸式、斗轮式、耙吸式、射流式及冲吸式等，以绞吸式运用最广泛。吹填施工的工艺流程是采用机械挖土，以压力管道输送泥浆至作业面，完成作业面上土颗粒沉积淤填。江河疏浚开挖经常与吹填工程相结合，这样可充分利用江河疏浚开挖的弃土对堤身两侧的池塘洼地作充填，进行堤基加固；吹填法施工不受雨天和黑夜的影响，能连续作业，施工效率高。在土质符合要求的情况下，也可用以堵口或筑新堤。

2. 定额使用注意事项

（1）定额计量单位。概算定额除注明者外，均按水下自然方计算。疏浚或吹填工程量应按设计要求计算，吹填工程陆上方应折算为水下自然方。在开挖过程中的超挖、回淤等因素均包括在定额内。在河道疏浚遇到障碍物清除时，应按实单独列项。

（2）熟悉土、砂分类。绞吸、链斗、抓斗、铲斗式挖泥船、吹泥船开挖水下方的泥土及粉细砂分为Ⅰ～Ⅶ类，中、粗砂各分为松散、中密、紧密三类。详见概算定额附录4土、砂分级表。水力冲挖机组的土类划分为Ⅰ～Ⅳ类，详见概算定额附录4中的水力冲挖机组土类划分表。

（3）绞吸式挖泥船、链斗式挖泥船及吹泥船均按名义生产率划分船型，抓斗式挖泥船按斗容划分船型。

（4）定额中的人工是指从事辅助工作的用工，如对排泥管线的巡视、检修、维护等。不包括绞吸式挖泥船及吹泥船岸管的安装、拆移及各排泥场（区）的围堰填筑和维护用工。

（5）绞吸式挖泥船的排泥管线长度是指自挖泥（砂）区中心至排泥（砂）区中心，浮筒管、潜管、岸管各管线长度之和。如所需排泥管线长度介于两定额子目之间时，应按"插入法"计算。

（6）在选用定额时，首先要认真阅读定额中该章说明及各节"注"中的系数及要求，再根据采用的施工方法、名义生产率（或斗容）、土（砂）级别正确选用定额子目。

二、其他工程项目划分和定额选用

1. 概述

其他工程项目主要包括围堰、公路、铁道等临时工程，以及塑料薄膜、土工布、土工膜、复合柔毡铺设和人工铺草皮等。

近年来，土工合成材料在水利工程中的反滤、排水和防渗中得到了广泛应用，土工复合材料是由两种或两种以上土工合成制品经复合或组合而成的材料。如土工膜与土工织物经加热滚压而成为各种复合土工膜。

（1）利用土工合成材料建造反滤层和排水体。

在水利工程中可采用的部位有：土石坝斜墙、心墙上下游侧的过渡层，坝体内竖式排水体，堤坝下游排水体，堤坝坡过滤层，铺盖下排水、排气层，岸墙、岸墩后排水体，水闸底板分缝和出流处保护体，排水管、减压井、农用井外包体等。作为反滤材料的土工织物应满足保土性、透水性和防堵性要求。

土工织物反滤层和排水体施工工序为平整碾压场地、织物备料、铺设、回填和表面防护。平整碾压场地应清除地面一切可能损伤土工织物的带尖棱硬物，填平坑凹，平整土面或修好坡面。

（2）利用土工合成材料进行防渗。

用于防渗的土工合成材料主要有土工膜及复合土工膜。用于土石堤、坝防渗的土工膜厚度不应小于0.5mm，对于重要工程应适当加厚。防渗土工膜应在上面设防护层、上垫层，在其下面设下垫层。

在水利水电工程中，可考虑采用土工膜防渗的部位有：堤、坝心墙或斜墙，堤、坝水平铺盖，堤、坝地基垂直防渗墙，土坝加高，堆石坝、面板坝、砌石坝、碾压混凝土坝的上游面防渗，渠道及水库防渗衬砌，水工隧洞防渗等。

土工膜防渗施工的基本工序：准备工作、铺设、拼接、质量检验和回填。土工膜在库底、池底铺设时，应借助拖拉机或人工进行滚放；在坡面上铺设时，应将卷材装在卷扬机上，自坡顶徐徐展放至坡底；坡顶、坡底处应埋入固定沟。

2. 使用定额注意事项

（1）塑料薄膜、土工膜、复合柔毡、土工布等定额仅指这些防渗（反滤）材料本身的铺设，不包括上面的保护层和下面的垫层砌筑。其定额计量单位是指设计有效防渗面积。

（2）临时工程定额中的材料数量均为备料量，未考虑周转回收。周转及回收量可按该临时工程使用时间参照表 5-44 所列材料使用寿命及残值进行计算。

表 5-44　　　　　　　　　　临时工程材料使用寿命及残值表

材料名称	使用寿命	残值/%
钢板桩	6 年	5
钢轨	12 年	10
钢丝绳（吊桥用）	10 年	5
钢管（风水管道用）	8 年	10
钢管（脚手架用）	10 年	10
阀门	10 年	5
卡扣件（脚手架用）	50 次	10
导线	10 年	10

三、疏浚工程和其他工程概算单价实例分析

【工程实例分析 5-10】

（1）项目背景：华东地区淮河河道某段清淤疏浚工程，采用绞吸式挖泥船进行施工，挖泥船的名义生产率为 200m³/h，河底土质为Ⅲ类可塑壤土，挖深为 6m，排泥管线长度为 400m。已知基本资料如下。

1）人工预算单价：中级工 6.16 元/工时，初级工 4.26 元/工时。

2）材料预算单价：柴油 6.5 元/kg。

3）机械台时费：挖泥船（200m³/h）857.61 元/艘时，浮筒管（ϕ400mm×7500mm）1.02 元/组时，岸管（ϕ400mm×6000mm）0.53 元/根时，拖轮（176kW）222.89 元/艘时，锚艇（88kW）124.17 元/艘时，机艇（88kW）127.04 元/艘时。

（2）工作任务：计算该河道疏浚工程概算单价。

（3）分析与解答。

第一步：确定取费费率。根据工程性质取：其他直接费率 4.2%，间接费费率 7.25%，企业利润率 7%，税金率 9%。

第二步：确定选用定额子目。根据工程性质、挖泥船的名义生产率（200m³/h）、土质类别及排泥管线长度，决定选用概算定额八-1 80205 子目，定额见表 5-45。

第三步：计算疏浚工程概算单价。把已知的人工预算单价、机械台时费及定额 80205 子目中的各项数据填入表 5-46 中，计算过程见表 5-46，疏浚工程概算单价结果为 6.31 元/m³（水下自然方）。

表 5-45　　　　　　　　绞吸式挖泥船（200m³/h，Ⅲ类土）　　　　　　　单位：10000m³

工作内容：固定船位，挖、排泥（砂），移浮筒管，施工区内作业面移位，配套船舶定位、行驶等及其他辅助工作

项　　目	单位	（Ⅲ类土）排泥管线长度/km							
		≤0.5	0.6	0.7	0.8	0.9	1.0	1.1	1.3
工长	工时								
高级工	工时								

项 目	单位	（Ⅲ类土）排泥管线长度/km							
		≤0.5	0.6	0.7	0.8	0.9	1.0	1.1	1.3
中级工	工时	31.1	32.6	34.1	36.0	37.9	40.1	42.5	48.8
初级工	工时	46.6	48.9	51.3	54.0	56.8	60.1	63.8	73.1
合计	工时	77.7	81.5	85.4	90.0	94.7	100.2	106.3	121.9
挖泥船 200m³/h	艘时	44.11	46.32	48.53	51.17	53.82	56.90	60.43	69.26
浮筒管 φ400mm×7500mm	组时	1176	1235	1294	1365	1435	1518	1612	1847
岸管 φ400mm×6000mm	根时	2205	3088	4044	5117	6279	7586	9065	12697
拖轮 176 kW	艘时	11.03	11.58	12.13	12.79	13.46	14.23	15.10	17.31
锚艇 88 kW	艘时	13.23	13.89	14.56	15.35	16.14	17.07	18.13	20.77
机艇 88 kW	艘时	14.55	15.29	16.01	16.89	17.76	18.77	19.94	22.85
其他机械费	%	4	4	4	4	4	4	4	4
编 号		80205	80206	80207	80208	80209	80210	80211	80212

注 1. 基本排高 6m，每增（减）1m，定额乘（除）以 1.015。

2. 最大挖深 10m；基本挖深 6m，每增 1m，定额增加系数 0.03。

表 5-46　　　　　　　　　　　建 筑 工 程 单 价 表

定额编号：80205　　　　　　疏浚工程　　　　　定额单位：10000m³（水下自然方）

工作内容：固定船位，挖、排泥（砂），移浮筒管，配套船舶定位、行驶及其他辅助工作

序号	名称及规格	单位	数量	单价/元	合计/元
一	直接费				50415.10
（一）	基本直接费				48383.01
1	人工费				390.10
	中级工	工时	31.10	6.16	191.58
	初级工	工时	46.60	4.26	198.52
2	机械使用费				47992.91
	挖泥船 200m³/h	艘时	44.11	857.61	37829.18
	浮筒管 φ400mm×7500mm	组时	1176	1.02	1199.52
	岸管 φ400mm×6000mm	根时	2205	0.53	1168.65
	拖轮 176kW	艘时	11.03	222.89	2458.48
	锚艇 88kW	艘时	13.23	124.17	1642.77
	机艇 88kW	艘时	14.55	127.04	1848.43
	其他机械费	%	4	46147.03	1845.88
（二）	其他直接费	%	4.2	48383.01	2032.09
二	间接费	%	7.25	50415.10	3655.09
三	利润	%	7	54070.19	3784.91
四	材料补差				
五	税金	%	9	57855.10	5206.96
六	单价合计				63062.06

【工程实例分析 5-11】

（1）项目背景：某土坝位于华东地区，其坝面反滤层采用土工布铺设，坝面边坡为 1:2.5。已知基本资料为：①人工预算单价，工长 11.55 元/工时，中级工 8.90 元/工时，初级 6.13 工元/工时；②材料预算价格：土工布 3.50 元/m²。

（2）工作任务：计算该工程土工布铺设概算单价。

（3）分析与解答。

第一步：根据工程性质确定取费费率，因该工程属枢纽工程中的其他工程，故取其他直接费率 7%，间接费费率 10.5%，企业利润率 7%，税金率 9%。

第二步：根据工程特点选用概算定额九-14 90069 子目，定额见表 5-47。

第三步：计算概算单价。计算过程见表 5-48，结果为 6.69 元/m²（有效防渗面积）。

表 5-47   土 工 布 铺 设

使用范围：土石坝、围堰的反滤层

工作内容：场内运输、铺设、接缝（针缝）　　　　　　　　　　　　　　　　单位：100m²

项　目	单位	平铺	斜　铺		
			边　坡		
			1:2.5	1:2.0	1:1.5
工长	工时	1	1	1	1
高级工	工时				
中级工	工时	2	2	3	3
初级工	工时	10	12	12	14
合计	工时	13	15	16	18
土工布	m²	107	107	107	107
其他材料费	%	2	2	2	2
编　号		90068	90069	90070	90071

表 5-48   建 筑 工 程 单 价 表

定额编号：90069　　　　　　　　土 工 布 铺 设　　　　　　　　定额单位：100m²

工作内容：场内运输、铺设、接缝（针缝）

序号	名称及规格	单位	数量	单价/元	合计/元
一	直接费				518.84
（一）	基本直接费				484.90
1	人工费				102.91
	工长	工时	1	11.55	11.55
	中级工	工时	2	8.90	17.80
	初级工	工时	12	6.13	73.56
2	材料费				381.99
	土工布	m²	107	3.50	374.50
	其他材料费	%	2	374.50	7.49
（二）	其他直接费	%	7	484.90	33.94

序号	名称及规格	单位	数量	单价/元	合计/元
二	间接费	％	10.5	518.84	54.48
三	利润	％	7	573.32	40.13
四	材料补差				
五	税金	％	9	613.45	55.21
六	单价合计				668.66

任务九　设备安装工程单价编制

任务描述：本任务介绍了设备安装工程定额的表现形式、装置性材料的概念及设备安装工程单价的组成与计算程序，通过学习使学生掌握编制设备安装工程单价的基础方法。

一、设备安装工程概算定额简介

1. 定额形式

现行《水利水电设备安装工程概算定额》（简称"设备安装概算定额"）包括水轮机安装、水轮发电机安装、大型水泵安装、进水阀安装、水力机械辅助设备安装、电气设备安装、变电站设备安装、通信设备安装、起重设备安装、闸门安装、压力钢管制作及安装、附录，共55节、659个子目。本定额是采用实物量定额和以设备原价为计算基础的安装费率定额两种表现形式，其中以实物量定额为主（占97.1％）。由于定额表现形式不同，其单价计算方法也有所不同。

2. 安装费内容的组成

安装工程概算定额中所列安装费包括设备安装费和构成工程实体的装置性材料的安装费，由人工费、材料费和机械使用费及装置性材料费组成。编制安装工程概算单价时应按规定计算其他直接费、间接费、利润、材料补差、未计价装置性材料费和税金。

二、安装工程概算单价计算方法

1. 以实物量形式表现的定额

以实物量形式表现的安装工程定额，其安装工程单价的计算方法及程序见表5-49。

表 5-49　　　　　　　以实物量形式安装工程单价计算程序表

序号	费用名称	计 算 方 法
一	直接费	（一）＋（二）
（一）	基本直接费	1＋2＋3
1	人工费	∑定额劳动量（工时）×人工预算单价（元/工时）
2	材料费	∑定额材料用量×材料预算价格
3	机械使用费	∑定额机械使用量（台时）×定额台时费（元/台时）
（二）	其他直接费	（一）×其他直接费用率（％）
二	间接费	人工费×间接费费率（％）
三	利润	（一＋二）×利润率（％）

续表

序号	费用名称	计 算 方 法
四	材料补差	（材料预算价格－材料基价）×材料消耗量
五	未计价装置性材料费	∑未计价装置性材料用量×材料预算单价
六	税金	（一＋二＋三＋四＋五）×税率（%）
七	安装工程单价合计	一＋二＋三＋四＋五＋六

注　机电、金属结构设备安装工程的间接费以人工费作为计算基础。

2. 以安装费率形式表现的定额

安装费率是以安装费占设备原价的百分率形式表示的定额。定额中给定了人工费、材料费和机械使用费各占设备费的百分比。

以安装费率形式表现的定额，其安装工程单价计算方法及程序见表 5-50。

表 5-50　　　　　　安装费率表示的安装工程单价计算程序表

序 号	费 用 名 称	计 算 方 法
一	直接费/%	（一）＋（二）
（一）	基本直接费/%	1＋2＋3＋4
1	人工费/%	定额人工费率（%）
2	材料费/%	定额材料费率（%）
3	装置性材料费/%	定额装置性材料费率（%）/1.13
4	机械使用费/%	定额机械使用费率（%）
（二）	其他直接费/%	基本直接费（%）×其他直接费费率之和（%）
二	间接费/%	人工费（%）×间接费费率（%）
三	利润/%	［直接费（%）＋间接费（%）］×利润率（%）
四	税金/%	［直接费（%）＋间接费（%）＋利润（%）］×税率（%）
五	安装工程单价/%	直接费（%）＋间接费（%）＋利润（%）＋税金（%）
六	安装工程单价/元	安装工程单价（%）×设备费

注　进口设备安装费率应按现行概算定额的费率予以调整，计算公式为

进口设备安装费率＝同类型国产设备安装费率×国产设备原价/进口设备原价

3. 安装工程单价计算表格式

安装工程单价采用表 5-51 格式计算。

表 5-51　　　　　　　　安 装 工 程 单 价 表

定额编号：　　　　　　　　　项目：　　　　　　　　定额单位：

型号规格：

编号	名　称	单位	数量	单价/元	合计/元

三、装置性材料的确定

1. 装置性材料的概念

装置性材料本身属于材料，但又是被安装的对象，安装后构成工程的实体。

装置性材料可分为主要装置性材料和次要装置性材料。凡是在概算定额各项目中作为主要安装对象的材料，即为主要装置性材料，如轨道、管路、电缆、母线、一次拉线、接地装置、保护网、滑触线等。其余的为次要装置性材料，如轨道的垫板、螺栓电缆支架、母线之金具等。

　　主要装置性材料在安装工程概算定额中，一般作未计价材料，须按设计提供的规格、数量和工地材料预算计算其费用（另加定额规定的损耗率），如果没有足够的设计资料，可参考安装工程概算定额附录2～附录11确定主要装置性材料耗用量（已包括损耗在内）；次要装置性材料因品种多、规模小且价值也较低，已计入概算定额中，在编制概算时不必另计。

　　2. 设备与工器具和装置性材料的划分

　　设备与工器具主要按单项价值划分。凡单项价值为500元或在500元以上者作为设备；否则作为工器具。

　　设备与装置性材料的划分原则如下：

　　（1）制造厂成套供货范围的部件、备品备件、设备体腔内定量填物（如透平油、变压器油、六氟化硫气等）均作为设备，其价值进入设备费。

　　透平油的作用是散热、润滑、传递受力，主要用在水轮机、发电机的油槽内，调速器及油压装置内，进水阀本体的操作机构、油压装置内。

　　变压器油的作用是散热、绝缘和灭电弧。主要使用在变压器、所有的油浸变压器、油浸电抗器、所有带油的互感器、油断路器、消弧线卷、大型实验变压器内。其油款在设备出厂价内。

　　（2）不论是成套供货还是现场加工或零星购置的储气罐、阀门、盘用仪表、机组本体上的梯子、平台和栏杆等均作为设备，不能因供货来源不同而改变设备性质。

　　（3）如管道和阀门构成设备本体部件时，应作为设备；否则应作为材料。

　　（4）随设备供应的保护罩、网门等已计入相应设备出厂价格内时，应作为设备；否则应作为材料。

　　（5）电缆和管道的支吊架、母线、金属、金具、滑触线和架、屏盘的基础型钢、钢轨、石棉板、穿墙隔板、绝缘子、一般用保护网、罩、门、梯子、栏杆和蓄电池架等，均作为材料。

　　（6）设备喷锌费用应列入设备费。

　　四、安装工程单价计算实例分析

　　【工程实例分析5-12】

　　（1）项目背景：某水电站工程位于华东地区县城以外，该工程的发电岔洞采用平板焊接闸门，每扇闸门自重为9t。已知：人工预算单价为，工长11.55元/工时，高级工10.67元/工时，中级工8.90元/工时，初级工6.13元/工时。机械台时费为门式起重机（10t）205.85元/台时，电焊机（20～30kVA）13.22元/台时。材料预算价格见表5-52。

　　（2）工作任务：计算该工程的发电岔洞平板焊接闸门的安装工程概算单价。

　　（3）分析与解答。

　　第一步：分析基本资料，确定取费费率，由项目背景得知该工程地处华东地区，水电站项目的工程性质属于枢纽工程，故其他直接费率取7.7%，间接费率取75%，利润率为

7%，税金率取9%。查主要材料基价表得汽油基价为3.075元/kg。

表 5 - 52 材料预算价格汇总表

编号	名称及规格	单位	预算价格	编号	名称及规格	单位	预算价格
1	钢板	kg	4.20	7	汽油 70 号	kg	6.00
2	氧气	m³	3.00	8	油漆	kg	15.60
3	乙炔气	m³	12.80	9	棉纱头	kg	48.00
4	黄油	kg	5.50	10	电焊条	kg	7.00
5	型钢	kg	4.00	11	橡胶板	kg	7.80
6	木材	m³	1800.00	12	电	kW·h	0.60

第二步：根据工程性质和工作任务情况，定额选用安装工程概算定额十－1 10001 子目，定额见表 5 - 53。

表 5 - 53 平 板 焊 接 闸 门 安 装

项　　目	单位	每扇闸门自重/t				
		≤10	≤20	≤40	≤60	≤80
工长	工时	5	5	4	4	4
高级工	工时	26	23	21	21	22
中级工	工时	45	42	36	36	40
初级工	工时	26	23	21	21	22
合计	工时	102	93	82	82	88
钢板	kg	3.0	3.4	3.2	3.5	3.9
电焊条	kg	3.9	4.5	4.2	4.6	5.1
氧气	m³	1.8	2.0	1.9	2.1	2.4
乙炔气	m³	0.8	0.9	0.9	0.9	1.0
汽油 70 号	kg	2.0	2.2	2.1	2.3	2.6
油漆	kg	2.0	2.2	2.1	2.3	2.6
棉纱头	kg	0.8	0.9	0.9	1.0	1.1
其他材料费	%	16	16	16	16	16
门式起重机 10t	台时	0.8	0.8	1.2	1.3	1.4
电焊机 20～30kVA	台时	2.8	3.0	4.0	4.4	4.7
其他机械费	%	10	10	10	10	10
定额编号		10001	10002	10003	10004	10005

第三步：计算平板焊接闸门的安装工程概算单价。将定额编号为 10001 的内容及已知的人工预算单价、施工机械台时费价格填入表 5 - 54 中进行计算，计算结果为 2383.02 元/t。

【工程实例分析 5 - 13】

（1）项目背景：某大型排灌站工程位于华东地区一河道上，已知该工程采用的水泵泵型为竖轴轴流泵，水泵自重 18t，转轮叶片为全调节方式。人工预算单价为，工长 11.55 元/工时，高级工 10.67 元/工时，中级工 8.90 元/工时，初级工 6.13 元/工时。机械台时费：桥式起重机（20t）50.34 元/台时，电焊机（20～30kVA）13.22 元/台时，车床（ϕ400～600mm）20.67 元/台时，刨床 B650 10.91 元/台时，摇臂钻床（ϕ50mm）15.04 元/台时。材料预算价格见表 5-52。

表 5-54　　　　　安装工程单价表

定额编号：10001　　　　　　　　闸门安装工程　　　　　　　　　　定额单位：t

闸门类型：9t 平板焊接闸门

编号	名称及规格	单位	数量	单价/元	合价/元
一	直接费				1366.67
（一）	基本直接费				1268.96
1	人工费				894.80
（1）	工长	工时	5	11.55	57.50
（2）	高级工	工时	26	10.67	277.42
（3）	中级工	工时	45	8.90	400.50
（4）	初级工	工时	26	6.13	159.38
2	材料费				152.29
（1）	钢板	kg	3.0	4.20	12.60
（2）	电焊条	kg	3.9	7.00	27.30
（3）	氧气	m³	1.8	3.00	5.40
（4）	乙炔气	m³	0.8	12.80	10.24
（5）	汽油 70 号	kg	2.0	3.075	6.15
（6）	油漆	kg	2.0	15.60	31.20
（7）	棉沙头	kg	0.8	48.00	38.40
（8）	其他材料费	%	16	131.29	21.00
3	机械使用费				221.87
（1）	门式起重机 10t	台时	0.8	205.85	164.68
（2）	电焊机 20～30kVA	台时	2.8	13.22	37.02
（3）	其他机械费	%	10	201.70	20.17
（二）	其他直接费	%	7.7	1268.96	97.71
二	间接费	%	75	894.80	671.10
三	利润	%	7	2037.77	142.64
四	材料补差（汽油）	kg	2.0	6-3.075	5.85
五	未计价装置性材料费				
六	税金	%	9	2186.26	196.76
七	安装工程单价合计				2383.02

（2）工作任务：计算该排灌站工程的水泵安装工程单价。

（3）分析与解答。

第一步：分析基本资料，确定取费费率，由项目背景得知该工程地处华东地区，大型排灌站工程项目的性质属于枢纽工程，故其他直接费率取 7.7%，间接费率取 75%，利润率为

7%，税金率取 11%。

第二步：根据工程性质和工作任务情况，定额选用部颁安装工程概算定额三-1 03002 子目，定额见表 5-55。

表 5-55　　　　　　　　　　　　**水　泵　安　装**

工作内容：(1) 埋设部分（包括冲淤真空阀、泵座等部件）的预埋，与混凝土流道连接的吊座、人孔及止水等部分的埋件安装

　　　　　(2) 水泵本体安装及顶车系统等随机供应的附件、器具、测试仪表、管路附件的安装

　　　　　(3) 水泵与电动机的联轴调整　　　　　　　　　　　　　　　　　单位：台

项　目	单位	设 备 自 重 /t				
		12	18	25	30	35
工长	工时	192	286	375	439	502
高级工	工时	940	1374	1801	2108	2412
中级工	工时	2388	3492	4578	5356	6130
初级工	工时	392	573	751	878	1005
合计	工时	3916	5725	7505	8781	10049
钢板	kg	63	108	132	148	162
型钢	kg	102	173	213	237	260
电焊条	kg	33	54	67	74	82
氧气	m³	70	119	146	163	179
乙炔气	m³	32	54	65	73	80
汽油 70 号	kg	30	51	62	70	77
油漆	kg	17	29	35	38	44
橡胶板	kg	14	23	30	33	37
木材	m³	0.3	0.4	0.4	0.5	0.6
电	kW·h	550	940	1160	1300	1420
其他材料费	%	20	20	20	20	22
桥式起重机 25t	台时	35	54	59	59	59
电焊机 20～30kVA	台时	27	60	64	70	70
车床 φ400～600mm	台时	27	54	60	60	60
刨床 B650	台时	21	38	43	43	43
摇臂钻床 φ50mm	台时	21	33	38	38	38
其他机械费	%	16	16	16	16	18
定额编号		03001	03002	03003	03004	03005

注　1. 本节定额以"台"为计量单位，按全套设备自重选用。

　　2. 本节定额适用于混流式、轴流式、贯流式等泵型的竖轴或横轴水泵的安装，按转轮叶片为半调节方式考虑，如采用全调节方式，人工应乘以 1.05 系数。

第三步：计算水泵的安装工程单价。将定额编号为 03002 的内容及已知的人工预算单价、施工机械台时费价格填入表 5-56 中进行计算，计算结果为 132818.97 元/台。

表 5 - 56　　　　　　　　　**安 装 工 程 单 价 表**

定额编号：03002　　　　　　　　　水泵安装工程　　　　　　　　定额单位：台

设备型号：轴流式水泵自重18t，转轮叶片为全调节方式

编号	名称及规格	单位	数量	单价/元	合价/元
一	直接费				72354.01
（一）	基本直接费				67181.07
1	人工费				55182.93
（1）	工长	工时	286×1.05	11.55	3468.47
（2）	高级工	工时	1374×1.05	10.67	15393.61
（3）	中级工	工时	3492×1.05	8.90	32632.74
（4）	初级工	工时	573×1.05	6.13	3688.11
2	材料费				5573.32
（1）	钢板	kg	108	4.20	453.60
（2）	型钢	kg	173	4.00	692.00
（3）	电焊条	kg	54	7.00	378.00
（4）	氧气	m³	119	3.00	357.00
（5）	乙炔气	m³	54	12.80	691.20
（6）	汽油70号	kg	51	3.075	156.83
（7）	油漆	kg	29	15.60	452.40
（8）	橡胶板	kg	23	7.80	179.40
（9）	木材	m³	0.4	1800.00	720.00
（10）	电	kW·h	940	0.60	564.00
（11）	其他材料费	%	20	4644.43	928.89
3	机械使用费				6424.82
（1）	桥式起重机20t	台时	54	50.34	2718.36
（2）	电焊机20～30kVA	台时	60	13.22	793.20
（3）	车床φ400～600mm	台时	54	20.67	1116.18
（4）	刨床B650	台时	38	10.91	414.58
（5）	摇臂钻床φ50mm	台时	33	15.04	496.32
（6）	其他机械费	%	16	5538.64	886.18
（二）	其他直接费	%	7.7	67181.07	5172.94
二	间接费	%	75	55182.93	41387.20
三	利润	%	7	113741.21	7961.88
四	材料补差（汽油）	kg	51	6-3.075	149.18
五	未计价装置性材料费				
六	税金	%	9	121852.27	10966.70
七	安装工程单价合计				132818.97

项 目 学 习 小 结

本项目主要讲述了建筑与安装工程概算单价的组成与计算程序，各类建筑、安装工程概算单价编制方法及使用定额的注意事项。

建筑、安装工程概算单价编制的主要依据为水利部发布的《水利工程设计概（估）算编制规定》（水总〔2014〕429 号）、水利部办公厅关于印发《水利工程营业税改征增值税计价依据调整办法》的通知（办水总〔2016〕132 号）、《水利部办公厅关于调整水利工程计价依据增值税计算标准的通知》（办财务函〔2019〕448 号）及现行的水利工程、水利水电设备安装工程定额。

熟悉工程单价的概念及其组成内容，应熟练掌握建筑工程概算单价的计算程序。在计算各类工程概算单价时，应明确工程的性质、类别及所在地区，这是确定费率标准的前提。

在编制土方工程单价时，应注意定额计量单位的统一，土方开挖、运输、翻晒的定额单位为自然方，土方填筑的定额单位为实方；计算土方填筑综合单价时应将自然方折算成实方。另外，还应注意定额中其他材料费、零星材料费、其他机械费的计算基数。

在编制石方开挖工程单价时，一定要根据施工组织设计确定的施工方法、运输线路、建筑物施工部位的岩石级别和设计开挖断面正确选用定额。因石方运输是石方开挖定额中的一项内容，为避免重复计算，石方运输单价只计算到定额基本直接费。

在编制砌筑工程单价时，应按不同工程项目、施工部位及施工方法来套用相应定额进行计算。当砂、碎石（砾石）、块石、料石等材料为外购时，若其预算价格超过 70 元/m³ 时，只能按 70 元/m³ 进入工程单价，超过部分按材料补差方式计取。

在编制混凝土工程单价时，应重点掌握现浇混凝土单价的编制。现浇混凝土工程单价包括混凝土拌制、运输和浇筑单价，由于混凝土拌制和混凝土运输是混凝土浇筑定额中的一项内容，故混凝土拌制及运输单价只计算到定额基本直接费。

在编制模板工程单价时，模板制作单价只计算定额直接费；当概算定额中嵌套有"模板"这项内容时，计算"其他材料费"时，其计算基数不包括"模板"本身的价值。

在编制钻孔灌浆工程单价时，其综合工程单价为钻孔工程单价与灌浆工程单价之和。

安装工程单价编制方法有以实物量形式表现的定额的安装工程单价和以安装费率形式表现的定额的安装工程单价两种。其中以安装费率表示的安装工程单价中，人、材、机计算是以设备原价为基础计算的。

装置性材料是指本身属于材料，但又作为被安装的对象，安装后构成工程实体的材料。装置性材料分为未计价装置性材料和已计价装置性材料。未计价装置性材料（即主要装置性材料）本身的价值未包括在定额内。

职 业 技 能 训 练 五

一、单选题

1. 采用现行部颁水利建筑工程概（预）算定额进行土石方工程单价分析时，要注意开挖与填筑定额的单位，前者是自然方，后者是（　　）。

A. 自然方   B. 成品方   C. 松方   D. 压实方

2. 某导流洞设计开挖直径为 2m，洞长 100m，规范允许超挖 10cm，则洞挖石方预算工程量为（   ）m^3。

A. 392   B. 380   C. 346   D. 314

3. 根据现行部颁定额，帷幕、固结、高压摆喷灌浆按（   ）计算工程量。

A. 按灌浆面积   B. 实耗浆量

C. 按阻水面积   D. 按设计灌浆长度

4. 松散碎石较松散卵石的孔隙率大，当以卵石为粗骨料的配比在不改变强度要求的情况下，以碎石取代卵石拌制混凝土时，水泥用量会（   ）。

A. 增加   B. 减少   C. 不变   D. 无实际意义

5. 根据现行部颁规定，设备安装工程的间接费以（   ）为计算基数。

A. 直接工程费   B. 直接费   C. 人工费   D. 现场经费

二、多选题

1. 建筑及安装工程费组成内容包括（   ）。

A. 直接费   B. 间接费   C. 利润

D. 税金   E. 直接工程费

2. 按照现行部颁规定，基本直接费包括（   ）。

A. 人工费   B. 现场经费   C. 材料费

D. 机械使用费   E. 其他直接费

3. 按现行部颁定额，洞挖石方运输当有洞内外运输时，套用定额应当为（   ）。

A. 洞内运输部分，套用"洞内"定额基本运距子目

B. 洞内运输部分，套用"洞内"定额基本运输子目及"增运"子目

C. 洞外运输部分，套用"露天"定额基本运距子目

D. 洞外运输部分，套用"露天"定额的增运子目

E. 洞外运输部分，套用"露天"定额基本运输子目及"增运"子目

4. 采用现行部颁定额进行工程单价分析时，现浇混凝土单价一般包括（   ）工序。

A. 混凝土拌制   B. 混凝土运输   C. 混凝土浇筑

D. 钢筋制作安装   E. 模板制作安装

5. 按现行部颁规定，下列（   ）材料为装置性材料。

A. 机组本体上的梯子、平台和栏杆   B. 电缆头

C. 滑触线   D. 电缆   E. 管道用的支吊架

三、判断题

1. 根据概预算定额，砂砾（卵）石开挖和运输按Ⅲ类土计算。   （   ）

2. 岩石级别是影响石方开挖工效的主要因素。   （   ）

3. 石料场征地费应计入堆石坝堆石料填筑工程单价内。   （   ）

4. 某水闸底板混凝土按 90d 龄期设计强度等级为 C20，折算为 28d 龄期时强度等级换算系数为 0.77，则应按 C15 强度等级混凝土配合比材料用量计算闸底板混凝土材料费。

                                                                （   ）

5. 现行部颁安装工程定额，采用安装费率和实物量两种形式。   （   ）

四、计算题

1. 项目背景：某干堤加固整治工程位于华东地区，土堤填筑设计工程量 17 万 m³，施工组织设计为：土料场覆盖层清除（Ⅱ类土）2 万 m³，用 88kW 推土机推运 30m，清除单价基本直接费为 2.50 元/m³，土料开采用 2m³ 挖掘机装Ⅲ类土，12t 自卸汽车运 6km 上堤进行土料填筑，土料压实用 74kW 推土机推平，8～12t 羊足碾压实，设计干密度 17kN/m³，天然干密度 14.5kN/m³。已知基本资料如下。

（1）人工预算单价：根据工程性质自行查找。

（2）机械台时费：2m³ 液压挖掘机 215.00 元/台时；59kW、74kW、132kW 推土机台时费各为 59.64 元/台时、87.96 元/台时、155.91 元/台时；12t 自卸汽车 102.53 元/台时；8～12t 羊足碾 2.92 元/台时，74kW 拖拉机 62.78 元/台时，2.8kW 蛙夯机 13.67 元/台时，刨毛机 53.83 元/台时。

工作任务：试计算该工程土堤填筑综合概算单价。

2. 项目背景：某枢纽工程位于华东地区，其一般石方开挖工程采用风钻钻孔爆破施工，1m³ 液压挖掘机装 8t 自卸汽车运 2.5km 弃渣，岩石级别为Ⅺ级。

已知基本资料如下。

（1）人工预算单价：根据工程性质自行查找。

（2）材料预算价格：合金钻头 55 元/个，炸药 5.0 元/kg，电雷管 1.2 元/个，导电线 0.6 元/m，柴油 6.50 元/kg，电 0.60 元/(kW·h)。

（3）机械台时费：查部颁《水利工程施工机械台时费定额》（2002）自行计算。

工作任务：试计算石方开挖运输综合单价。

3. 项目背景：某水闸工程位于华东地区，其挡土墙采用 M10 浆砌块石施工，M10 砂浆的配制为 32.5（R）水泥 305kg、砂 1.10m³、水 0.183m³。所有砂石料均需外购。已知基本资料如下。

（1）人工预算单价为：根据工程性质自行查找。

（2）材料预算价格：32.5（R）普通水泥 300 元/t，块石 75 元/m³，砂 45 元/m³，施工用水 0.5 元/m³。

（3）机械台时费：砂浆搅拌机（0.4m³）19.89 元/台时，胶轮车 0.90 元/台时。

工作任务：试计算浆砌石工程单价。

4. 项目背景：某水电站位于华北地区，其地下厂房混凝土衬砌厚度为 1.0m，厂房宽度为 22m，采用 32.5（R）普通水泥，水灰比为 0.44 的 C25 二级配泵用掺外加剂混凝土，用 2×1.5m³ 混凝土搅拌楼拌制，10t 自卸汽车露天运 500m，洞内运 1000m，转 30m³/h 混凝土泵入仓浇注。已知基本资料如下。

（1）人工预算单价：根据工程性质自行查找。

（2）材料预算价格：32.5（R）普通水泥 300 元/t，碎石 45 元/m³，粗砂 35 元/m³，外加剂 40 元/kg，水 0.5 元/m³。

（3）机械台时费：30m³/h 混凝土泵 91.70 元/台时，1.1kW 振动棒 2.02 元/台时，风水枪 20.94 元/台时，10t 自卸汽车 88.5 元/台时，2×1.5m³ 搅拌楼 215.91 元/台时，骨料系统 97.9 元/组时，水泥系统 144.4 元/组时。

工作任务：试计算该混凝土浇筑综合工程单价。

5. 项目背景：某引水工程位于华东地区县城以下，其排架单根立柱横断面为 0.2m²，采用 C25 混凝土浇筑。已知基础资料如下。

（1）人工预算单价为：根据工程性质自行查找。

（2）材料预算单价：C25 混凝土材料单价为 215 元/m³。

（3）机械台时费：振动器（1.1kW）2.14 元/台时，风水枪 22.96 元/台时。

（4）混凝土的拌制单价：16.78 元/m³，混凝土的运输单价：3.79 元/m³（注：混凝土的拌制和运输单价已计取过其他直接费、间接费、利润、材料补差和税金）。

（5）所用定额见表 5-57。

表 5-57　　　　　　　　　　　　　拱　排　架　　　　　　　　　　　　单位：100m³

适用范围：渡槽、桥梁

项　目	单位	拱		排　架		
				单根立柱横断面面积		
		肋拱	板拱	0.2	0.3	0.4
工长	工时	26.9	19.4	25.8	22.6	20.2
高级工	工时	80.6	58.2	77.5	67.9	60.7
中级工	工时	510.7	368.8	491.1	430.2	384.5
初级工	工时	277.7	200.6	267.1	234.0	209.1
合计	工时	895.9	647.0	861.5	754.7	674.5
混凝土	m³	103	103	105	105	105
水	m³	122	122	187	167	127
其他材料费	%	3	3	3	3	3
振动器 1.1kW	台时	46.2	46.2	47.12	47.12	38.13
风水枪	台时	2.10	2.10	2.14	2.14	2.14
其他机械费	%	20	20	20	20	20
混凝土的拌制	m³	103	103	105	105	105
混凝土的运输	m³	103	103	105	105	105
编　号		40078	40079	40080	40081	40082

工作任务：试计算该排架混凝土浇筑单价。

6. 项目背景：某枢纽工程位于华东地区，其混凝土墙采用平面木模板立模。已知基本资料如下。

（1）人工预算单价：根据工程性质自行查找。

（2）材料预算价格：锯材 2000.00 元/m³，铁件 6.50 元/kg，预制混凝土柱 320.00 元/m³，电焊条 7.00 元/kg，汽油 6.50 元/kg，电 0.60 元/(kW·h)。

（3）机械台时费：查部颁《水利工程施工机械台时费定额》（2002）自行计算。

工作任务：试计算模板制作与安装综合工程单价。

7. 项目背景：某挡水建筑物位于华东地区，其基础为土质地基，土质级别为Ⅲ级，基础防渗采用混凝土防渗墙，混凝土防渗墙设计厚度为 30cm，孔深 13.5m。采用液压开槽机开槽。已知基本资料如下。

（1）人工预算单价：根据工程性质自行查找。

（2）材料预算价格：枕木 2150.00 元/m³，钢材 6.50 元/kg，碱粉 4.50 元/kg，黏土 8.00 元/t，胶管 3.50 元/m，水 0.50 元/m³，水下混凝土 280.00 元/m³，钢导管 7.00 元/kg，橡皮板 2.80 元/kg，锯材 1600 元/m³，汽油 4.80 元/kg，电 0.60 元/(kW·h)。

（3）机械台时费：查部颁《水利工程施工机械台时费定额》（2002）自行计算。

工作任务：试计算混凝土防渗墙浇筑综合单价。

8. 项目背景：某河道位于华东地区，其堤基加固采用吹填加固的施工方法，吹泥船型号为 80m³/h，排泥管线长度为 350.0m，河底土质为Ⅲ类可塑壤土，已知基本资料如下。

（1）人工预算单价：根据工程性质自行查找。

（2）材料预算价格：柴油 4.50 元/kg。

（3）机械台时费：查部颁《水利工程施工机械台时费定额》（2002）自行计算。

工作任务：试计算其吹填工程单价。

项目六 概 算 文 件 编 制

项目描述：设计概算属于基本建设的"三算"之一，是初步设计文件的重要组成部分，对于工程投资控制起到重要作用，因此掌握编制概算文件的方法具有重要意义。本项目旨在介绍工程概算文件编制的依据和编制程序、概算文件的组成、各部分概算编制、总概算编制等学习内容。通过对本项目的学习，使学生具备计算各项目的工程量、编制各部分费用表和总概算表的初始能力。

项目学习目标：掌握设计概算文件的组成，熟悉工程总概算表及其他概算表的编制，理解工程总造价的含义。

项目学习重点：各部分概算编制。

项目学习难点：各项目工程量的计算。

任务一 设计总概算编制依据及编制程序

任务描述：本任务介绍设计概算编制依据、设计概算文件编制程序，通过学习使学生掌握编制设计概算文件的基础知识。

一、设计概算编制依据

（1）国家及省（自治区、直辖市）颁发的有关法令法规、制度、规程。

（2）水利工程设计概（估）算编制规定。

（3）水利行业主管部门颁发的概算定额和有关行业主管部门颁发的定额。

（4）水利水电工程设计工程量计算规定。

（5）初步设计文件及图纸。

（6）有关合同协议及资金筹措方案。

（7）其他。

二、设计概算文件编制程序

1. 准备工作

（1）了解工程概况，即了解工程位置、规模、枢纽布置、地质、水文情况、主要建筑物的结构形式和主要技术数据、施工总体布置、施工导流、对外交通条件、施工进度及主体工程施工方案等。

（2）拟定工作计划，确定编制原则和依据；确定计算基础价格的基本条件和参数；确定所采用的定额标准及有关数据；明确各专业提供的资料内容、深度要求和时间；落实编制进度及提交最后成果的时间；编制人员分工安排和提出计划工作量。

（3）调查研究、收集资料。主要了解施工砂、石、土料储量、级配、料场位置、料场内外交通运输条件、开挖运输方式等。搜集物资、材料、税务、交通及设备价格资料，调查新技术、新工艺、新材料的有关价格等。

2. 计算基础单价

基础单价是建安工程单价计算的依据和基本要素之一。应根据收集到的各项资料，按工程所在地编制年价格水平，执行上级主管部门有关规定分析计算。

3. 划分工程项目、计算工程量

按照水利水电基本建设项目划分的规定将项目进行划分，并按水利水电工程量计算规定计算工程量。设计工程量就是编制概算的工程量。合理的超挖、超填和施工附加量及各种损耗和体积变化等均已按现行规范计入有关概算定额，设计工程量中不再另行计算。

4. 套用定额计算工程单价

在上述工作的基础上，根据工程项目的施工组织设计、现行定额、费用标准和有关设备价格，分别编制工程单价。

5. 编制工程概算

根据工程量、设备清单、工程单价和费用标准分别编制各部分概算。

6. 进行工、料、机分析汇总

将各工程项目所需的人工工时和费用，主要材料数量和价格，使用机械总数及台时，进行统计汇总。

7. 汇总总概算

各部分概算投资计算完成后，即可进行总概算汇总，主要内容如下：

（1）汇总建筑工程、机电设备及安装工程、金属结构设备及安装工程、施工临时工程和独立费用五部分投资。

（2）编制总概算表，填写各部分投资之后，再依次计算基本预备费、价差预备费、建设期还贷利息，最终计算静态总投资和总投资。

8. 进行复核、编写概算编制说明及装订整理

最后编写编制说明并将校核、审定后的概算成果一同装订成册，形成设计概算文件。

任务二　设计概算文件组成内容

任务描述：本任务介绍设计概算文件各部分组成内容，通过学习使学生对概算文件的组成有一个整体认识。

概算文件包括设计概算报告（正件）、附件、投资对比分析报告。

一、概算正件组成内容

（一）编制说明

1. 工程概况

工程概况是初步设计报告内容的概括介绍，主要包括流域、河系、工程兴建地点、对外交通条件、工程规模、工程效益、工程布置形式、主体建筑工程量、主要材料用量、施工总工期、施工总工期、施工平均人数和高峰人数、资金筹措情况和投资比例等。

2. 主要投资指标

工程静态总投资和总投资，年度价格指数，基本预备费费率，建设期融资额度、利率和利息等。

3. 编制原则和依据

(1) 概算编制原则和依据。

(2) 人工预算单价，主要材料，施工用电、水、风、砂石料等基础单价的计算依据。

(3) 主要设备价格的编制依据。

(4) 费用计算标准及依据。

(5) 工程资金筹措方案。

4. 概算编制中其他应说明的问题

主要说明概算编制方面的遗留问题，影响今后投资变化的因素，以及对某些问题的处理意见，或其他必要的说明等。

5. 主要技术经济指标表

以表格形式反映工程规模，主要建筑物及设备型号、主要工程量、主要材料及人工消耗量等主要技术指标。

(二) 工程概算总表

工程概算总表应汇总工程部分、建设征地移民补偿、环境保护工程、水土保持工程总概算表。

(三) 工程部分概算表和概算附表

1. 概算表

(1) 工程部分总概算表。

(2) 建筑工程概算表。

(3) 机电设备及安装工程概算表。

(4) 金属结构设备及安装工程概算表。

(5) 施工临时工程概算表。

(6) 独立费用概算表。

(7) 分年度投资表。

(8) 资金流量表（枢纽工程）。

2. 概算附表

(1) 建筑工程单价汇总表。

(2) 安装工程单价汇总表。

(3) 主要材料预算价格汇总表。

(4) 次要材料预算价格汇总表。

(5) 施工机械台时费汇总表。

(6) 主要工程量汇总表。

(7) 主要材料量汇总表。

(8) 工时数量汇总表。

(9) 建设及施工场地征用数量汇总表

二、概算附件组成内容

(1) 人工预算单价计算表。

(2) 主要材料运输费用计算表。

(3) 主要材料价格计算表。

（4）施工用电价格计算书（附计算说明）。

（5）施工用水价格计算书（附计算说明）。

（6）施工用风价格计算书（附计算说明）。

（7）补充定额计算书。

（8）补充施工机械台时费计算书。

（9）砂石料单价计算书。

（10）混凝土材料单价计算表。

（11）建筑工程单价表。

（12）安装工程单价表。

（13）主要设备运杂费率计算书（附计算说明）。

（14）临时房屋建筑工程投资计算书（附计算说明）。

（15）独立费用计算书（勘测设计费可另附计算书）。

（16）分年度投资表。

（17）资金流量计算表。

（18）价差预备费计算表。

（19）建设期融资利息计算书（附计算说明）。

（20）计算人工、材料、设备预算价格和费用依据的有关文件、询价报价资料及其他。

三、投资对比分析报告

应从价格变动、项目及工程量调整、国家政策性变化等方面进行详细分析，说明初步设计阶段与可行性研究阶段（或可行性研究阶段与项目建议书阶段）相比较的投资变化原因和结论，编写投资对比分析报告。工程部分报告应包括以下表格。

（1）总投资对比表。

（2）主要工程量对比表。

（3）主要材料和设备价格对比表。

（4）其他相关表格。

投资对比分析报告应汇总工程部分、建设征地移民补偿、环境保护、水土保持各部分对比分析内容。

注：

（1）设计概算报告（正件）、投资对比分析报告可单独成册，也可作为初步设计报告（设计概算章节）的相关内容。

（2）设计概算附件宜单独成册，并应随初步设计文件报审。

（3）编制概算小数点后位数取定方法：基础单价、工程单价为"元"，计算结果精确到小数点后两位；第一至第五部分概算表、分年度概算表及总概算表单位为"万元"，计算结果精确到小数点后两位；计量单位为"m""m²""m³"的工程量精确到整数位。

任务三　分部工程概算编制

任务描述：本任务介绍建筑工程概算编制、机电设备及安装工程概算编制、金属结构设备及安装工程概算编制、施工临时工程概算编制、独立费用概算编制五个部分知识。通过学习使学生掌握分部工程概算文件编制的方法。

一、建筑工程概算编制

（一）建筑工程投资计算方法

水利水电建设项目概算中的第一部分建筑工程和第四部分临时工程中均有建筑工程。根据我国现行的概算制度规定，计算工程投资的方法有单价法（工程量乘单价法）、指标法（工程量乘指标法）、公式法、百分率法。

1. 单价法

单价法即工程量乘以单价的方法。工程单价是指完成三级项目（如土方开挖、混凝土浇筑、钢筋、帷幕灌浆等）单位工程量所需直接费、间接费、企业利润、税金的价值。直接费中的人工、材料、机械费金额，需逐项按定额规定的数量分别乘以相应的预算价格求得。工程单价用单价表的格式计算。

$$某三级项目的投资＝工程量×工程单价 \tag{6-1}$$

2. 指标法

指标法即工程量乘以指标的方法。指标是指完成某单位项目（一般为二级项目，如 1km 公路、$1m^2$ 房屋等）所需的直接费、间接费、企业利润、税金的价值。指标一般不需逐项计算人工、材料、机械费金额，而是参照有关资料分析后确定。

例如，某工程的对外公路为四级公路，全长 5km，修建工程费每公里的投资为 10 万元，则该公路的投资为

$$10×5＝50(万元)$$

3. 公式法或百分率法

水利工程建设项目概算第四部分第四项"办公生活及文化福利建筑"应按规定的公式计算其投资。

概算第四部分第六项"其他大型临时工程"应采用以第一至第四部分建安工作量（不包括其他大型临时工程）为基数，乘以规定的百分率的方法计算其金额。

上述四种方法的使用原则是：主体工程及临时工程中的导流工程应采用工程量乘单价法，以保证概算的精确度；次要项目可用工程量乘指标法计算；属于包干使用的项目可以用公式法或百分率法计算。

（二）工程量的计算

工程概算是以工程量乘工程单价来计算的，因此工程量是编制工程概算的基本要素之一，它是以物理计量单位或自然计算单位表示的各项工程和结构构件的数量。其计算单位一般是以公制度量单位，如长度（m）、面积（m^2）、体积（m^3）、重量（kg）等，以及以自然单位如"个""台""套"等表示。工程量计算准确与否，是衡量设计概算质量好坏的重要标志之一，所以概算人员除应具有本专业的知识外，还应当具有一定的水工、施工、机电、金属结构等专业知识，掌握工程量计算的基本要求、计算方法和计算规则。按照概算编制有关规定，正确处理各类工程量。在编制概算时，概算人员应认真查阅主要设计图纸，对各专业提供的设计工程量逐次核对，凡不符合概算编制要求的应及时向设计人员提出修正，切忌不能照抄使用，力求准确可靠。

1. 工程量计算的基本原则

(1) 工程项目的设置。工程项目的设置必须与概算定额子目划分相适应。例如，土石方开挖工程应按不同土壤、岩石类别分别列项；土石方填筑应按土方、堆石料、反滤层、垫层料等分列。再如钻孔灌浆工程，一般概算定额将钻孔、灌浆单列，因此，在计算工程量时钻孔、灌浆也应分开计算。

(2) 计量单位。工程量的计量单位要与定额子目的单位一致。有的工程项目的工程量可以用不同的计量单位表示，如喷混凝土，既可以用 m^2 表示也可以用 m^3 表示；混凝土防渗可以用阻水面积（m^2）表示也可以用进尺（m）和混凝土浇筑方量（m^3）来表示。因此，设计提供的工程量单位要与选用的定额单位相一致；否则应按有关规定进行换算，使其一致。

(3) 工程量计算。

1) 设计工程量。设计工程量是指在不同设计阶段编制概预算的工程量，就是按照建筑物和工程的设计几何轮廓尺寸计算的图纸工程量乘以设计工程量阶段系数而计算出的数量。大中型水利水电工程项目建议书、可行性研究和初步设计阶段的设计工程量计算按照现行《水利水电工程设计工程量计算规定》（SL 328—2005）执行，小型工程可参照执行。项目建议书、可行性研究和初步设计阶段的系数见表 6-1，招标设计和施工图设计阶段的系数可参照初步设计阶段的系数并适当缩小，一般情况下，施工图设计阶段系数可取 1.00，即设计工程量就是图纸工程量。

表 6-1　　　　　　　　水利水电工程设计工程量阶段系数表

类别	设计阶段	土石方开挖工程量/万 m³				混凝土工程量/万 m³			
		>500	200~500	50~200	<50	>300	100~300	50~100	<50
永久工程或建筑物	项目建议书	1.03~1.05	1.05~1.07	1.07~1.09	1.09~1.11	1.03~1.05	1.05~1.07	1.07~1.09	1.09~1.11
	可行性研究	1.02~1.03	1.03~1.04	1.04~1.06	1.06~1.08	1.02~1.03	1.03~1.04	1.04~1.06	1.06~1.08
	初步设计	1.01~1.02	1.02~1.03	1.03~1.04	1.04~1.05	1.01~1.02	1.02~1.03	1.03~1.04	1.04~1.05
施工临时工程	项目建议书	1.05~1.07	1.07~1.10	1.10~1.12	1.12~1.15	1.05~1.07	1.07~1.10	1.10~1.12	1.12~1.15
	可行性研究	1.04~1.06	1.06~1.08	1.08~1.10	1.10~1.13	1.04~1.06	1.06~1.08	1.08~1.10	1.10~1.13
	初步设计	1.02~1.04	1.04~1.06	1.06~1.08	1.08~1.10	1.02~1.04	1.04~1.06	1.06~1.08	1.08~1.10
金属结构工程	项目建议书								
	可行性研究								
	初步设计								

类别	设计阶段	土石方填筑、砌石工程量/万 m³				钢筋	钢材	模板	灌浆
		>500	200~500	50~200	<50				
永久工程或建筑物	项目建议书	1.03~1.05	1.05~1.07	1.07~1.09	1.09~1.11	1.08	1.06	1.11	1.16
	可行性研究	1.02~1.03	1.03~1.04	1.04~1.06	1.06~1.08	1.06	1.05	1.08	1.15
	初步设计	1.01~1.02	1.02~1.03	1.03~1.04	1.04~1.05	1.03	1.03	1.05	1.10
施工临时工程	项目建议书	1.05~1.07	1.07~1.10	1.10~1.12	1.12~1.15	1.10	1.10	1.12	1.18
	可行性研究	1.04~1.06	1.06~1.08	1.08~1.10	1.10~1.13	1.08	1.08	1.09	1.17
	初步设计	1.02~1.04	1.04~1.06	1.06~1.08	1.08~1.10	1.05	1.05	1.06	1.12

续表

类别	设计阶段	土石方填筑、砌石工程量/万 m³				钢筋	钢材	模板	灌浆
		>500	200～500	50～200	<50				
金属结构工程	项目建议书						1.17		
	可行性研究						1.15		
	初步设计						1.10		

注 1. 若采用混凝土立模面系数乘以混凝土工程量计算模板工程量时，不应再考虑模板阶段系数。

2. 若采用混凝土含钢率或含钢量乘以混凝土工程量计算钢筋工程量时，不应再考虑钢筋阶段系数。

3. 截流工程的工程量阶段系数可取 1.25～1.35。

4. 表中工程量系工程总工程量。

2）施工超挖、超填量及施工附加量。在水利水电工程施工中一般不允许欠挖，为保证建筑物的设计尺寸，施工中允许一定的超挖量；而施工附加量系指为完成本项工程而必须增加的工程量，如土方工程中的取土坑、实验坑、隧洞工程中的为满足交通、放炮要求而设置的内错车道、避炮洞以及下部扩挖所需增加的工程量；施工超填量是指由于施工超挖及施工附加相应增加的回填工程量。现行概算定额已按有关施工规范计入合理的超挖量、超填量和施工附加量，故采用概算定额编制概（估）算时，工程量不应计算这三项工程量。预算定额中均未计入这三项工程量，因此，采用预算定额编制概（估）算单价时，其开挖工程和填筑工程的工程量应按开挖设计断面和有关施工技术规范所规定的加宽及增放坡度计算。

3）施工损耗量。施工损耗量包括运输及操作损耗、体积变化损耗及其他损耗。运输及操作损耗量是指土石方、混凝土在运输及操作过程中的损耗。体积变化损耗量是指土石方填筑工程中的施工期沉陷而增加的数量，混凝土体积收缩而增加的工程数量等。其他损耗量包括土石方填筑工程施工中的削坡，雨后清理损失数量，钻孔灌浆工程中混凝土灌注桩桩头的浇筑凿除及混凝土防渗墙一期、二期接头重复造孔和混凝土浇筑等增加的工程量。

现行概算定额对这几项损耗已按有关规定计入相应定额之中，而预算定额未包括混凝土防渗墙接头处理所增加的工程量，因此，采用不同的定额编制工程单价时应仔细阅读有关定额说明，以免漏算或重算。

2. 永久工程建筑工程量计算

（1）土石方工程量计算。土石方开挖工程量，应根据设计开挖图纸，按不同土壤和岩石类别分别进行计算，石方开挖工程应将明挖、槽挖、水下开挖、平洞、斜井和竖井开挖等分别计算。

土石方填筑工程量，应根据建筑物设计断面中的不同部位及其不同填筑材料的设计要求分别进行计算，其沉陷量应包括在内，以建筑物实体方计量。

（2）砌石工程量计算。砌石工程量应按建筑物设计图纸的几何轮廓尺寸，以"建筑成品方"计算。砌石工程量应将干砌石和浆砌石分开。干砌石应按干砌卵石、干砌块石，同时还应按建筑物或构筑物的不同部位及形式，如护坡（平面、曲面）、护底、基础、挡土墙、桥墩等分别计列；浆砌石按浆砌块石、卵石、条料石，同时尚应按不同的建筑物（浆砌石拱圈明渠、隧洞、重力坝）及不同的结构部位分项计列。

（3）混凝土及钢筋混凝土工程量计算。混凝土及钢筋混凝土工程量的计算应根据建筑物的不同部位及混凝土的设计强度等级分别计算。

钢筋及埋件、设备基础螺栓孔洞工程量应按设计图纸所示的尺寸并按定额计量单位计算，如大坝的廊道、钢管道、通风井、船闸侧墙的输水道等，应扣除孔洞所占体积。

　　计算地下工程（如隧洞、竖井、地下厂房等）混凝土的衬砌工程量时，若采用水利建筑工程概算定额，应以设计断面的尺寸为准；若采用预算定额，计算衬砌工程量时应包括设计衬砌厚度加允许超挖部分的工程，但不包括允许超挖范围以外增加超挖所充填的混凝土量。

　　(4) 钻孔灌浆工程量。钻孔工程量按实际钻孔深度计算，计量单位为 m。计算钻孔工程量时，应按不同岩石类别分项计算，混凝土钻孔一般按 X 类岩石级别计算。

　　灌浆工程量从基岩面起计算，计算单位为 m 或 m²。计算工程量时，应按不同岩层的不同单位吸水率或单位干料耗量分别计算。

　　隧洞回填灌浆，其工程量计算范围一般在顶拱中心角 90°～120°范围内的拱背面积计算，高压管道回填灌浆按钢管外径面积计算工程量。

　　混凝土防渗墙工程量。若采用概算定额，按设计的阻水面积计算其工程量，计量单位为 m²。

　　(5) 模板工程量计算。在编制概（预）算时，模板工程量应根据设计图纸及混凝土浇筑分缝图计算。在初步设计之前没有详细图纸时，可参考概算定额附录 9 "水利工程混凝土建筑物立模面系数参考表"的数据进行估算，即模板工程量＝相应工程部位混凝土概算工程量×相应的立模面系数（m²）。立模面系数是指每单位混凝土（100m³）所需的立模面积（m²）。立模面系数与混凝土的体积、形状有关，也就是与建筑物的类型和混凝土的工程部位有关。

　　(6) 土工合成材料工程量计算。土工合成材料工程量宜按设计铺设面积或长度计算，不应计入材料搭接及各种形式嵌固的用量。

　　3. 施工临时工程建筑工程量计算

　　(1) 施工导流工程工程量计算要求与永久水工建筑物计算要求相同，其中永久与临时结合的部分应计入永久工程量中，阶段系数按施工临时工程计取。

　　(2) 施工支洞工程量应按永久水工建筑物工程量计算要求计算，阶段系数按施工临时工程计取。

　　(3) 大型施工设施及施工机械布置所需土建工程量，按永久建筑物的要求计算工程量，阶段系数按施工临时工程计取。

　　(4) 施工临时公路的工程量可根据相应设计阶段施工总平面布置图或设计提出的运输线路分等级计算公路长度或具体工程量。

　　(5) 施工供电线路工程量可按设计的线路走向、电压等级和回路数计算。

　　(三) 建筑工程概算编制

　　建筑工程按主体建筑工程、交通工程、房屋建筑工程、供电设施工程、其他建筑工程分别采用不同的方法编制。

　　1. 主体建筑工程

　　(1) 主体建筑工程概算按设计工程量乘以工程单价进行编制。

　　(2) 主体建筑工程量应遵照《水利水电工程设计工程量计算规定》，按项目划分要求，计算到三级项目。

（3）当设计对混凝土施工有温控要求时，应根据温控措施设计，计算温控措施费用，也可以经过分析确定指标后，按建筑物混凝土方量进行计算。

（4）细部结构工程。参照水工建筑工程细部结构指标表确定，见表 6 - 2。

表 6 - 2   水工建筑工程细部结构指标表

项目名称	混凝土重力坝、重力拱坝、宽缝重力坝、支墩坝	混凝土双曲拱坝	土坝、堆石坝	水闸	冲砂闸、泄洪闸	进水口、进水塔	溢洪道	隧洞
单位	元/m³（坝体方）			元/m³（混凝土）				
综合指标	16.2	17.2	1.15	48	42	19	18.1	15.3
项目名称	竖井、调压井	高压管道	电（泵）站地面厂房	电（泵）站地下厂房	船闸	倒虹吸、暗渠	渡槽	明渠（衬砌）
单位	元/m³（混凝土）							
综合指标	19	4	37	57	30	17.7	54	8.45

注 1. 表中综合指标包括多孔混凝土排水管、廊道木模制作与安装、止水工程（面板坝除外）、伸缩缝工程、接缝灌浆管路、冷却水管路、栏杆、照明工程、爬梯、通气管道、排水工程、排水渗井钻孔及反滤料、坝坡踏步、孔洞钢盖板、厂房内上下水工程、防潮层、建筑钢材及其他细部结构工程。

2. 表中综合指标仅包括基本直接费内容。

3. 改扩建及加固工程根据设计确定细部结构工程的工程量。其他工程，如果工程设计能够确定细部结构工程的工程量，可按设计工程量乘以工程单价进行计算，不再按表 6 - 2 指标计算。

2. 交通工程

交通工程投资按设计工程量乘以单价进行计算，也可根据工程所在地区造价指标或有关实际资料，采用扩大单位指标编制。

3. 房屋建筑工程

（1）永久房屋建筑。

1）用于生产、办公的房屋建筑面积，由设计单位按有关规定结合工程规模确定，单位造价指标根据当地相应建筑造价水平确定。

2）值班宿舍及文化福利建筑的投资按主体建筑工程投资的百分率计算。

枢纽工程：

投资≤50000 万元   1.0%～1.5%；

50000 万元＜投资≤100000 万元   0.8%～1.0%；

投资＞100000 万元   0.5%～0.8%；

引水工程   0.4%～0.6%；

河道工程   0.4%。

注：投资小或工程位置偏远者取大值；反之取小值。

3）除险加固工程（含枢纽、引水、河道工程）、灌溉田间工程的永久房屋建筑面积由设计单位根据有关规定结合工程建设需要确定。

（2）室外工程投资。一般按房屋建筑工程投资的 15%～20% 计算。

4. 供电设施工程

供电设施工程根据设计的电压等级、线路架设长度及所需配备的变配电设施要求，采用工程所在地区造价指标或有关实际资料计算。

5. 其他建筑工程

(1) 安全监测设施工程，指属于建筑工程性质的内外部观测设施。安全监测工程项目投资应按设计资料计算。如无设计资料时，可根据坝型或其他工程形式，按照主体建筑工程投资的百分率计算。

当地材料坝 0.9%～1.1%；

混凝土坝 1.1%～1.3%；

引水式电站（引水建筑物） 1.1%～1.3%；

堤防工程 0.2%～0.3%。

(2) 照明线路、通信线路等三项工程投资按设计工程量乘以单价或采用扩大单位指标编制。

(3) 其余各项按设计要求分析计算。

二、机电设备及安装工程概算编制

机电设备及安装工程投资由设备费和安装工程费两部分组成。

（一）设备费计算

设备费包括设备原价、运杂费、运输保险费和采购保管费。

1. 设备原价

(1) 国产设备。以出厂价为原价，非定型和非标准产品（如闸门、拦污栅、压力钢管等）采用与厂家签订的合同价或询价。

(2) 进口设备。以到岸价和进口征收的关税、增值税、手续费、商检费及港口费等各项费用之和为原价。到岸价采用与厂家签订的合同价或询价计算，税金和手续费等按规定计算。

(3) 自行加工设备。自行加工制作的设备参照有关定额计算价格，但不低于外购价格。

2. 运杂费

运杂费是指设备由厂家运至工地安装现场所发生的一切运杂费用。主要包括运输费、调车费、装卸费、包装绑扎费、大型变压器充氮费以及其他可能发生的杂费。在运输过程中应考虑超重、超高、超宽所增加的费用，如铁路运输的特殊车辆费、公路运输的桥涵加宽和路面拓宽所需费用。设备运杂费分主要设备运杂费和其他设备运杂费。

(1) 国产设备运杂费。分主要设备和其他设备，均按占设备原价的百分率计算。

1) 主要设备运杂费率见表 6-3。

表 6-3　　　　　　　　　　　主要设备运杂费费率表　　　　　　　　　　%

设备分类		铁　路		公　路		公路直达基本费率
		基本运距1000km	每增运500km	基本运距100km	每增运20km	
水轮发电机组		2.21	0.30	1.06	0.15	1.01
主阀、桥机		2.99	0.50	1.85	0.20	1.33
主变压器	120000kVA 及以上	3.50	0.40	2.80	0.30	1.20
	120000kVA 以下	2.97	0.40	0.92	0.15	1.20

注　设备由铁路直达或铁路、公路联运时，分别按里程求得费率后叠加计算；如果设备由公路直达，应按公路里程计算费率后，再加公路直达基本费率。

2）其他设备运杂费费率，见表6-4。

表6-4 其他设备运杂费费率表

类别	适 用 地 区	费率/%
Ⅰ	北京、天津、上海、江苏、浙江、江西、安徽、湖北、湖南、河南、广东、山西、山东、河北、陕西、辽宁、吉林、黑龙江等省（直辖市）	3～5
Ⅱ	甘肃、云南、贵州、广西、四川、重庆、福建、海南、宁夏、内蒙古、青海等省（自治区、直辖市）	5～7

注 工程地点距铁路线近者费率取小值，远者取大值。新疆、西藏地区的设备运杂费率可视具体情况另行确定。

（2）进口设备国内段运杂费率，可按国产设备运杂费率乘以相应国产设备原价占进口设备原价的比例系数计算

3．运输保险费

按有关规定计算。

4．采购及保管费

按设备原价、运杂费之和的 0.7% 计算。

5．运杂综合费率

运杂综合费率＝运杂费费率＋(1＋运杂费费率)×采购及保管费费率＋运输保险费费率

上述运杂综合费率，适用于计算国产设备运杂费。进口设备的国内段运杂综合费率，按国产设备运杂综合费率乘以相应国产设备原价占进口设备原价的比例系数进行计算（即按相应国产设备价格计算运杂综合费率）。

6．交通工具购置费

交通工具购置费指工程竣工后，为保证建设项目初期生产管理单位正常运行必须配备的车辆和船只所产生的费用。

交通设备数量应由设计单位按有关规定，结合工程规模确定，设备价格根据市场情况结合国家有关政策确定。

无设计资料时，可按表6-5方法计算。除高原、沙漠地区外，不得用于购置进口、豪华车辆。灌溉田间工程不计此项费用。

计算方法：以第一部分建筑工程投资为基数，按表6-5的费率，以超额累进方法计算。简化计算公式为：第一部分建筑工程投资×该档费率＋辅助参数。

表6-5 交通工具购置费费率表

第一部分建筑工程投资/万元	费率/%	辅助参数/万元
10000 及以内	0.50	0
10000～50000	0.25	25
50000～100000	0.10	100
100000～200000	0.06	140
200000～500000	0.04	180
500000 以上	0.02	280

（二）安装工程费

安装工程投资按设备数量乘以安装单价进行计算。

三、金属结构设备及安装工程概算编制

编制方法同第二部分机电设备及安装工程。

四、施工临时工程概算编制

（一）导流工程

导流工程按设计工程量乘以工程单价进行计算。

（二）施工交通工程

施工交通工程按设计工程量乘以工程单价进行计算，也可根据工程所在地区造价指标或有关实际资料，采用扩大单位指标编制。

（三）施工场外供电工程

根据设计的电压等级、线路架设长度及所需配备的变配电设施要求，采用工程所在地区造价指标或有关实际资料计算。

（四）施工房屋建筑工程

施工房屋建筑工程包括施工仓库和办公、生活及文化福利建筑两部分。施工仓库，指为工程施工而临时兴建的设备、材料、工器具等仓库；办公、生活及文化福利建筑，指施工单位、建设单位、监理单位及设计代表在工程建设期所需的办公用房、宿舍、招待所和其他文化福利设施等房屋建筑工程。

不包括列入临时设施和其他施工临时工程项目内的电、风、水，通信系统，砂石料系统，混凝土拌和及浇筑系统，木工、钢筋、机修等辅助加工厂，混凝土预制构件厂，混凝土制冷、供热系统，施工排水等生产用房。

1. 施工仓库

建筑面积由施工组织设计确定，单位造价指标根据当地相应建筑造价水平确定。

2. 办公、生活及文化福利建筑

（1）枢纽工程，按下列公式计算：

$$I = \frac{AUP}{NL} K_1 K_2 K_3 \qquad (6-2)$$

式中　I——房屋建筑工程投资；

　　　A——建安工作量，按工程第一至第四部分建安工作量（不包括办公用房、生活及文化福利建筑和其他施工临时工程）之和乘以（1＋其他施工临时工程百分率）计算；

　　　U——人均建筑面积综合指标，按 $12\sim15\text{m}^2$/人标准计算；

　　　P——单位造价指标，参考工程所在地区的永久房屋造价指标（元/m^2）计算；

　　　N——施工年限，按施工组织设计确定的合理工期计算；

　　　L——全员劳动生产率，一般按 80000～120000 元/(人·年)；施工机械化程度高取大值，反之取小值；采用掘进机施工为主的工程全员劳动生产率应适当提高；

　　　K_1——施工高峰人数调整系数，取 1.10；

　　　K_2——室外工程系数，取 1.10～1.15，地形条件差的可取大值，反之取小值；

　　　K_3——单位造价指标调整系数，按不同施工年限，采用表 6-6 中的调整系数。

（2）引水工程按第一至第四部分建安工作量的百分率计算（表 6-7）。

一般饮水工程取中上限，大型饮水工程取下限。

表 6-6 单位造价指标调整系数表

工期	2年以内	2～3年	3～5年	5～8年	8～11年
系数	0.25	0.40	0.55	0.70	0.80

表 6-7 引水工程施工房屋建筑工程费率表

工期	百分率	工期	百分率
≤3年	1.5%～2.0%	>3年	1.0%～1.5%

掘进机施工隧洞工程按表中费率乘以 0.5 的调整系数。

（3）河道工程按第一至第四部分建安工作量的百分率计算（表 6-8）。

表 6-8 河道工程施工房屋建筑工程费率表

工期	百分率	工期	百分率
≤3年	1.5%～2.0%	>3年	1.0%～1.5%

（五）其他施工临时工程

其他施工临时工程按工程第一至第四部分建安工作量（不包括其他施工临时工程）之和的百分率计算。

（1）枢纽工程为 3.0%～4.0%。

（2）引水工程为 2.5%～3.0%。一般引水工程取下限，隧洞、渡槽等大型建筑物较多的引水工程、施工条件复杂的引水工程取上限。

（3）河道工程为 0.5%～1.5%。灌溉田间工程取下限，建筑物较多、施工排水量大或施工条件复杂的河道工程取上限。

五、独立费用概算编制

（一）建设管理费

1. 枢纽工程

枢纽工程建设管理费以第一至第四部分建安工作量为计算基数，按表 6-9 的费率，以超额累进方法计算。

表 6-9 枢纽工程建设管理费费率表

第一至第四部分建安工作量/万元	费率/%	辅助参数/万元
50000 及以内	4.5	0
50000～100000	3.5	500
100000～200000	2.5	1500
200000～500000	1.8	2900
500000 以上	0.6	8900

简化计算公式为：第一至第四部分建安工作量×该档费率＋辅助参数（下同）。

2. 引水工程

引水工程建设管理费以第一至第四部分建安工作量为计算基数，按表 6-10 的费率，以超额累进方法计算。原则上应按整体工程投资统一计算，工程规模较大时可分段计算。

表 6 - 10 引水工程建设管理费费率表

第一至第四部分建安工作量/万元	费率/%	辅助参数/万元
50000 及以内	4.2	0
50000～100000	3.1	550
100000～200000	2.2	1450
200000～500000	1.6	2650
500000 以上	0.5	8150

3. 河道工程

河道工程建设管理费以第一至第四部分建安工作量为计算基数，按表 6 - 11 的费率，以超额累进方法计算。原则上应按整体工程投资统一计算，工程规模较大时可分段计算。

表 6 - 11 河道工程建设管理费费率表

第一至第四部分建安工作量/万元	费率/%	辅助参数/万元
10000 及以内	3.5	0
10000～50000	2.4	110
50000～100000	1.7	460
100000～200000	0.9	1260
200000～500000	0.4	2260
500000 以上	0.2	3260

（二）工程建设监理费

按照国家发展和改革委员会颁发的《建设工程监理与相关服务收费管理规定》发改价格〔2007〕670 号及其他相关规定执行。

（三）联合试运转费

费用指标见表 6 - 12。

表 6 - 12 联合试运转费用指标表

水电站工程	单机容量/万 kW	≤1	≤2	≤3	≤4	≤5	≤6	≤10	≤20	≤30	≤40	>40
	费用/(万元/台)	6	8	10	12	14	16	18	22	24	32	44
泵站工程	电力泵站	50～60 元/kW										

（四）生产准备费

1. 生产及管理单位提前进厂费

（1）枢纽工程按第一至第四部分建安工程量的 0.15％～0.35％计算，大（1）型工程取小值，大（2）型工程取大值。

（2）引水工程视工程规模参照枢纽工程计算。

（3）河道工程、除险加固工程、田间工程原则上不计此项费用。若工程含有新建大型泵站、泄洪闸、船闸等建筑物，按建筑物投资参照枢纽工程计算。

2. 生产职工培训费

按第一至第四部分建安工作量的 0.35％～0.55％计算。枢纽工程、引水工程取中上限，河道工程取下限。

3. 管理用具购置费

（1）枢纽工程按第一至第四部分建安工作量的 0.04%～0.06%计算，大（1）型工程取小值，大（2）型工程取大值。

（2）引水工程按建安工作量的 0.03%计算。

（3）河道工程按建安工作量的 0.02%计算。

4. 备品备件购置费

按占设备费的 0.4%～0.6%计算。大（1）型工程取下限，其他工程取中上限。

注：

（1）设备费应包括机电设备、金属结构设备以及运杂费等全部设备费。

（2）电站、泵站同容量、同型号机组超过一台时，只计算一台的设备费。

5. 工器具及生产家具购置费

按占设备费的 0.1%～0.2%计算。枢纽工程取下限，其他工程取中上限。

（五）科研勘测设计费

1. 工程科学研究试验费

按工程建安工作量的百分率计算。其中：枢纽和引水工程取 0.7%；河道工程取 0.3%。灌溉田间工程一般不计此项费用。

2. 工程勘测设计费

项目建议书、可行性研究阶段的勘测设计费及报告编制费：执行国家发展和改革委员会颁布的《水利、水电工程建设项目前期工作工程勘察收费标准》（发改价格〔2006〕1352 号）和原国家计委颁布的《建设项目前期工作咨询收费暂行规定》（计价格〔1999〕1283 号）。

初步设计、招标设计及施工图设计阶段的勘测设计费：执行原国家计委、建设部颁布的《工程勘察设计收费标准》（计价格〔2002〕10 号）。

应根据所完成的相应勘测设计工作阶段确定工程勘测设计费，未发生的工作阶段不计相应阶段勘测设计费。

（六）其他

1. 工程保险费

按工程第一至第四部分投资合计的 4.5‰～5.0‰计算，田间工程原则上不计此项费用。

2. 其他税费

按国家有关规定计取。

任务四　分年度投资及资金流量

任务描述：本任务介绍分年度投资及资金流量知识，通过学习使学生掌握分年度投资及资金流量计算的方法。

一、分年度投资

分年度投资是根据施工组织设计确定的施工进度和合理工期而计算出的工程各年度预计完成的投资额。

1．建筑工程

（1）建筑工程分年度投资表应根据施工进度的安排，对主要工程按各单项工程分年度完成的工程量和相应的工程单价计算。对于次要的和其他工程，可根据施工进度，按各年所占完成投资的比例，摊入分年度投资表。

（2）建筑工程分年度投资的编制可视不同情况按项目划分列至一级项目或二级项目，分别反映各自的建筑工程量。

2．设备及安装工程

设备及安装工程分年度投资应根据施工组织设计确定的设备安装进度计算各年预计完成的设备费和安装费。

3．施工临时工程

除施工导流工程应在工程施工进度安排的相应时段计算外，其余工程一般均应在工程施工准备期内计算。

4．独立费用

根据费用的性质和费用发生的时段，按相应年度分别进行计算。

二、资金流量

资金流量是为满足工程项目在建设过程中各时段的资金需求，按工程建设所需资金投入时间计算的各年度使用的资金量。资金流量表的编制以分年度投资表为依据，按建筑及安装工程、永久设备工程和独立费用三种类型分别计算。

1．建筑及安装工程资金流量

（1）建筑工程可根据分年度投资表的项目划分，考虑一级项目中的主要工程项目，以归项划分后各年度建筑工作量作为计算资金流量的依据。

（2）资金流量是在原分年度投资的基础上，考虑预付款、预付款的扣回、保留金和保留金的偿还等编制出的分年度资金安排。

（3）预付款一般可划分为工程预付款和工程材料预付款两部分。

1）工程预付款按划分的单个工程项目的建安工作量的 10％～20％计算，工期在 3 年以内的工程全部安排在第一年，工期在 3 年以上的可安排在前两年。工程预付款的扣回从完成建安工作量的 30％起开始，按完成建安工作量的 20％～30％扣回至预付款全部回收完毕为止。对于需要购置特殊施工机械设备或施工难度较大的项目，工程预付款可取大值，其他项目取中值或小值。

2）工程材料预付款。水利工程一般规模较大，所需材料的种类及数量较多，提前备料所需资金较大，因此可考虑向施工企业支付一定数量的材料预付款。可按分年度投资中次年完成建安工作量的 20％在本年提前支付，并于次年扣回，依此类推，直至本项目竣工。

（4）保留金。水利工程的保留金，按建安工作量的 2.5％计算。在计算概算资金流量时，按分项工程分年度完成建安工作量的 5％扣留至该项工程全部建安工作量的 2.5％时终止（即完成建安工作量的 50％时），并将所扣的保留金 100％计入该项工程终止后一年（如该年已超出总工期，则此项保留金计入工程的最后一年）的资金流量表内。

2．永久设备工程资金流量

永久设备工程资金流量的计算，划分为主要设备和一般设备两种类型分别计算。

（1）主要设备的资金流量计算。主要设备为水轮发电机组、大型水泵、大型电机、主阀、主变压器、桥机、门机、高压断路器或高压组合电器、金属结构闸门启闭设备等。其资金流量计算按设备到货周期确定各年资金流量比例，具体比例见表 6-13。

表 6-13　　　　　　　　　　　　主要设备资金流量比例表

到货周期　　　年份	第 1 年	第 2 年	第 3 年	第 4 年	第 5 年	第 6 年
1 年	15%	75%*	10%			
2 年	15%	25%	50%*	10%		
3 年	15%	25%	10%	40%*	10%	
4 年	15%	25%	10%	10%	30%*	10%

注　表中带 * 数据的年份为设备到货年份。

（2）其他设备。其资金流量按到货前一年预付 15% 定金，到货年支付 85% 的剩余价款。

3. 独立费用资金流量

独立费用资金流量主要是勘测设计费的支付方式应考虑质量保证金的要求，其他项目则均按分年投资表中的资金安排计算。

（1）可行性研究和初步设计阶段的勘测设计费按合理工期分年平均计算。

（2）技施阶段勘测设计费的 95% 按合理工期分年平均计算，其余 5% 的勘测设计费用作为设计保证金，计入最后一年的资金流量表内。

任务五　总概算编制

任务描述：本任务介绍预备费、建设期融资利息、静态总投资和总投资等知识，另附上设计概算表格形式。通过学习使学生掌握预备费、建设期融资利息、静态总投资和总投资的计算方法。

在各部分概算完成后，即可进行总概算表的编制。总概算表是工程设计概算文件的总表，反映了整个工程项目的全部投资，现行总概算表中的内容包括各部分投资、第一至第五部分投资合计、基本预备费、静态总投资、价差预备费、建设期融资利息、总投资等费用。

一、预备费

1. 基本预备费

计算方法：根据工程规模、施工年限和地质条件等不同情况，按工程第一至第五部分投资合计（依据分年度投资表）的百分率计算。初步设计阶段为 5.0%～8.0%。技术复杂、建设难度大的工程项目取大值，其他工程取中小值。

2. 价差预备费

计算方法：根据施工年限，以资金流量表的静态投资为计算基数。按照国家发展与改革委员会发布的年物价指数计算。计算公式为

$$E = \sum_{n=1}^{N} F_n [(1+p)^n - 1] \tag{6-3}$$

式中　E——价差预备费；

　　　N——合理建设工期；

　　　n——施工年度；

F_n——建设期间资金流量表内第 n 年的静态投资；

p——年物价指数。

二、建设期融资利息

根据合理建设工期，按第一至第五部分分年度投资、基本预备费、价差预备费之和，按国家规定的贷款利率复利计算。计算公式为

$$S = \sum_{n=1}^{N} \left[\left(\sum_{m=1}^{n} F_m b_m - \frac{1}{2} F_n b_n \right) + \sum_{m=0}^{n-1} S_m \right] i \qquad (6-4)$$

式中　S——建设期融资利息；

N——合理建设工期；

n——施工年度；

m——还息年度；

F_n、F_m——在建设期资金流量表内的第 n、m 年的投资；

b_n、b_m——各施工年份融资额占当年投资比例；

i——建设期融资利率；

S_m——第 m 年的付息额度。

三、静态总投资

第一至第五部分投资与基本预备费之和构成工程部分静态投资。编制工程部分总概算表时，在第五部分独立费用之后，应按顺序计列以下项目：

（1）第一至第五部分投资合计。

（2）基本预备费。

（3）静态投资。

工程部分、建设征地移民补偿、环境保护工程、水土保持工程的静态投资之和构成静态总投资。

四、总投资

静态总投资、价差预备费、建设期融资利息之和构成总投资。

编制工程概算总表时，在工程投资总计中应按顺序计列以下项目：

（1）静态总投资（汇总各部分静态投资）。

（2）价差预备费。

（3）建设期融资利息。

（4）总投资。

五、概算表格

（一）工程概算总表

工程概算总表由工程部分的总概算表与建设征地移民补偿、环境保护工程、水土保持工程的总概算表汇总并计算而成，见表 6-14。表中：

Ⅰ 为工程部分总概算表，按项目划分的五部分填表并列示至一级项目；

Ⅱ 为建设征地移民补偿总概算表，列示至一级项目；

Ⅲ 为环境保护工程总概算表；

Ⅳ 为水土保持工程总概算表；

Ⅴ 包括静态总投资（Ⅰ～Ⅳ项静态投资合计）、价差预备费、建设期融资利息、总投资。

表 6 - 14		工程概算总表			单位：万元	

序号	工程或费用名称	建安工程费	设备购置费	独立费用	合计
Ⅰ	工程部分投资				
	第一部分　建筑工程				
	第二部分　机电设备及安装工程				
	第三部分　金属结构设备及安装工程				
	第四部分　施工临时工程				
	第五部分　独立费用				
	第一至第五部分投资合计				
	基本预备费				
	静态投资				
Ⅱ	建设征地移民补偿投资				
一	农村部分补偿费				
二	城（集）镇部分补偿费				
三	工业企业补偿费				
四	专业项目补偿费				
五	防护工程费				
六	库底清理费				
七	其他费用				
	第一至第七项小计				
	基本预备费				
	有关税费				
	静态投资				
Ⅲ	环境保护工程投资静态投资				
Ⅳ	水土保持工程投资静态投资				
Ⅴ	工程投资总计（Ⅰ～Ⅳ合计）				
	静态总投资				
	价差预备费				
	建设期融资利息				
	总投资				

（二）工程部分概算表

工程部分概算表包括工程部分总概算表、建筑工程概算表、设备及安装工程概算表、分年度投资表、资金流量表。

1．工程部分总概算表

按项目划分的五部分填表并列示至一级项目。五部分之后的内容为第一至第五部分投资合计、基本预备费、静态投资，见表 6 - 15。

表 6 - 15		工程部分总概算表				单位：万元

序号	工程或费用名称	建安工程费	设备购置费	独立费用	合计	占第一至第五部分投资比例/%
1	各部分投资					
2	第一至第五部分投资合计					
3	基本预备费					
4	静态投资					

2. 建筑工程概算表

按项目划分列示至三级项目。

表 6-16 适用于编制建筑工程概算、施工临时工程概算和独立费用概算。

表 6-16 　　　　　　　　　建 筑 工 程 概 算 表

序号	工程或费用名称	单位	数量	单价/元	合计/万元

3. 设备及安装工程概算表

按项目划分列示至三级项目。

表 6-17 适用于编制机电和金属结构设备及安装工程概算。

表 6-17 　　　　　　　　设 备 及 安 装 工 程 概 算 表

序号	名称及规格	单位	数量	单价/元		合计/万元	
				设备费	安装费	设备费	安装费

4. 分年度投资表

按表 6-18 编制分年度投资表，可视不同情况按项目划分列示至一级项目或二级项目。

表 6-18 　　　　　　　　　分 年 度 投 资 表 　　　　　　　　　单位：万元

序号	项目	合计	建设工期/年						
			1	2	3	4	5	6	…
I	工程部分投资								
一	建筑工程								
1	建筑工程								
	×××工程（一级项目）								
2	施工临时工程								
	×××工程（一级项目）								
二	安装工程								
1	机电设备安装工程								
	×××工程（一级项目）								
2	金属结构设备安装工程								
	×××工程（一级项目）								
三	设备工程								
1	机电设备								
	×××设备								
2	金属结构设备								
	×××设备								
四	独立费用								
1	建设管理费								

序号	项　　目	合计	建设工期/年						
			1	2	3	4	5	6	…
2	工程建设监理费								
3	联合试运转费								
4	生产准备费								
5	科研勘测设计费								
6	其他								
	第一至第四项合计								
	基本预备费								
	静态投资								
Ⅱ	建设征地移民补偿投资								
	……								
	静态投资								
Ⅲ	环境保护工程投资								
	……								
	静态投资								
Ⅳ	水土保持工程投资								
	……								
	静态投资								
Ⅴ	工程投资总计（Ⅰ～Ⅳ合计）								
	静态总投资								
	价差预备费								
	建设期融资利息								
	总投资								

5. 资金流量表

需要编制资金流量表的项目可按表 6 - 19 编制。

可视不同情况按项目划分列示至一级项目或二级项目。项目排列方法同分年度投资表。资金流量表应汇总征地移民、环境保护、水土保持部分投资，并计算总投资。资金流量表是资金流量计算表的成果汇总。

表 6 - 19　　　　　　　资 金 流 量 表　　　　　　　单位：万元

序号	项　　目	合计	建设工期/年						
			1	2	3	4	5	6	…
Ⅰ	工程部分投资								
一	建筑工程								
（一）	建筑工程								
	×××工程（一级项目）								
（二）	施工临时工程								
	×××工程（一级项目）								
二	安装工程								

序号	项　目	合计	建设工期/年						
			1	2	3	4	5	6	…
（一）	机电设备安装工程								
	×××工程（一级项目）								
（二）	金属结构设备安装工程								
	×××工程（一级项目）								
三	设备购置费								
	……								
四	独立费用								
	……								
	第一至第四项合计								
	基本预备费								
	静态投资								
Ⅱ	建设征地移民补偿投资								
	……								
	静态投资								
Ⅲ	环境保护工程投资								
	……								
	静态投资								
Ⅳ	水土保持工程投资								
	……								
	静态投资								
Ⅴ	工程投资总计（Ⅰ～Ⅳ合计）								
	静态总投资								
	价差预备费								
	建设期融资利息								
	总投资								

（三）工程部分概算附表

工程部分概算附表包括建筑工程单价汇总表、安装工程单价汇总表、主要材料预算价格汇总表、其他材料预算价格汇总表、施工机械台时费汇总表、主要工程量汇总表、主要材料量汇总表、工时数量汇总表、建设及施工场地征用数量汇总表，见表6-20～表6-28。

表 6-20　　　　　　　　　建筑工程单价汇总表

单价编号	名称	单位	单价/元	其　中							
				人工费	材料费	机械使用费	其他直接费	间接费	利润	材料补差	税金

表 6-21　　　　　　　　　安装工程单价汇总表

单价编号	名称	单位	单价/元	其　中								
				人工费	材料费	机械使用费	其他直接费	间接费	利润	材料补差	未计价装置性材料费	税金

表 6 - 22　　　　　　　　　　　主要材料预算价格汇总表

序号	名称及规格	单位	预算价格/元	其　　　中			
				原价	运杂费	运输保险费	采购及保管费

表 6 - 23　　　　　　　　　　　其他材料预算价格汇总表

序号	名称及规格	单位	原价/元	运杂费/元	合计/元

表 6 - 24　　　　　　　　　　　施工机械台时费汇总表

序号	名称及规格	台时费/元	其　　　中				
			折旧费	修理及替换设备费	安拆费	人工费	动力燃料费

表 6 - 25　　　　　　　　　　　主要工程量汇总表

序号	项目	土石方明挖/m³	石方洞挖/m³	土石方填筑/m³	混凝土/m³	模板/m³	钢筋/t	帷幕灌浆/m³	固结灌浆/m³

注　表中统计的工程类别可根据工程实际情况调整。

表 6 - 26　　　　　　　　　　　主要材料量汇总表

序号	项目	水泥/t	钢筋/t	钢材/t	木材/m³	炸药/t	沥青/t	粉煤灰/t	汽油/t	柴油/t

注　表中统计的主要材料种类可根据工程实际情况调整。

表 6 - 27　　　　　　　　　　　工时数量汇总表

序　号	项　目	工时数量	备　注

表 6 - 28　　　　　　　　　　　建设及施工场地征用数量汇总表

序　号	项　目	占地面积/亩	备　注

注　1 亩≈667m²。

（四）工程部分概算附件附表

工程部分概算附件附表包括人工预算单价计算表、主要材料运输费用计算表、主要材料预算价格计算表、混凝土材料单价计算表、建筑工程单价表、安装工程单价表、资金流量计算表，见表 6 - 29～表 6 - 35。

表 6 – 29 人工预算单价计算表

艰苦边远地区类别			定额人工等级		
序号	项 目		计 算 式		单价/元
1	人工工时预算单价				
2	人工工日预算单价				

表 6 – 30 主要材料运输费用计算表

编号	1	2	3	材料名称			材料编号		
交货条件				运输方式	火车	汽车	船运	火车	
交货地点				货物等级				整车	零担
交货比例/%				装载系数					
编号	运输费用项目		运输起讫地点		运输距离/km		计算公式		合计/元
1	铁路运杂费								
	公路运杂费								
	水路运杂费								
	场内运杂费								
	综合运杂费								
2	铁路运杂费								
	公路运杂费								
	水路运杂费								
	场内运杂费								
	综合运杂费								
3	铁路运杂费								
	公路运杂费								
	水路运杂费								
	场内运杂费								
	综合运杂费								
	每吨运杂费								

表 6 – 31 主要材料预算价格计算表

编号	名称及规格	单位	原价依据	单位毛重/t	每吨运费/元	价格/元				
						原价	运杂费	采购及保管费	运输保险费	预算价格

表 6 – 32 混凝土材料单价计算表 单位：m³

编号	名称及规格	单位	预算量	调整系数	单价/元	合价/元

注 1. "名称及规格"栏要求标明混凝土强度等级及级配、水泥强度等级等。
　　2. "调整系数"为卵石换碎石、粗砂换中细砂及其他调整配合比材料用量系数。

表 6 - 33 建 筑 工 程 单 价 表

单价编号			项目名称		
定额编号			定额单位		
施工方法		（填写施工方法、土或岩石类别、运距等）			
编号	名称及规格	单位	数量	单价/元	合价/元

表 6 - 34 安 装 工 程 单 价 表

单价编号			项目名称		
定额编号			定额单位		
型号规格					
编号	名称及规格	单位	数量	单价/元	合价/元

资金流量计算表可视不同情况按项目划分列示至一级项目或二级项目。项目排列方法同分年度投资表。资金流量计算表应汇总征地移民、环境保护、水土保持等部分投资，并计算总投资。

表 6 - 35 资 金 流 量 计 算 表 单位：万元

序号	项 目	合计	建设工期/年						
			1	2	3	4	5	6	…
Ⅰ	工程部分投资								
一	建筑工程								
（一）	×××工程								
1	分年度完成工作量								
2	预付款								
3	扣回预付款								
4	保留金								
5	偿还保留金								
（二）	×××工程								
	……								
二	安装工程								
	……								
三	设备购置								
	……								
四	独立费用								
	……								
五	第一至第四项合计								
1	分年度费用								
2	预付款								

续表

序号	项目	合计	建设工期/年						
			1	2	3	4	5	6	…
3	扣回预付款								
4	保留金								
5	偿还保留金								
	基本预备费								
	静态投资								
Ⅱ	建设征地移民补偿投资								
	……								
	静态投资								
Ⅲ	环境保护工程投资								
	……								
	静态投资								
Ⅳ	水土保持工程投资								
	……								
	静态投资								
Ⅴ	工程投资总计（Ⅰ～Ⅳ合计）								
	静态总投资								
	价差预备费								
	建设期融资利息								
	总投资								

（五）投资对比分析报告附表

1. 总投资对比表

格式参见表 6-36，可根据工程情况进行调整。可视不同情况按项目划分列示至一级项目或二级项目。

表 6-36　　　　　　　　　　　　　总　投　资　对　比　表　　　　　　　　　　　　单位：万元

序号	工程或费用名称	可研阶段投资	初步设计阶段投资	增减额度	增减幅度/%	备注
(1)	(2)	(3)	(4)	(4)-(3)	[(4)-(3)]/(3)	
Ⅰ	工程部分投资 第一部分　建筑工程 …… 第二部分　机电设备及安装工程 …… 第三部分　金属结构设备及安装工程 …… 第四部分　施工临时工程 …… 第五部分　独立费用 …… 第一至第五部分投资合计 基本预备费 静态投资					

序号	工程或费用名称	可研阶段投资	初步设计阶段投资	增减额度	增减幅度/%	备注
Ⅱ	建设征地移民补偿投资					
一	农村部分补偿费					
二	城（集）镇部分补偿费					
三	工业企业补偿费					
四	专业项目补偿费					
五	防护工程费					
六	库底清理费					
七	其他费用					
	第一至第七项小计					
	基本预备费					
	有关税费					
	静态投资					
Ⅲ	环境保护工程投资静态投资					
	静态投资					
Ⅳ	水土保持工程投资静态投资					
	静态投资					
Ⅴ	工程投资总计（Ⅰ～Ⅳ合计）					
	静态总投资					
	价差预备费					
	建设期融资利息					
	总投资					

2. 主要工程量对比表

格式参见表 6 - 37，可根据工程情况进行调整。应列示主要工程项目的主要工程量。

表 6 - 37   主 要 工 程 量 对 比 表

序号	工程或费用名称	单位	可研阶段投资	初步设计阶段投资	增减数量	增减幅度/%	备注
(1)	(2)	(3)	(4)	(5)	(5)-(4)	[(5)-(4)]/(4)	
1	挡水工程						
	石方开挖						
	混凝土						
	钢筋						
	……						

3. 主要材料和设备价格对比表

格式参见表 6 - 38，可根据工程情况进行调整。设备投资较少时，可不附设备价格对比。

（六）其他说明

编制概算小数点后位数取定方法如下。

基础单价、工程单价单位为元，计算结果精确到小数点后两位。

表 6-38　　　　　　　　　　　　主要材料和设备价格对比表　　　　　　　　　　单位：元

序号	工程或费用名称	单位	可研阶段投资	初步设计阶段投资	增减额度	增减幅度/%	备注
(1)	(2)	(3)	(4)	(5)	(5)-(4)	[(5)-(4)]/(4)	
1	主要材料价格						
	水泥						
	油料						
	钢筋						
	……						
2	主要设备价格						
	水轮机						
	……						

第一至第五部分概算表、分年度概算表及总概算表单位为万元，计算结果精确到小数点后两位。

计量单位为 m³、m²、m 的工程量精确到整数位。

项 目 学 习 小 结

本学习项目重点介绍了工程设计概算文件的组成、工程总概算表及其他概算表的编制方法等。

设计概算文件由概算正件和概算附件组成。概算正件包括编制说明和概算表两个部分。概算正件及附件均应单独成册并随初步设计文件报审。

工程部分概算表格由工程概算总表、概算表、概算附表、概算附件附表构成。在编制概算时，必须按规定的表格格式填写。

职 业 技 能 训 练 六

一、单选题

1. 根据现行部颁规定，设备费包括（　　）。

A. 设备原价

B. 设备出厂价格

C. 设备出厂价格、运杂费之和

D. 设备原价、运杂费、运输保险费、采购及保管费之和

2. 计算建设期还贷利息时，如果贷款是按季度、月份平均发放，为了简化计算，通常假设（　　）。

　A. 贷款均在每年的年中支用　　　　　　B. 贷款均在每年的年初支用

　C. 贷款均在每年的年末支用　　　　　　D. 贷款按月计息

3. 水利工程预付款一般划分为（　　）。

A. 材料预付款和设备预付款   B. 人工预付款和工程材料预付款

C. 工程预付款和设备预付款   D. 工程预付款和工程材料预付款

4. 在工程竣工验收时，为了鉴定工程质量，对隐蔽工程进行必要的开挖和修复，若质量合格，则其费用应从（   ）中开支。

A. 基本预备费   B. 建设管理费   C. 现场经费   D. 间接费

5. 根据计价格〔2002〕10 号文计算工程设计费时，其中的工程设计收费计费额为经过批准的建设项目初步设计概算中的（   ）之和。

A. 建筑工程费、安装工程费和设备费

B. 建筑安装费、设备与工器具购置费和联合试运转费

C. 建筑安装费、设备费和独立费用

D. 工程费、独立费用和预备费

6. 枢纽工程建设管理费以（   ）为计算基数。

A. 第一至第四部分建安工作量   B. 工程规模和工期

C. 建设单位定员和费用指标   D. 建设单位定员和开办费标准

7. 根据工程规模、施工年限和地质条件等不同情况，基本预备费按工程第一至第五部分投资合计（依据分年度投资表）的百分率计算。初步设计阶段费率为（   ）。技术复杂、建设难度大的工程项目取大值，其他工程取中小值。

A. 3.0%~5.0%   B. 5.0%~8.0%

C. 8.0%~10.0%   D. 10.0%~15.0%

8. 独立费用包括（   ）。

A. 建设管理费、工程建设监理费、联合试运转费

B. 其他直接费、联合试运转费、生产准备费

C. 工程建设监理费、联合试运转费、预备费

D. 建设管理费、工程建设监理费、建设期融资利息

9. 价差预备费以（   ）为计算基数。

A. 第一至第五部分投资合计   B. 静态总投资＋基本预备费

C. 基本预备费   D. 静态总投资

10. 主体工程及临时工程中的导流工程应采用工程量乘（   ）的方法，以保证概算的精确度。

A. 指标法   B. 工程单价   C. 百分率法   D. 公式法

二、多选题

1. 按现行部颁规定，下列项目（   ）属于静态总投资。

A. 基本预备费   B. 独立费用   C. 融资利息

D. 设备费   E. 价差预备费

2. 按现行部颁规定，进口设备原价包括（   ）。

A. 设备到岸价格   B. 银行手续费、外贸手续费   C. 进口关税、增值税

D. 国内段运杂费   E. 商检费、港口费

3. 资金流量表是在分年度投资的基础上，考虑（   ）等编制出的分年度资金安排。

A. 预付款   B. 预付款扣回   C. 保留金

D. 保留金的偿还　　　　　　　　E. 索赔费

4. 现行概算定额包括的损耗工程量有（　　　）。

A. 允许的施工附加量　　　B. 设计阶段系数　　　　C. 允许的超挖超填量

D. 施工操作损耗　　　　　E. 施工难度系数

5. 价差预备费主要为解决在工程建设过程中，因（　　　）人工工资、材料和设备价格上涨以及费用标准调整而增加的投资。

A. 人工工资价格上涨　　　B. 材料价格上涨　　　　C. 设备价格上涨

D. 经上级批准的设计变更　E. 费用标准调整

三、判断题

1. 立模面系数与混凝土的体积、形状有关，也就是与建筑物的类型和混凝土的工程部位有关。　　　　　　　　　　　　　　　　　　　　　　　　　　（　　　）

2. 施工房屋建筑工程包括列入临时设施和其他施工临时工程项目内的生产用房。
　　　　　　　　　　　　　　　　　　　　　　　　　　　　　　　　（　　　）

3. 分年度投资是根据施工组织设计确定的施工进度和合理工期而计算出的工程各年度预计完成的投资额。　　　　　　　　　　　　　　　　　　　　　　（　　　）

4. 静态总投资、价差预备费、建设期融资利息之和构成总投资。　　（　　　）

5. 工程勘测设计费包括工程建设征地移民设计、环境保护设计、水土保持设计各设计阶段发生的勘测设计费。　　　　　　　　　　　　　　　　　　　　（　　　）

四、计算题

（1）项目背景。某枢纽工程第一至第五部分的分年度投资见表6－39，其中机电设备购置费为500万元，金属结构设备购置费为200万元。

（2）工作任务。试按给定条件，计算并填写枢纽工程总概算表6－40。

（3）分析与解答。

第一步：分析理解表6－39所列内容。

第二步：正确填写总概算表6－40。

表6－39　　　　　　　　　　　分 年 度 投 资 表　　　　　　　　　　单位：万元

序号	项　目	合计	建设工期		
			1 年	2 年	3 年
1	第一部分　建筑工程	15000.00	5000.00	8000.00	2000.00
2	第二部分　机电设备及安装工程	600.00	100.00	250.00	250.00
3	第三部分　金属结构设备及安装工程	300.00	50.00	100.00	150.00
4	第四部分　施工临时工程	300.00	150.00	100.00	50.00
5	第五部分　独立费用	900.00	400.00	300.00	200.00
6	第一至第五部分合计	17100.00	5700.00	8750.00	2650.00
7	基本预备费	855.00	285.00	437.50	132.50
8	静态总投资	17955.00	5985.00	9187.50	2782.50
9	价差预备费	2026.18	359.10	1135.58	531.50
10	建设期融资利息	1929.21	177.63	658.53	1093.05
11	工程总投资	21910.39	6521.73	10981.61	4407.05

注　基本预备费率5%，物价指数6%，融资利率8%，融资比例70%。

表 6 - 40	总 概 算 表					单位：万元
序号	工程或费用名称	建安工程费	设备购置费	独立费用	合计	占第一至第五部分投资百分比
1	第一部分　建筑工程					
2	第二部分　机电设备及安装工程					
3	第三部分　金属结构设备及安装工程					
4	第四部分　施工临时工程					
5	第五部分　独立费用					
6	第一至第五部分投资合计					
7	基本预备费					
8	静态总投资					
9	价差预备费					
10	建设期融资利息					
11	工程总投资					

项目七 工程量清单及计价编制

项目描述：本项目通过学习水利工程工程量清单与计价编制的知识，掌握水利工程工程量清单与计价编制的方法。

项目学习目标：熟悉《水利工程工程量清单计价规范》（GB 50501—2007），能进行中小型水利工程工程量清单与计价编制。

项目学习重点：工程量清单报价的编制。

项目学习难点：工程单价计算。

工程量清单计价的基本原理可以描述为：按照《水利工程工程量清单计价规范》（GB 50501—2007）（以下简称"计价规范"）规定，在水利建筑工程工程量清单项目设置和工程量计算规则基础上，针对具体工程的施工图纸和施工组织设计计算出各个清单项目的工程量，根据规定的方法计算出工程单价，并汇总各清单合价得出工程总价。

$$分类分项工程费=\sum(分类分项工程量×相应分部分项工程单价)$$

$$措施项目费=\sum 各措施项目费$$

$$其他项目费=暂列金额+暂估价$$

$$单位工程报价=分类分项工程费+措施项目费+其他项目费$$

$$单项工程报价=\sum 单位工程报价$$

$$建设工程总报价=\sum 单项工程报价$$

工程单价是指完成一个规定清单项目所需的人工费、材料和工程设备费、施工机具使用费和施工管理费、利润和税金以及一定范围内的风险费用。风险费用是隐含于已标价工程量清单综合单价中，用于化解发承包双方在工程合同中约定内容和范围内的市场价格波动风险的费用。

工程量清单计价活动涵盖施工招标、合同管理以及竣工交付全过程，主要包括：编制工程量清单、招标控制价、投标报价，确定合同价，进行工程计量与价款支付、合同价款的调整、工程结算和工程计价纠纷处理等活动。

任务一 工程量清单编制

任务描述：本任务介绍水利工程工程量清单编制的基础、原则和依据。通过学习使学生掌握水利工程工程量清单编制的方法。

一、工程量清单编制的基础

工程量清单是表现招标工程的分类分项工程项目、措施项目、其他项目的名称和相应数量的明细清单，是依据招标文件规定、施工设计图纸、施工现场条件和国家制定的统一工程量计算规则、分类分项工程的项目划分、计量单位及其有关法定技术标准，计算出的构成工程实体各分类分项工程的、可提供编制标底和投标报价的实物工程量的汇总清单。工程量清单是编制招标工程标底和投标报价的依据，也是支付工程进度款和办理工程结算、调整工程量以及工程索赔的依据。

工程量清单是招标文件的组成部分，是由招标人发出的一套注有拟建工程各实物工程名称、性质、特征、单位、数量及开办项目、税费等相关表格组成的文件。在理解工程量清单的概念时，首先应注意到，工程量清单是一份由招标人提供的文件，编制人是招标人或其委托的工程造价咨询单位。其次，从性质上说，工程量清单是招标文件的组成部分，一经中标且签订合同，即成为合同的组成部分。因此，无论是招标人还是投标人都应该慎重对待。再次，工程量清单的描述对象是拟建工程，其内容涉及清单项目的性质、数量等，并以表格为主要表现形式。

1. 编制原则

（1）遵守有关法律法规的原则。清单的编制首先不能违背国家的有关法律法规，否则会使得工程结算工作变得非常复杂，而最终受损失最大的是发包人。

（2）严格按照计价规范进行清单编制。在编制清单时，必须按计价规范规定设置清单项目名称、编码、计量单位和计算工程数量，对清单项目进行必要的全面描述，并按规定的格式出具工程量清单文本。

（3）遵守招标文件相关要求的原则。工程量清单作为招标文件的重要组成部分，必须与招标文件的原则保持一致，与投标须知、合同条款、技术规范等相互照应，较好地反映本工程的特点，完整体现招标人的意图。

（4）编制依据齐全的原则。受委托的编制人首先要检查招标人提供的设计图纸、设计资料、招标范围等编制依据是否齐全。容易忽视的是设计图纸的表达深度是否满足准确、全面计算工程量的要求，若设计图纸存在问题，可采取两种方式解决，即补充完善图纸或编制清单时作特别说明，预留计价口子。当然，这有可能会对招标人不利。此外，必要的情况下还应到现场进行调查取证，保障工程量清单编制依据的齐全性。

（5）力求准确、合理的原则。工程量的计算应力求准确，清单项目的设置应力求合理、不漏不重。从事工程造价咨询的中介咨询单位还应建立健全工程量清单编制审查制度，确保工程量清单编制的全面性、准确性和合理性，提高工程量清单编制质量和服务质量。

2. 编制依据

计价规范规定："分类分项工程量清单应根据本规范附录 A 和附录 B 规定的项目编码、项目名称、项目主要特征、计量单位、工程量计算规则、主要工作内容和一般适用范围进行编制。"即应严格按照计价规范编制。综合起来，工程量清单的编制依据有以下几点：

（1）招标文件规定的相关内容。

（2）拟建工程设计施工图纸。

（3）有关的工程施工规范与工程验收规范。

（4）拟采用的施工组织设计和施工技术方案。

（5）相关的法律、法规及本地区相关的计价条例等。

（6）统一的工程量计算规则、分类分项工程的项目划分、计量单位等。

3. 工程量清单编制程序与步骤

工程量清单编制的内容，应包括分类分项工程量清单、措施项目清单、其他项目清单，且必须严格按照计价规范规定的计价规则和标准格式进行。在编制工程量清单时，应根据规范和招标图纸及其他有关要求对清单项目进行准确、详细的描述，以保证投标企业正确理解各清单项目的内容，合理报价。工程量清单编制可按以下步骤进行：

（1）熟悉图纸、收集相关资料。

（2）了解施工现场的有关情况。

（3）划分项目、确定分类分项工程清单项目名称、编码。

（4）确定分类分项工程清单项目拟综合的工程内容。

（5）计算分类分项工程清单主体项目工程量。

（6）编制清单（分类分项工程量清单、措施项目清单、其他项目清单、规费和税金项目清单）。

（7）复核、编写总说明。

（8）装订成册。

二、工程量清单的编制

1. 一般规定

工程量清单作为招标文件的组成部分，一个最基本的功能是作为信息的载体，以便投标人能对工程有全面、充分的了解。从这个意义上讲，工程量清单的内容应全面、准确。

工程量清单应由具有编制招标文件能力的招标人或受其委托具有相应资质的中介机构编制，采用统一格式，其内容由封面、填表须知、总说明、分类分项工程量清单、措施项目清单、其他项目清单、零星工作项目清单、其他辅助表格组成。

2. 总说明

总说明的填写，包括招标工程概况、工程招标范围、招标人供应的材料、施工设备、施工设施简要说明、其他需要说明的问题。

3. 分类分项工程量清单

分类分项工程量清单应依据以下资料编制：①施工图纸；②施工现场情况和招标文件中的相关要求；③工程量清单计价规范；④其他有关技术资料。

分类分项工程量清单应包括序号、项目编码、项目名称、计量单位与工程数量、主要技术条款编码、备注。计价规范在附录中规定了统一的项目编码、项目名称、计量单位和工程量计算规则。分类分项工程量清单的编制应参照规范中的附录进行。表 7-1 为计价规范附录 A "水利建筑工程工程量清单项目及计算规则" 中土方开挖工程一节的节选。

（1）项目编码，按计价规范附录 A 和附录 B 小项目编码进行编制。项目编码为每一清单项目区别其他项目的代码，由 12 位阿拉伯数字表示（自左至右计位）。1～9 位为统一编码，其中，1、2 位为水利工程分类的顺序码；3、4 位为专业工程顺序码，"01" 为水利建筑工程、"02" 为水利安装工程；5、6 位为分类工程顺序码，如 "01" 为土方开挖工程、"02" 为石方开挖工程、"03" 为土方填筑工程；7、8、9 位为分项工程顺序码；以×××表示的 10～12 位为具体清单项目名称顺序码，由工程量清单编制人自 001 起按顺序编码确定。

（2）项目名称，根据招标项目规模和范围，按计价规范附录 A 和附录 B 的项目名称，参照行业有关规定，并结合工程实际情况设置。项目名称原则上以形成工程实体而命名。应按照该项目的具体设计并结合规范附录中的 "项目名称" 与 "项目特征" 确定，项目的特征必须表达详细、准确。只有非常具体地描述影响价格确定的项目特征，投标人才能准确地编制投标报价。

表 7-1　　　　　　　　　　　土方开挖工程（编码 500101）

项目编码	项目名称	项目主要特征	计量单位	工程量计算规则	主要工作内容	一般适用范围
500101001 ×××	场地平整	(1) 土类分级； (2) 土量平衡； (3) 运距	m²	按招标设计图示场地平整面积计量	(1) 测量放线标点； (2) 清除植被及废弃物处理； (3) 推、挖、填、压、找平； (4) 弃土（取土）装、运、卸	挖（填）平均厚度在 0.5m 以内
500101002 ×××	一般土方开挖	(1) 土类分级； (2) 开挖厚度； (3) 运距	m³	按招标设计图示尺寸计算的有效自然方体积计量	(1) 测量放线标点； (2) 处理渗水、积水； (3) 支撑挡土板； (4) 挖、装、运、卸； (5) 弃土场平整	除渠道、沟、槽、坑土方开挖以外的一般性土方明挖
500101003 ×××	渠道土方开挖					底宽＞3m、长度＞3 倍宽度的土方明挖
500101004 ×××	沟、槽土方开挖	(1) 土类分级； (2) 断面形式及尺寸； (3) 运距				底宽≤3m、长度＞3 倍宽度的土方明挖
500101005 ×××	坑土方开挖					底宽≤3m、长度≤3 倍宽度、深度不大于上口短边或直径的土方明挖

注　表中项目编码以×××表示的 10～12 位由编制人自 001 起顺序编码，如坝基覆盖层一般土方开挖为 500101002001、溢洪道覆盖层一般土方开挖为 500101002002、进水口覆盖层一般土方开挖为 500101002003 等，依此类推。

在确定项目名称时，还要注意如下几点：

1）应按不同的工程部位、施工工艺或材料品种、规格等特征分别设置清单项目。

2）凡规范附表项目特征中未描述到的其他独有特征，由清单编制人视项目具体情况确定，以准确描述清单项目为准。对于规范附表中没有的项目，招标人可按本规则的原则进行补充。

（3）计量单位的选用和工程量的计算应符合计价规范附录 A 和附录 B 的规定。

以重量计算的项目：吨或千克（t 或 kg）。

以体积计算的项目：立方米（m³）。

以面积计算的项目：平方米（m²）。

以长度计算的项目：延长米（m）。

以自然计量单位计算的项目：个、套。

没有具体数量的项目：宗、项等。

工程数量应按附录 A 和附录 B 中规定的工程量计算规则和相关条款说明计算。工程数量的有效位数应遵守下列规定：以 m³、m²、m、kg、个、项、根、块、台、组、面、只、相、站、孔、束为单位的，应取整数；以 t、km 为单位的，应保留小数点后两位数字，第 3 位数字四舍五入。

（4）主要技术条款编码，按招标文件中相应技术条款的编码填写。

分类分项工程量清单表格格式见表 7-2。

表 7-2　　　　　　　　　　　　　　　　分类分项工程量清单

合同编号：（招标项目合同号）

工程名称：（招标项目名称）　　　　　　　　　　　　　　　　　　　第　页　共　页

序号	项目编码	项目名称	计量单位	工程数量	主要技术条款编码	备注
1		一级××项目				
1.1		二级××项目				
1.1.1		三级××项目				
	50××××××××××	最末一级项目				
1.1.2						
2		一级××项目				
2.1		二级××项目				
2.1.1		三级××项目				
	50××××××××××	最末一级项目				
2.1.2						

4. 措施项目清单

措施项目是为完成工程项目施工，发生于该工程施工前和施工过程中招标人不要求列示工程量的施工措施项目。措施项目清单，按招标文件确定的措施项目名称填写。凡能列出工程数量并按单价结算的措施项目，均应列入分类分项工程量清单。编制措施项目清单，出现表 7-3 未列项目时，根据招标工程的规模、涵盖的内容等具体情况，编制人可作补充。

表 7-3　　　　　　　　　　　　　　　　措施项目一览表

序号	项目名称	序号	项目名称
1	环境保护	5	施工企业进退场费
2	文明施工	6	大型施工设备安拆费
3	安全防护措施		……
4	小型临时工程		

措施项目清单表格格式见表7-4。

表7-4   **措 施 项 目 清 单**

合同编号：（招标项目合同号）

工程名称：（招标项目名称）   第 页 共 页

序 号	项 目 名 称	备 注

5. 其他项目清单填写

其他项目指为完成工程项目施工，发生于该工程施工过程中招标人要求计列的费用项目。其他项目清单中，暂列预留金也称"暂定金额"，是指招标人为暂定项目和可能发生的合同变更而预留的金额。其他项目清单按招标文件确定的其他项目名称、金额填写。

其他项目清单表格格式见表7-5。

表7-5   **其 他 项 目 清 单**

合同编号：（招标项目合同号）

工程名称：（招标项目名称）   第 页 共 页

序 号	项 目 名 称	金额/元	备 注

6. 零星工作项目清单填写

零星工作项目或称"计日工"，零星工作项目清单，编制人应根据招标工程具体情况，对工程实施过程中可能发生的变更或新增加的零星项目，列出人工（按工种）、材料（按名称和型号规格）、机械（按名称和型号规格）的计量单位，并随工程量清单发至投标人。计量单位，人工以工日或工时为单位，材料以 t、m^3 等为单位，机械以台时或台班为单位，分别填写。

零星工作项目清单表格格式见表7-6。

表7-6   **零 星 工 作 项 目 清 单**

合同编号：（招标项目合同号）

工程名称：（招标项目名称）   第 页 共 页

序 号	名 称	型号规格	计量单位	备 注
1	人工			
2	材料			
3	机械			

7. 其他辅助表格

招标人供应材料价格表，按表中材料名称、型号规格、计量单位和供应价填写，并在供应条件和备注栏内说明材料供应的边界条件。表格格式见表7-7。

表 7-7　　　　　　　　　　　　招标人供应材料价格表

合同编号：（招标项目合同号）

工程名称：（招标项目名称）　　　　　　　　　　　　　　　　　　　　第　页　共　页

序号	材料名称	型号规格	计量单位	供应价/元	供应条件	备注

招标人提供施工设备表，按表中设备名称、型号规格、设备状况、设备所在地点、计量单位、数量和折旧费填写，并在备注栏内说明对投标人使用施工设备的要求。表格格式见表7-8。

表 7-8　　　　　　　　　　招标人提供施工设备表（参考格式）

合同编号：（招标项目合同号）

工程名称：（招标项目名称）　　　　　　　　　　　　　　　　　　　　第　页　共　页

序号	设备名称	型号规格	设备状况	设备所在地点	计量单位	数量	折旧费	备注
							元/台时（台班）	

招标人提供施工设施表，按表中项目名称、计量单位和数量填写，并在备注栏内说明对投标人使用施工设施的要求。表格格式见表7-9。

表 7-9　　　　　　　　　　招标人提供施工设施表（参考格式）

合同编号：（招标项目合同号）

工程名称：（招标项目名称）　　　　　　　　　　　　　　　　　　　　第　页　共　页

序号	项目名称	计量单位	数　量	备　注

任务二　工程量清单报价编制

任务描述：本任务介绍水利工程工程量清单报价编制的基础、规定及案例。通过学习使学生掌握水利工程工程量清单报价编制的方法。

工程量清单报价是指在建设工程招标时由招标人计算出工程量，并作为招标文件内容提供给投标人，再由投标人根据招标人提供的工程量自主报价的一种计价行为。就投标单位而言，工程量清单计价可称为工程量清单报价。

工程量清单计价主要适用于全部使用国有资金投资或以国有资金投资为主的水利工程大中型建设工程的招标控制价编制和投标报价书的编制，即主要用于招标投标工程项目的计价活动。工程量清单计价，按照计价规范规定应采用工程单价计价。

一、工程量清单报价编制的基础

1. 工程量清单报价编制的原则

（1）格式和内容要完全统一，不得随意变更。由于工程量清单为招标文件不可缺少的重要组成部分，且其提供的工程量清单计价格式为统一格式或是针对招标项目的具体情况做了适度调整和增减，故投标人不得随意增加、删除或涂改招标人提供的工程量清单中的任何内容及其计价格式。对于其中个别带有"参考格式"的表格，根据实际需要，可对其进行修改或扩展。

报价表中所有要求签字、盖章的地方，必须由规定的单位或人员签字、盖章（其中法定代表人也可以由其授权的委托代理人签字、盖章）。

（2）计价规则和计算结果不得偏差。工程量清单报价一定要根据招标文件要求、计价规则、编制办法、预算定额来进行编制，报价表中每一个表格均要计算准确无误。

2. 工程量清单报价编制的依据

（1）招标文件的合同条款、技术条款、工程量清单、招标图纸等。

（2）水利水电工程设计概（估）算编制规定。

（3）预算定额或企业定额。

（4）市场人工、材料和施工设备使用价格。

（5）企业自身的管理水平、生产能力。

3. 工程量清单报价编制的程序和步骤

工程量清单报价编制的程序和步骤如下：

（1）编制人工、材料、机械、混凝土配合比材料、电、水、风等基础单价和费（税）率选取。

（2）编制工程单价计算表。

（3）编制分类分项工程量清单、措施项目清单、其他项目清单、零星工作项目等四部分计价表（含总价项目分类分项工程分解表）。

（4）编制工程项目总价表，并根据投标策略调整材料预算价格、费（税）率。

（5）编制编制说明。

（6）编制其他表格（投标总价、封面、工程单价汇总表等相关内容），并按装订顺序进行排序。

二、工程量清单报价的编制

工程量清单报价表的填写按工程量清单报价的规定进行。

（1）编制人工、材料、机械、混凝土配合比材料、电、水、风等基础单价和选取费（税）率。

1）人工预算单价。按工程所在地规定确定，填写人工费单价汇总表。

2）材料预算价格。如果有招标人提供材料则需要填写招标人供应材料价格汇总表，其他投标人自行采购的材料预算价格按市场价格＋运杂费＋运输保险费＋采购及保管费进行计算确定，填写投标人自行采购主要材料预算价格汇总表，在填写之前可做附表进行计算。

3）施工机械台时费。如果有招标人提供施工机械，则需要填写招标人提供施工机械台时（班）费汇总表，其他投标人自备施工机械的台时（班）费预算价格根据施工机械台时费定额计算出其一类、二类费用之和，填写投标人自备施工机械台时（班）费汇总表。

4）施工用电、水、风价格。根据施工组织设计确定方案按编制规定的计算方法进行计算，填写投标人生产电、水、风、砂石基础单价汇总表，并附反映计算过程的计算书。

5）工程单价费（税）率。施工管理费（包括其他直接费和间接费）、企业利润应根据工程实际情况和企业管理能力、技术水平确定，并将其费率控制在编制规定数值范围内，税金按国家税法规定计取，填写工程单价费（税）率汇总表。

（2）编制工程单价计算表。工程单价分为建筑工程单价和安装工程单价，其中建筑工程单价计算程序见表7-10，安装工程单价计算程序见表7-11，其中建筑工程单价计算表的格式要完全按招标文件要求填写（有时招标文件提供格式与规范规定的清单计价格式存在区别）。

表 7-10 建筑工程单价计算程序表

序号	项目名称	计 算 方 法
一	直接费	1＋2
1	基本直接费	①＋②＋③
①	人工费	∑定额劳动量(工时)×人工预算单价
②	材料费	∑定额材料用量×材料预算价格
③	机械使用费	∑定额机械使用量(台时)×施工机械台时费
2	其他直接费	1×其他直接费费率
二	间接费	一×间接费费率
三	企业利润	（一＋二）×企业利润率
四	材料补差	（材料预算价格－材料基价）×材料消耗量
五	税金	（一＋二＋三＋四）×税率
六	工程单价	一＋二＋三＋四＋五

表 7-11 安装工程单价计算程序表

序号	项目名称	实 物 量 法	安 装 费 率 法
一	直接费	1＋2	1＋2
1	基本直接费	①＋②＋③	①＋②＋③＋④

序号	项目名称	实 物 量 法	安 装 费 率 法
①	人工费	∑定额劳动量(工时)×人工预算单价	人工费(%)＝定额人工费(%)
②	材料费	∑定额材料用量×材料预算价格	材料费(%)＝定额材料费(%)
③	机械使用费	∑定额机械使用量(台时)×施工机械台时费	机械使用费(%)＝定额机械使用费(%)
④	装置性材料费		装置性材料费(%)＝定额装置性材料费(%)
2	其他直接费	1×其他直接费费率	1×其他直接费费率
二	间接费	①×间接费费率	①×间接费费率
三	企业利润	（一＋二）×企业利润率	［一(%)＋二(%)］×企业利润率
四	材料补差	（材料预算价格－材料基价）×材料消耗量	
五	未计价装置性材料费	未计价装置性材料用量×材料预算价格	
六	税金	（一＋二＋三＋四＋五）×税率	［一(%)＋二(%)＋三(%)］×税率(%)
七	工程单价	一＋二＋三＋四＋五＋六	单价(%)＝一(%)＋二(%)＋三(%)＋六(%)

其工程单价为针对招标文件提供的工程量清单中所有项目的单价，应根据预算定额和工程项目拟定的施工方案进行编制。

（3）编制分类分项工程量清单、措施项目清单、其他项目清单、零星工作项目等四部分计价表（含总价项目分类分项工程分解表）。根据招标文件提供的工程量清单和所计算出来的工程单价，分别先后计算出分类分项工程量清单计价表、措施项目清单计价表、其他项目清单计价表、零星工作项目计价表及总价项目分类分项工程分解表。

（4）编制工程项目总价表，并根据投标策略调整材料预算价格、费（税）率。根据所计算出来的分类分项工程量清单计价表、措施项目清单计价表、其他项目清单计价表、零星工作项目计价表四部分，汇总计算出工程项目总价，再根据项目的上限值或拟定的工程总报价，结合投标策略调整材料预算价格、费（税）率来达到拟定的工程总报价。

（5）编制编制说明。根据招标文件的工程量清单说明、工程量清单报价说明，编制详细的投标报价编制说明，内容包括报价的编制原则、基础资料、取费标准等。

（6）编制其他资料（投标总价、封面、工程单价汇总表等相关表格）并按顺序进行排序装订。根据工程量清单和计价格式，补充编制其他资料（投标总价、封面、工程单价汇总表等相关内容），并按装订顺序进行排序、汇总。

工程量清单报价虽应按当地要求的编制规定和计价文件执行，但不同省份其计价的过程和方法基本类似。工程量清单报价表的完整组成及具体的填写形式见下面的"清单报价案例"。

三、清单报价案例

本任务以一个"教学范例工程"的虚拟案例为题材，全面展示了计价规范及《水利水电工程标准施工招标文件》（2015 版）中规定的主要清单计价表格之间的内在联系与填写范例。对各表格进行系统理解后，实际工作中遇到一般中小型水利工程清单计价问题，应该都能独立解决。

　　由于篇幅所限，仅对计价规范中列示的各类型分类分项工程项目精选 2～3 个有代表性的分项项目为例进行计算说明，同类型表格也只保留了有一定代表性的部分。除工程量为随机填写值、材料单价为某地 11 月份信息价外，其余数值均为应用"易投水利水电工程造价软件"计算结果，有兴趣的读者可利用该软件免费网络版自行验算。

　　1. 本案例编制依据

　　(1) 水利部《水利建筑工程设计概（估）算编制规定》（水总〔2014〕429 号）。

　　(2) 水利部办公厅关于印发《水利工程营业税改征增值税计价依据调整办法》的通知（办水总〔2016〕132 号）。

　　(3) 水利部《水利水电工程标准施工招标文件》（2015 版）。

　　2. 本案例定额依据

　　(1) 建筑工程主要采用水利部颁布的《水利建筑工程预算定额》（2002），缺项部分采用水利部颁布的《水利工程预算补充定额》（2005）、《安徽省水利水电预算补充定额》（2008）。

　　(2) 安装工程采用部颁《水利水电设备安装工程预算定额》（1999），缺项部分采用部颁《水利水电设备安装工程预算定额》（1992 中小型）（按水定〔2003〕1 号通知标准进行换算）。

　　(3) 施工机械台班费采用部颁《水利工程施工机械台时费定额》（2002），第二类费用根据本工程采用的人工、燃料预算单价计算。

　　3. 基础单价计算及取费标准见相关表格

教学范例工程

工程量清单报价表

合同编号：JXFL001

投标人：＿＿＿＿＿＿＿＿＿＿＿＿（单位盖章）

法定代表人（或委托代理人）：＿＿＿＿＿＿＿＿＿＿＿＿（签字盖章）

造价工程师及注册证号：＿＿＿＿＿＿＿＿＿＿＿（签字盖执业专用章）

编制时间：＿＿＿＿＿＿＿＿＿＿

投 标 总 价

工程名称： <u>教学范例工程</u>

合同编号： <u>JXFL001</u>

投标总价（小写）： <u>19321010.94 元</u>

（大写）： <u>壹仟玖佰叁拾贰万壹仟零壹拾元玖角肆分</u>

投标人： _____ （单位盖章）

法定代表人（或委托代理人）： _____ （签字盖章）

编制时间： _____

工 程 项 目 总 价 表

合同编号：JXFL001

工程名称：教学范例工程

投标人：　　　　　　　（盖单位公章）

法定代表人或委托代理人：　　　　　（签字或盖章）

序号	工 程 项 目 名 称	金额/元	备注
一	分类分项工程	16810927.22	
1	建筑工程	16325850.76	
1.1	土方开挖工程	99741.56	
1.2	石方开挖工程	25126.75	
1.3	土石方填筑工程	82671.31	
1.4	疏浚和吹填工程	8352637.12	
1.5	砌筑工程	724511.01	
1.6	锚喷支护工程	1892879.21	
1.7	钻孔和灌浆工程	1370049.74	
1.8	基础防渗和地基加固工程	1072107.30	
1.9	混凝土工程	183870.28	
1.10	模板工程	195683.49	
1.11	钢筋、钢构件加工及安装工程	2228817.00	
1.12	预制混凝土	8809.56	
1.13	原料开采及加工工程	88946.43	
2	机电设备安装工程	261961.65	
2.1	干式变压器 SCB10－10/0.4－500kVA 购置安装	190584.25	
2.2	KYN28A－12 高压电动机开关柜安装	71377.40	
3	金属结构设备安装工程	223114.81	
3.1	QP－250kN 手电两用卷扬式启闭机（含控制箱、开度仪）购置安装	154813.60	
3.2	拦污栅（3.5×3.3m）栅体制作安装	68301.21	
二	措施项目	1590083.72	
4	措施项目	1590083.72	
4.1	临时工程措施费	1392972.59	
4.2	安全防护措施费	197111.13	
三	其他项目	920000.00	
5	其他项目	920000.00	
5.1	预留金	920000.00	
	合　　计	19321010.94	

日期：××××年××月××日

工 程 项 目 总 价 表

合同编号：JXFL001

工程名称：教学范例工程

序号	分项工程名称	分项总金额/元	分项工程项目编码	备注
1	疏浚和吹填工程	8352637.12		1.4
2	钻孔和灌浆工程	1370049.74		1.7
3	临时工程措施费	1392972.59		4.1
4	安全防护措施费	197111.13		4.2
5	预留金	920000.00		5.1
	合　计	12232770.58		

投标人：　　　　　（盖单位公章）

法定代表人或委托代理人：　　　　　（签字或盖章）

日期：××××年××月××日

分组工程量清单报价表

合同编号：JXFL001

工程名称：教学范例工程

组号：1　　　　　　　　　　　　　　　　　　　　　　　　　　分组名称：建筑工程

序号	项目编码	项目名称	计量单位	工程数量	单价/元	合价/元	合同技术条款章节号
1.1		土方开挖工程				99741.56	
1.1.1	500101002001	一般土方开挖（Ⅲ类，土运距1.5km）	m³	3898	13.64	53168.72	见招标文件××章××（以下类似）
1.1.2	500101004001	沟、槽土开挖（Ⅲ类，土运距2.3km）	m³	2974	15.66	46572.84	
1.2		石方开挖工程				25126.75	
1.2.1	500102001001	一般石方开挖（岩石级别Ⅴ～Ⅷ，运距1km）	m³	143	44.93	6424.99	
1.2.2	500102012001	预裂爆破（岩石级别Ⅸ～Ⅹ，钻孔角度65°）	m²	264	70.84	18701.76	
1.3		土石方填筑工程				82671.31	
1.3.1	500103001001	一般土方填筑（Ⅲ类土，运距2.6km，压实土料干密度＞16.67kN/m³）	m³	1675	25.13	42092.75	
1.3.2	500103005001	反滤层填筑	m³	262	154.88	40578.56	
1.4		疏浚和吹填工程				8352637.12	
1.4.1	500104001001	船舶疏浚（Ⅲ类土，三类工况，浮筒管长1.5km，岸管长2.0km，排高6m，陆地排泥）	m³	115146	14.01	1613195.46	
1.4.2	500104003001	船舶吹填（Ⅲ类土，二类工况，浮筒管长3.0km，岸管长1.5km，挖深3m，排高8m，开挖厚度/绞刀直径倍数0.8～0.7，陆地排泥）	m³	239582	28.13	6739441.66	
1.5		砌筑工程				724511.01	
1.5.1	500105003002	M10浆砌块石挡土墙	m³	782	279.98	218944.36	
1.5.2	500105007001	干砌C20混凝土预制块	m³	1149	420.87	483579.63	
1.5.3	500105009001	水泥砂浆砌体拆除	m³	278	79.09	21987.02	
1.6		锚喷支护工程				1892879.21	
1.6.1	500106011001	岩石面喷混凝土（无钢筋喷射厚度5～10cm）	m³	149	867.51	129258.99	
1.6.2	500106007001	M30单锚头φ28mm楔形锚杆（岩石级别Ⅴ～Ⅷ，锚杆长度25m）	根	277	6366.86	1763620.22	

序号	项目编码	项目名称	计量单位	工程数量	单价/元	合价/元	合同技术条款章节号
1.7		钻孔和灌浆工程				1370049.74	
1.7.1	500107003001	钻机钻（高压喷射）灌浆孔地层类别黏土、砂	m	1675	142.84	239257.00	
1.7.2	500107001001	坝基砂砾石帷幕灌浆干料耗量1t/m	m	658	1718.53	1130792.74	
1.8		基础防渗和地基加固工程				1072107.30	
1.8.1	500108004001	C25 商品混凝土灌注桩 φ800mm（冲击钻造灌注桩孔砂壤土层）	m³	867	1102.66	956006.22	
1.8.2	500108003001	高压喷射水泥搅拌桩（φ500mm 水泥掺量 45kg/m）	m	557	208.44	116101.08	
1.9		混凝土工程				183870.28	
1.9.1	500109001001	C25 混凝土底板（商品混凝土）	m³	145	464.02	67282.90	
1.9.2	500109006001	C30 闸门槽二期混凝土（自拌）	m³	17	675.49	11483.33	
1.9.3	500109008001	橡胶止水	m	361	172.05	62110.05	
1.9.4	500109009001	20mm 泡沫闭孔板伸缩缝	m²	132	27.26	3598.32	
1.9.5	500109010001	混凝土凿除	m³	25	444.28	11107.00	
1.9.6	500109011001	钢筋混凝土拆除	m³	283	99.96	28288.68	
1.10		模板工程				195683.49	
1.10.1	500110001001	普通平面木模板	m²	1428	108.98	155623.44	
1.10.2	500110001002	普通标准钢模板	m²	795	50.39	40060.05	
1.11		钢筋、钢构件加工及安装工程				2228817.00	
1.11.1	500111001001	钢筋加工及安装	t	395.16	5640.29	2228817.00	
1.12		预制混凝土				8809.56	
1.12.1	500112005001	C20 混凝土栏杆预制安装	m³	18	489.42	8809.56	
1.13		原料开采及加工工程				88946.43	
1.13.1	500113004001	人工开采砂砾料（水上开采）挖装运卸 100m	t	667	30.51	20350.17	
1.13.2	500113005001	人工碎石料（岩石级别Ⅸ～Ⅹ，运距 6km）	t	778	88.17	68596.26	
		合　计				16325850.76	

投标人：　　　　　　　　　（盖单位公章）

法定代表人或委托代理人：　　（签字或盖章）

日期：××××年××月××日

分组工程量清单报价表

合同编号：JXFL001
工程名称：教学范例工程
组号：2

分组名称：机电设备安装工程

序号	项目编码	项目名称	计量单位	工程数量	单价/元 永久设备费及装置性材料费	单价/元 安装费	单价/元 小计	合价/元 永久设备费及装置性材料费	合价/元 安装费	合价/元 小计	合同技术条款章节号
2.1	500201021001	干式变压器 SCB10-10/0.4-500kVA 购置安装	台	1	185000.00	5584.25	190584.25	185000.00	5584.25	190584.25	
2.2	500201022001	KYN28A-12 高压电动机开关柜安装	台	2	35000.00	688.70	35688.70	70000.00	1377.40	71377.40	
		合 计						255000.00	6961.65	261961.65	

投标人：
法定代表人或委托代理人：
日期：××××年××月××日
（盖单位公章）
（签字或盖章）

分组工程量清单报价表

合同编号：JXFL001
工程名称：教学范例工程
组号：3

分组名称：金属结构设备安装工程

序号	项目编码	项 目 名 称	计量单位	工程数量	单价/元			合价/元			合同技术条款章节号
					永久设备费及装置性材料费	安装费	小计	永久设备费及装置性材料费	安装费	小计	
3.1	500202003001	QP-250kN 手电两用卷扬式启闭机（含控制箱、开度仪）购置安装	台	2	65000.00	12406.80	77406.80	130000.00	24813.60	154813.60	
3.2	500202006001	拦污栅（3.5m×3.3m）栅体制作安装	t	5.56	3567.65	8167.74	12284.39	19836.14	48465.07	68301.21	
		合　计						149836.14	73278.67	223114.81	

投标人：
法定代表人或委托代理人：

（盖单位公章）
（签字或盖盖章）
日期：××××年××月××日

措施项目清单计价表

合同编号：JXFL001

工程名称：教学范例工程

序号	项 目 名 称	金额/元
4	措施项目	1590083.72
4.1	临时工程措施费	1392972.59
4.1.1	导流工程	233745.18
4.1.1.1	施工围堰	135408.00
4.1.1.1.1	围堰填筑（利用开挖土方，羊足碾压实）	59668.80
4.1.1.1.2	围堰拆除（1m³ 挖机 5t 自卸汽车运 1km、30％推平）	75739.20
4.1.1.2	排水工程	98337.18
4.1.1.2.1	深井降水（7.3kW 深井水泵）	25579.20
4.1.1.2.2	深水井（井深 22m，孔径 ϕ600mm）	72757.98
4.1.2	施工交通工程	35593.20
4.1.2.1	3.5m 宽泥结碎石施工道路（压实厚度 20cm）	35593.20
4.1.3	施工用电线路工程	58967.92
4.1.3.1	施工用电线路（380V 供电线路架设混凝土电杆长度 7～9m）	58967.92
4.1.4	施工房屋建筑工程	408629.96
4.1.4.1	施工仓库及加工厂	229045.60
4.1.4.2	办公生活及文化福利建筑	179584.36
4.1.5	施工脚手排架工程	163258.51
4.1.5.1	施工脚手排架	163258.51
4.1.6	其他临时工程	492777.82
4.2	安全防护措施费	197111.13
4.2.1	施工安全防护措施	197111.13
	合　　计	1590083.72

投标人：　　　　　　　（盖单位公章）

法定代表人或委托代理人：　　　（签字或盖章）

日期：××××年××月××日

其他项目清单计价表

合同编号：JXFL001

工程名称：教学范例工程

序号	项 目 名 称	金额/元	备注
5	其他项目	920000.00	
5.1	预留金	920000.00	
	合　计	920000.00	

投标人：　　　　　　　（盖单位公章）

法定代表人或委托代理人：　　　　　（签字或盖章）

日期：××××年××月××日

计日工项目报价表

合同编号：JXFL001

工程名称：教学范例工程

序号	名　称	型号规格	计量单位	单价/元
1	人工			
1.1	工长		工时	40.43
1.2	高级工		工时	37.35
1.3	中级工		工时	31.15
1.4	初级工		工时	21.46
2	材料			
2.1	商品混凝土 C25		m³	553.42
2.2	普通硅酸盐水泥	42.5	t	658.12
2.3	型钢		t	5589.74
2.4	中砂		m³	160.20
2.5	块石		m³	132.06
2.6	粗砂		m³	160.20
3	机械			
3.1	单斗挖掘机	液压 1m³	台时	330.72
3.2	推土机	88kW	台时	287.82
3.3	自卸汽车	8t	台时	203.52

投标人：　　　　　　　　　（盖单位公章）

法定代表人或委托代理人：　　　　　　　　　（签字或盖章）

日期：××××年××月××日

计日工项目报价表

合同编号：JXFL001

工程名称：教学范例工程　　　　　　　　　　　　　　　　　　　　　　　　　　单位：元

编号	项目名称	单位	人工费	材料费	机械使用费	其他直接费	间接费	利润	价差	税金	合计
1.1.1	一般土方开挖（Ⅲ类土，运距1.5km）	m³	0.41	0.30	7.09	0.55	0.71	0.63	2.60	1.35	13.64
1.1.2	沟、槽土开挖（Ⅲ类土，运距2.3km）	m³	0.41	0.34	8.18	0.63	0.81	0.73	3.01	1.55	15.66
1.2.1	一般石方开挖（岩石级别Ⅴ～Ⅷ，运距1km）	m³	5.78	6.26	15.07	1.90	3.63	2.28	5.57	4.45	44.93
1.2.2	预裂爆破（岩石级别Ⅸ～Ⅹ，钻孔角度65°）	m²	7.29	9.24	33.02	3.47	6.63	4.18		7.02	70.84
1.3.1	一般土方填筑（Ⅲ类土运距2.6km，压实土料干密度＞16.67kN/m³）	m³	2.15	0.86	11.85	1.04	1.35	1.21	4.19	2.49	25.13
1.3.2	反滤层填筑	m³	30.75	72.11		7.20	13.76	8.67	7.05	15.35	154.88
1.4.1	船舶疏浚（Ⅲ类土，三类工况，浮筒管长1.5km，岸管长2.0km，排高6m，陆地排泥）	m³	0.10		9.01	0.64	0.71	0.73	1.43	1.39	14.01
1.4.2	船舶吹填（Ⅲ类土，二类工况，浮筒管长3.0km，岸管长1.5km，挖深3m，排高8m，开挖厚度/绞刀直径倍数0.8～0.7，陆地排泥）	m³	0.14		17.71	1.25	1.39	1.43	3.42	2.79	28.13
1.5.1	M10浆砌块石挡土墙	m³	59.68	126.61	3.16	13.26	25.34	15.96	8.22	27.75	279.98
1.5.2	干砌C20混凝土预制块	m³	54.70			3.83	7.32	4.61		41.71	420.87
1.5.3	水泥砂浆砌体拆除	m³	55.04	0.28		3.87	7.40	4.66		7.84	79.09

投标人：　　　　　　　　　　（盖单位公章）

法定代表人或委托代理人：　　　　（签字或盖章）

日期：××××年××月××日

工程单价费（税）率汇总表

合同编号：JXFL001

工程名称：教学范例工程

单位：元

序号	工 程 类 别	工程单价费（税）率/%				备注
		其他直接费	间接费	企业利润	税金	
1	土方工程	7	8.5	7	11	
2	石方工程	7	12.5	7	11	
3	砂石备料工程（自采）	0.5	5	7	3	
4	模板工程	7	9.5	7	11	
5	混凝土浇筑工程	7	9.5	7	11	
6	钢筋制安工程	7	5.5	7	11	
7	钻孔灌浆工程	7	10.5	7	11	
8	锚固工程	7	10.5	7	11	
9	疏浚工程	7	7.25	7	11	
10	掘进机施工隧道工程（1）		4	7	11	
11	掘进机施工隧道工程（2）		6.25	7	11	
12	其他工程	7	10.5	7	11	
13	机电、金属结构设备安装工程	7.7	75	7	11	
14	只取税金				11	
15	不取费不取税					

投标人：　　　　　　　（盖单位公章）

法定代表人或委托代理人：　　　　　　　（签字或盖章）

日期：××××年××月××日

投标人生产电、风、水、砂石基础单价汇总表

合同编号：JXFL001

工程名称：教学范例工程

序号	名称	型号规格	计量单位	人工费/元	材料费/元	机械使用费/元	其他费/元	合计/元	备注
1	碎石		m³					76.11	
2	中砂		m³					80.10	
3	块石		m³					66.03	
4	粗砂		m³					80.10	
5	电		kW·h					1.20	
6	风		m³					0.18	
7	水		m³					1.15	

投标人：　　　　　　　　（盖单位公章）

法定代表人或委托代理人：　　　　（签字或盖章）

日期：××××年××月××日

投标人自行采购主要材料预算价格汇总表

合同编号：JXFL001

工程名称：教学范例工程

序号	工程部位	混凝土强度等级	水泥强度等级	级配	水灰比	预算材料量/(kg/m³)				单价/(元/m³)	备注
						水泥	砂	石	水		
1		砂浆 M10	32.5			326.35	1.078		0.196	158.91	
2		砂浆 M30	42.5			668.75	0.96		0.285	238.09	
3		C30 水泥强度 42.5 1 级配 水灰比 0.50	42.5	1	0.50	415.481	0.539	0.758	0.2	196.99	
4		C25 水泥强度 42.5 1 级配 水灰比 0.55	42.5	1	0.55	377.817	0.582	0.748	0.2	189.67	
5		砂浆 M7.5	32.5			279.27	1.088		0.168	147.55	

投标人： （盖单位公章）

法定代表人或委托代理人： （签字或盖章）

日期：××××年××月××日

投标人自行采购主要材料预算价格汇总表

合同编号：JXFL001

工程名称：教学范例工程

序号	材料名称	型号规格	计量单位	供应价格/元	预算价格/元

投标人： （盖单位公章）

法定代表人或委托代理人： （签字或盖章）

日期：××××年××月××日

投标人自行采购主要材料预算价格汇总表

合同编号：JXFL001

工程名称：教学范例工程

序号	材料名称	型号规格	计量单位	预算价格/元	备注
1	商品混凝土	C25	m³	276.71	
2	泡沫闭孔板	20mm 厚	m²	17.50	
3	碎石		m³	76.11	
4	雷管		个	2.50	
5	石屑		m³	38.83	
6	普通硅酸盐水泥	42.5	t	329.06	
7	水泥		t	294.87	
8	钢筋		t	2794.87	
9	钢筋	$\phi 28$	kg	2.94	
10	钢板（综合）		t	2794.87	
11	钢板	$\delta = 4mm$	m²	87.76	
12	型钢		t	2794.87	
13	型钢		kg	2.79	
14	钢管	$\phi 25$	m	7.71	
15	钢管		kg	3.05	
16	钢材		t	2794.87	
17	钢垫板		kg	2.79	
18	空心钢		kg	35.00	
19	组合钢模板		kg	3.50	
20	木材		m³	1111.11	
21	锯材		m³	1282.05	
22	炸药		t	5150.00	
23	导电线		m	2.50	
24	导爆索		m	2.80	
25	导线	BLX-16	m	6.36	
26	汽油	70 号	kg	7.01	

投标人： （盖单位公章）

法定代表人或委托代理人： （签字或盖章）

日期：××××年××月××日

招标人提供机械台时（班）费汇总表

合同编号：JXFL001

工程名称：教学范例工程

单位：元/台时（班）

序号	机械名称	型号规格	招标人收取的折旧费	投标人应计算的费用										合计
				维修费	安拆费	人工	柴油	电	汽油	煤	风	水	小计	

投标人：　　　　　　　　（盖单位公章）

法定代表人或委托代理人：　　　　　　　　（签字或盖章）

日期：××××年××月××日

投标人自备施工机械台时（班）费汇总表

合同编号：JXFL001

工程名称：教学范例工程

单位：元/台时（班）

序号	机械名称	型号规格	一类费用				二类费用								合计
			折旧费	维修费	安拆费	小计	人工	柴油	电	汽油	煤	风	水	小计	
1	圆振动筛	3-1200×3600型													
2	深井水泵	7.3kW													
3	单斗挖掘机	液压 1m³	30.98	22.94	2.18	56.10	24.03	44.55						68.58	124.68
4	装载机	轮胎式 1m³	11.43	7.69		19.12	11.57	29.30						40.87	59.99
5	推土机	59kW	9.39	11.73	0.49	21.61	21.36	25.12						46.48	68.09
6	推土机	74kW	16.52	20.55	0.86	37.93	21.36	31.69						53.05	90.98
7	推土机	88kW	23.23	26.19	1.06	50.48	21.36	37.67						59.03	109.51
8	拖拉机	履带式 74kW	8.39	10.25	0.54	19.18	21.36	29.60						50.96	70.14
9	羊脚碾	8～12t	1.37	1.21		2.58									2.58
10	压路机	内燃 12～15t	8.80	15.57		24.37	21.36	19.44						40.80	65.17
11	刨毛机		4.41	5.06	0.22	9.69	21.36	22.13						43.49	53.18
12	蛙式夯实机	2.8kW	0.15	0.91		1.06	17.80		3.00					20.80	21.86

投标人：　　　　　　　　（盖单位公章）

法定代表人或委托代理人：　　　　　　　　（签字或盖章）

日期：××××年××月××日

工 程 单 价 计 算 表

一般土方开挖工程

单价编号：1.1.1　　　　　　　　　　　　　　　　　　　　　　　　　定额单位：100m³

施工方法：Ⅲ类土，运距1.5km，挖装、运输、卸除、空回

序号	名　称	型号规格	计量单位	数量	单价/元	合价/元
一	直接费		元			835.16
（一）	基本直接费		元			780.52
1	人工费		元			41.07
	初级工		工时	6.7	6.13	41.07
2	材料费		元			30.02
	零星材料费		%	4	750.50	30.02
3	机械使用费		元			709.43
	单斗挖掘机	液压1m³	台时	1	124.68	124.68
	推土机	59kW	台时	0.5	68.09	34.05
	自卸汽车	8t	台时	7.45	73.92	550.70
（二）	其他直接费		元	7	780.52	54.64
二	间接费		%	8.5	835.16	70.99
三	利润		%	7	906.15	63.43
四	材料补差		元			259.60
	柴油		kg	95.09	2.73	259.60
五	税金		%	11	1229.18	135.21
	合计		元			1364.39
	单价		元/m³			13.64

投标人：　　　　　　　　（盖单位公章）

法定代表人或委托代理人：　　　　　（签字或盖章）

日期：××××年××月××日

工 程 单 价 计 算 表

船舶疏浚工程

单价编号：1.4.1 　　　　　　　　　　　　　　　　　　　　定额单位：10000m³

施工方法：Ⅲ类土，三类工况，浮筒管长 1.5km，岸管长 2.0km，排高 6m，陆地排泥。包括换驳、靠离驳、吹排、移管（不含岸管）及辅助工作等

序号	名　称	型号规格	计量单位	数量	单价/元	合价/元
一	直接费		元			97525.34
（一）	基本直接费		元			91145.18
1	人工费		元			1004.64
	中级工		工时	55.5	8.90	493.94
	初级工		工时	83.31	6.13	510.70
2	材料费		元			
3	机械使用费		元			90140.54
	吹泥船	150m³/h 挖泥	艘时	97.78	341.69	33409.53
	挖泥船浮筒	300mm×5000mm 排泥	组时	41066.47	0.68	27925.20
	岸管（根）	300mm×4000mm 排泥	根时	48888.65	0.42	20533.23
	满底泥驳 非自航舱	100m³	艘时	97.78	66.53	6505.12
	其他机械费		％	2	88373.08	1767.46
（二）	其他直接费		元	7	91145.18	6380.16
二	间接费		％	7.25	97525.34	7070.59
三	利润		％	7	104595.93	7321.72
四	材料补差		元			14307.56
	柴油		kg	5240.86	2.73	14307.56
五	税金		％	11	126225.21	13884.77
	合计		元			140109.98
	单价		元/m³			14.01

投标人：　　　　　　　　（盖单位公章）

法定代表人或委托代理人：　　　　　　（签字或盖章）

日期：××××年××月××日

工 程 单 价 计 算 表

船舶吹填工程

单价编号：1.4.2 定额单位：10000m³

施工方法：Ⅲ类土，二类工况，浮筒管长 3.0km，岸管长 1.5km，挖深 3m，排高 8m，开挖厚度/绞刀直径倍数 0.8～0.7，陆地排泥。包括固定船位，挖、排泥（砂）、移浮筒管，施工区内作业面移位等，配套船舶随挖泥船需要相应的定位、行驶等作业及其他各种辅助工作

序号	名　称	型号规格	计量单位	数量	单价/元	合价/元
一	直接费		元			97525.34
（一）	基本直接费		元			91145.18
1	人工费		元			1004.64
	中级工		工时	55.5	8.90	493.94
	初级工		工时	83.31	6.13	510.70
2	材料费		元			
3	机械使用费		元			90140.54
	吹泥船	150m³/h 挖泥	艘时	97.78	341.69	33409.53
	挖泥船浮筒	300mm×5000mm 排泥	组时	41066.47	0.68	27925.20
	岸管（根）	300mm×4000mm 排泥	根时	48888.65	0.42	20533.23
	满底泥驳 非自航舱	100m³	艘时	97.78	66.53	6505.12
	其他机械费		%	2	88373.08	1767.46
（二）	其他直接费		元	7	91145.18	6380.16
二	间接费		%	7.25	97525.34	7070.59
三	利润		%	7	104595.93	7321.72
四	材料补差		元			14307.56
	柴油		kg	5240.86	2.73	14307.56
五	税金		%	11	126225.21	13884.77
	合计		元			140109.98
	单价		元/m³			14.01

投标人： （盖单位公章）

法定代表人或委托代理人： （签字或盖章）

日期：××××年××月××日

工 程 单 价 计 算 表

M30 单锚头 φ28mm 楔形锚杆（岩石级别 Ⅴ～Ⅷ，锚杆长度 25m）工程

单价编号：1.6.2　　　　　　　　　　　　　　　　　　　　定额单位：100 根

施工方法：钻孔、锚杆束制作、安装、制浆、灌浆等

序号	名　称	型号规格	计量单位	数量	单价/元	合价/元
一	直接费		元			468273.52
（一）	基本直接费		元			437638.80
1	人工费		元			71395.63
	工长		工时	456	11.55	5266.80
	高级工		工时	912	10.67	9731.04
	中级工		工时	3194	8.90	28426.60
	初级工		工时	4563	6.13	27971.19
2	材料费		元			212690.83
	钢筋	φ28	kg	48921	2.56	125237.76
	钢管	φ25	m	2448	7.71	18874.08
	合金钻头	φ150	个	148	65.00	9620.00
	岩芯管		m	60	12.80	768.00
	钻杆		m	55	25.00	1375.00
	钻杆接头		个	58	37.50	2175.00
	合金片		kg	10	150.00	1500.00
	水		m³	12500	1.15	14375.00
	电焊条		kg	390	5.80	2262.00
	砂浆	M30	m³	36.8	238.09	8761.71
	其他材料费		%	15	184948.55	27742.28
3	机械使用费		元			153552.34
	风（砂）水枪	6m³/min	台时	122	41.76	5094.72
	地质钻机	300 型	台时	2160	58.92	127267.20
	灰浆搅拌机		台时	140	22.10	3094.00
	灌浆泵 中低压		台时	140	43.51	6091.40
	电焊机	交流 25kVA	台时	260	18.05	4693.00
	其他机械费		%	5	146240.32	7312.02
（二）	其他直接费		元	7	437638.80	30634.72
二	间接费		%	10.5	468273.52	49168.72
三	利润		%	7	517442.24	36220.96
四	材料补差		元			19928.14
	水泥		kg	24610	0.04	981.20
	钢筋	φ28	kg	48921	0.38	18589.98
	中砂		m³	35.34	10.10	356.96
五	税金		%	11	573591.34	63095.05
	合计		元			636686.39

投标人：　　　　　　　（盖单位公章）

法定代表人或委托代理人：　　　　（签字或盖章）

日期：××××年××月××日

工 程 单 价 计 算 表

钻机钻（高压喷射）灌浆孔　地层类别黏土、砂工程

单价编号：1.7.1　　　　　　　　　　　　　　　　　　　　　　定额单位：100m

施工方法：地层类别为黏土、砂，固定孔位，准备，泥浆制备、运送，固壁，钻孔，记录，孔位转移

序号	名称	型号规格	计量单位	数量	单价/元	合价/元
一	直接费		元			10883.90
（一）	基本直接费		元			10171.87
1	人工费		元			3453.86
	工长		工时	25	11.55	288.75
	高级工		工时	25	10.67	266.75
	中级工		工时	35	8.90	311.50
	初级工		工时	422	6.13	2586.86
2	材料费		元			1472.50
	黏土		t	18	3.00	54.00
	合金钻头		个	2	38.00	76.00
	岩芯管		m	2	12.80	25.60
	钻杆		m	2.5	25.00	62.50
	钻杆接头		个	2.4	37.50	90.00
	合金片		kg	0.5	150.00	75.00
	水		m³	800	1.15	920.00
	其他材料费		%	13	1303.10	169.40
3	机械使用费		元			5245.51
	地质钻机	150 型	台时	60	52.03	3121.80
	泥浆搅拌机		台时	24	36.28	870.72
	泥浆泵	HB80/10 型 3PN	台时	60	16.72	1003.20
	其他机械费		%	5	4995.72	249.79
（二）	其他直接费		元	7	10171.87	712.03
二	间接费		%	10.5	10883.90	1142.81
三	利润		%	7	12026.71	841.87
四	材料补差		元			
五	税金		%	11	12868.58	1415.54
	合计		元			14284.12
	单价		元/m			142.84

工 程 单 价 计 算 表

干式变压器 SCB10 - 10/0.4 - 500kVA 购置安装工程

单价编号：2.1　　　　　　　　　　　　　　　　　　　　　　　　　定额单位：台

施工方法：电力变压器安装 三相双线圈电力变压器 10kV，容量 500kVA

序号	名称	型号规格	计量单位	数量	单价/元	合价/元
一	直接费		元			3359.00
（一）	基本直接费		元			3118.85
1	人工费		元			1707.35
	中级工		工时	178.2	8.90	1585.98
	初级工		工时	19.8	6.13	121.37
2	材料费		元			1101.32
	型钢		kg	4.5	2.79	12.56
	钢垫板		kg	5	2.79	13.95
	木材		m³	0.05	1111.11	55.56
	变压器油		kg	10	18.50	185.00
	螺栓		kg	2	4.50	9.00
	酚醛层压板		kg	0.1	5.20	0.52
	电		kW·h	220	1.20	264
	滤油纸	300×300	张	80	1.05	84.00
	油漆		kg	2.1	12.5	26.25
	石棉织布	$\delta=2.5$	m²	1.3	2.60	3.38
	橡皮绝缘线		m	15	11.5	172.50
	塑料绝缘线		m	10	1.51	15.10
	其他材料费		元	259.5	1.00	259.50
3	机械使用费		元			310.18
	载重汽车	5t	台时	0.9	50.25	45.23
	汽车起重机	5t	台时	1.8	64.29	115.72
	电焊机交流		台时	1.5	18.05	27.08
	压力滤油机型	150型	台时	8.75	13.96	122.15
（二）	其他直接费		元	7.7	3118.85	240.15
二	间接费		%	75	1707.35	1280.51
三	利润		%	7	4639.51	324.77
四	材料补差		元			66.58
	汽油		kg	16.92	3.94	66.58
五	税金		%	11	5030.86	553.39
	合计		元			5584.25
	单价		元/台			5584.25

投标人：　　　　　　　　（盖单位公章）

法定代表人或委托代理人：　　　　（签字或盖章）

日期：××××年××月××日

人 工 费 单 价 汇 总 表

合同编号：JXFL001

工程名称：教学范例工程

序号	工　种	单　位	单价/元	备　注
1	工长	工时	11.55	
2	高级工	工时	10.67	
3	中级工	工时	8.90	
4	初级工	工时	6.13	

投标人：　　　　　　　（盖单位公章）

法定代表人或委托代理人：　　　（签字或盖章）

日期：××××年××月××日

项 目 学 习 小 结

本项目主要介绍了水利工程工程量清单编制的规则及填制方法、水利工程工程量清单报价编制的方法，以及水利工程工程量清单报价的案例等有关内容，并着重介绍了水利工程工程量清单报价的完整体系及内部逻辑关系等知识，以期通过本项目的学习，对水利工程工程量清单及报价编制能有一个初步认识。学习任务的重点是水利工程工程量清单报价的编制。

职 业 技 能 训 练 七

一、单选题

1. （　　）的大中型建设工程必须采用工程量清单计价方式；其他依法招标的建设工程，应采用工程量清单计价方式。

A. 全部使用国有资金投资或国有资金投资为主

B. 政府投资

C. 民间投资

D. 外商投资

2. 零星工作项目费是指完成招标人提出的，（　　）的零星工作所需的费用。

A. 设计变更　　　　B. 现场签证　　　　C. 工程量暂估　　　　D. 追加工程

3. 工程量清单应由（　　）进行编制。

A. 招标人

B. 投标人

C. 编制招标文件能力的招标人或受其委托的具有相应资质的中介机构

D. 招标代理机构

4. 分部分项工程量清单的项目编码,10～12 位应根据拟建工程的工程量清单项目名称由 (   ) 设置,并应自 001 起顺序编制。

A. 编标人　　　　　B. 清单编制人　　　　C. 招标人　　　　D. 投标人

5. (   ) 是为完成工程项目施工,发生于该工程施工前和施工过程中技术、生活、安全等方面的非工程实体项目。

A. 措施项目　　　　B. 临时设施　　　　C. 零星工作项目　　　D. 其他项目

6. 对工程量清单概念表述不正确的是 (   )。

A. 工程量清单是包括工程数量的明细清单

B. 工程量清单也包括工程数量相应的单价

C. 工程量清单由招标人提供

D. 工程量清单是招标文件的组成部分

7. 根据我国现行的工程量清单计价办法,单价采用的是 (   )。

A. 人工费单价　　　B. 全费用单价　　　C. 工料单价　　　D. 综合单价

8. 工程量清单是招标文件的组成部分,其组成不包括 (   )。

A. 分部分项工程量清单　　　　　　B. 措施项目清单

C. 其他项目清单　　　　　　　　　D. 直接工程费用清单

9. 甲方购买的材料 (   )。

A. 必须列入综合单价　　　　　　　B. 不必列入清单

C. 可以列也可以不列入清单　　　　D. 放入材料购置费中

10. 为了鼓励通过竞争不断提高施工管理水平,不断降低社会平均劳动消耗水平,应当提倡投标人以不低于企业 (   ) 去编制投标报价。

A. 最小成本价　　　B. 个别成本价　　　C. 平均成本价　　　D. 最大成本

二、多选题

1. 工程量清单 (   )。

A. 体现了招标人要求投标人完成的工程项目及相应工程数量

B. 全面反映了投标报价要求

C. 是投标人进行报价的依据

D. 是招标文件不可分割的一部分

2. 工程量清单应由 (   ) 清单组成。

A. 分部分项工程量清单　　B. 措施项目清单　　　　C. 其他项目

D. 规费　　　　　　　　　E. 税金

3. 实行工程量清单计价招标投标的建设工程,其 (   ) 应按本规范执行。

A. 招标标底　　　　　　　　　　　B. 投标报价的编制

C. 合同价款确定与调整　　　　　　D. 工程结算

4. 投标人勘察投标环境,其主要工作包括 (   )。

A. 勘察现场条件　　　　B. 熟悉设计　　　　　C. 考察市场环境

D. 研究招标文件　　　　E. 填写工程量清单

5. 分部分项工程量清单计价表中的（　　　）必须按分部分项工程量清单中的相应内容填写。

A. 序号　　　　　　　　　B. 项目编码　　　　　　　　　C. 项目名称

D. 计量单位　　　　　　　E. 工程数量

三、判断题

1. 建设工程总报价等于所有单位工程报价之和。（　　　）

2. 工程量清单不是招标文件的组成部分，可以与招标文件的原则不一致，招标人的意图主要体现在招标文件中。（　　　）

3. 措施项目清单，按招标文件确定的措施项目名称填写。凡能列出工程数量并按单价结算的措施项目，均应列入分类分项工程量清单。（　　　）

4.《水利工程设计概（估）算编制规定》是工程量清单报价编制的依据。（　　　）

5. 工程量清单报价一定要按照招标文件要求、计价规则、编制办法、预算定额来进行编制。（　　　）

附录一　水利水电工程等级划分标准

根据《水利水电工程等级划分及洪水标准》（SL 252—2000）及其他现行水利水电工程等级划分的相关规范，汇总工程等别划分标准如下。若规范有变化，应进行相应调整。

（1）水利水电工程的等别应根据其工程规模、效益及在国民经济中的重要性按附表1-1确定。

附表1-1　　　　　　　　　　　水利水电工程分等指标

| 工程等别 | 工程规模 | 水库总库容/亿 m³ | 防洪 | | 治涝 | 灌溉 | 供水 | 发电 |
			保护城镇及工矿企业的重要性	保护农田/万亩	治涝面积/万亩	灌溉面积/万亩	供水对象重要性	装机容量/万 kW
Ⅰ	大（1）型	≥10	特别重要	≥500	≥200	≥150	特别重要	≥120
Ⅱ	大（2）型	10～1.0	重要	500～100	200～60	150～50	重要	120～30
Ⅲ	中型	1.0～0.10	中等	100～30	60～15	50～5	中等	30～5
Ⅳ	小（1）型	0.10～0.01	一般	30～5	15～3	5～0.5	一般	5～1
Ⅴ	小（2）型	0.01～0.001		<5	<3	<0.5		<1

对综合利用的水利水电工程，当按各综合利用项目的分等指标确定的等别不同时，其工程等别应按其中最高等别确定。

（2）拦河水闸工程的等别，应根据其过闸流量，按附表1-2确定。

附表1-2　　　　　　　　　　　拦河水闸工程分等指标

工程等别	工程规模	过闸流量/(m³/s)	工程等别	工程规模	过闸流量/(m³/s)
Ⅰ	大（1）型	≥5000	Ⅳ	小（1）型	100～20
Ⅱ	大（2）型	5000～1000	Ⅴ	小（2）型	<20
Ⅲ	中型	1000～100			

（3）灌溉、排水泵站的等别，应根据其装机流量与装机功率，按附表1-3确定。工业、城镇供水泵站的等别，应根据其供水对象的重要性按附表1-1确定。

附表1-3　　　　　　　　　　　灌溉、排水泵站分等指标

| 工程等别 | 工程规模 | 分等指标 | |
		装机流量/(m³/s)	装机功率/万 kW
Ⅰ	大（1）型	≥200	≥3
Ⅱ	大（2）型	200～50	3～1
Ⅲ	中型	50～10	1～0.1
Ⅳ	小（1）型	10～2	0.1～0.01
Ⅴ	小（2）型	<2	<0.01

注　1. 装机流量、装机功率系指包括备用机组在内的单站指标。
　　2. 当泵站按分等指标分属两个不同等别时，其等别按其中高的等别确定。
　　3. 由多级或多座泵站联合组成的泵站系统工程的等别，可按其系统的指标确定。

根据《灌溉与排水工程设计规范》（GB 50288—99），汇总灌溉渠道及建筑物工程级别标准如下。若规范有变化，应进行相应调整。

（1）灌溉渠道或排水沟的级别应根据灌溉或排水流量的大小，按附表1-4确定。对灌排结合的渠道工程，当按灌溉和排水流量分属两个不同工程级别时，应按其中较高的级别确定。

附表1-4　　　　　　　　　　　　　　　灌排沟渠工程分级指标

工程级别	1	2	3	4	5
灌溉流量/(m³/s)	>300	300~100	100~20	20~5	<5
排水流量/(m³/s)	>500	500~200	200~50	50~10	<10

（2）水闸、渡槽、倒虹吸、涵洞、隧洞、跌水与陡坡等灌排建筑物的级别，应根据过水流量的大小，按附表1-5确定。

附表1-5　　　　　　　　　　　　　　　灌排建筑物分级指标

工程级别	1	2	3	4	5
过水流量/(m³/s)	>300	300~100	100~20	20~5	<5

附录二 混凝土、砂浆配合比及材料用量表

具体见附表 2-1～附表 2-6。

附表 2-1　　　　　　　　　纯混凝土材料配合比及材料用量

序号	混凝土强度等级	水泥强度等级	水灰比	级配	最大粒径/mm	配合比 水泥	配合比 砂	配合比 石子	预算量 水泥/kg	预算量 粗砂 kg	预算量 粗砂 m³	预算量 卵石 kg	预算量 卵石 m³	预算量 水/m³
1	C10	32.50	0.75	1	20	1	3.69	5.05	237	877	0.58	1218	0.72	0.170
				2	40	1	3.92	6.45	208	819	0.55	1360	0.79	0.150
				3	80	1	3.78	9.33	172	653	0.44	1630	0.95	0.125
				4	150	1	3.64	11.65	152	555	0.37	1792	1.05	0.110
2	C15	32.50	0.65	1	20	1	3.15	4.41	270	853	0.57	1206	0.70	0.170
				2	40	1	3.2	5.57	242	777	0.52	1367	0.81	0.150
				3	80	1	3.09	8.03	201	623	0.42	1635	0.96	0.125
				4	150	1	2.92	9.89	179	527	0.36	1799	1.06	0.110
3	C20	32.50	0.55	1	20	1	2.48	3.78	321	798	0.54	1227	0.72	0.170
				2	40	1	2.53	4.72	289	733	0.49	1382	0.81	0.150
				3	80	1	2.49	6.80	238	594	0.40	1637	0.96	0.125
				4	150	1	2.38	8.55	208	498	0.34	1803	1.06	0.110
		42.50	0.60	1	20	1	2.8	4.08	294	827	0.56	1218	0.71	0.170
				2	40	1	2.89	5.20	261	757	0.51	1376	0.81	0.150
				3	80	1	2.82	7.37	218	618	0.42	1627	0.95	0.125
				4	150	1	2.73	9.29	191	522	0.35	1791	1.05	0.110
4	C25	32.50	0.50	1	20	1	2.1	3.50	353	744	0.50	1250	0.73	0.170
				2	40	1	2.25	4.43	310	699	0.47	1389	0.81	0.150
				3	80	1	2.16	6.23	260	565	0.38	1644	0.96	0.125
				4	150	1	2.04	7.78	230	471	0.32	1812	1.06	0.110
		42.50	0.55	1	20	1	2.48	3.78	321	798	0.54	1227	0.72	0.170
				2	40	1	2.53	4.72	289	733	0.49	1382	0.81	0.150
				3	80	1	2.49	6.80	238	594	0.40	1637	0.96	0.125
				4	150	1	2.38	8.55	208	498	0.34	1803	1.06	0.110
5	C30	32.50	0.45	1	20	1	1.85	3.14	389	723	0.48	1242	0.73	0.170
				2	40	1	1.97	3.98	343	678	0.45	1387	0.81	0.150
				3	80	1	1.88	5.64	288	542	0.36	1645	0.96	0.125
				4	150	1	1.77	7.09	253	448	0.30	1817	1.06	0.110
		42.50	0.50	1	20	1	2.1	3.50	353	744	0.50	1250	0.73	0.170
				2	40	1	2.25	4.43	310	699	0.47	1389	0.81	0.150
				3	80	1	2.16	6.23	260	565	0.38	1644	0.96	0.125
				4	150	1	2.04	7.78	230	471	0.32	1812	1.06	0.110

续表

序号	混凝土强度等级	水泥强度等级	水灰比	级配	最大粒径/mm	配合比 水泥	配合比 砂	配合比 石子	预算量 水泥/kg	预算量 粗砂 kg	预算量 粗砂 m³	预算量 卵石 kg	预算量 卵石 m³	水/m³
6	C35	32.50	0.40	1	20	1	1.57	2.80	436	689	0.46	1237	0.72	0.170
				2	40	1	1.77	3.44	384	685	0.46	1343	0.79	0.150
				3	80	1	1.53	5.12	321	493	0.33	1666	0.97	0.125
				4	150	1	1.49	6.35	282	422	0.28	1816	1.06	0.110
		42.50	0.45	1	20	1	1.85	3.14	389	723	0.48	1242	0.73	0.170
				2	40	1	1.97	3.98	343	678	0.45	1387	0.81	0.150
				3	80	1	1.88	5.64	288	542	0.36	1645	0.96	0.125
				4	150	1	1.77	7.09	253	448	0.30	1817	1.06	0.110
7	C40	42.50	0.40	1	20	1	1.57	2.80	436	689	0.46	123	0.72	0.170
				2	40	1	1.77	3.44	384	685	0.46	1343	0.79	0.150
				3	80	1	1.53	5.12	321	493	0.33	1666	0.97	0.125
				4	150	1	1.49	6.35	282	422	0.28	1816	1.06	0.110
8	C45	42.50	0.34	4	150	1	1.13	3.28	456	520	0.35	1518	0.89	0.125

附表 2-2   **掺外加剂混凝土材料配合比及材料用量**

序号	混凝土强度等级	水泥强度等级	水灰比	级配	最大粒径/mm	配合比 水泥	配合比 砂	配合比 石子	预算量 水泥/kg	预算量 粗砂 kg	预算量 粗砂 m³	预算量 卵石 kg	预算量 卵石 m³	外加剂/kg	水/m³
1	C10	32.5	0.75	1	20	1	4.14	5.69	213	887	0.59	1230	0.72	0.43	0.170
				2	40	1	4.18	7.19	188	826	0.55	1372	0.80	0.38	0.150
				3	80	1	4.17	10.31	157	658	0.44	1642	0.96	0.32	0.125
				4	150	1	3.84	12.78	139	560	0.38	1803	1.05	0.28	0.110
2	C15	32.5	0.65	1	20	1	3.44	4.81	250	865	0.58	1221	0.71	0.50	0.170
				2	40	1	3.57	6.19	220	790	0.53	1382	0.81	0.45	0.150
				3	80	1	3.46	8.98	181	630	0.42	1649	0.96	0.37	0.125
				4	150	1	3.3	11.15	160	530	0.36	1811	1.06	0.32	0.110
3	C20	32.5	0.55	1	20	1	2.78	4.24	290	810	0.51	1245	0.73	0.58	0.170
				2	40	1	2.92	5.44	254	743	0.50	1400	0.82	0.52	0.150
				3	80	1	2.8	7.70	212	596	0.40	1654	0.97	0.43	0.125
				4	150	1	2.66	9.52	188	503	0.34	1817	1.06	0.38	0.110
		42.5	0.60	1	20	1	3.16	4.61	264	839	0.56	1235	0.72	0.53	0.170
				2	40	1	3.26	5.86	234	767	0.52	1392	0.81	0.47	0.150
				3	80	1	3.19	8.29	195	624	0.42	1641	0.96	0.39	0.125
				4	150	1	3.11	10.56	171	527	0.36	1806	1.05	0.35	0.110

序号	混凝土强度等级	水泥强度等级	水灰比	级配	最大粒径/mm	配合比 水泥	砂	石子	预算量 水泥/kg	粗砂 kg	粗砂 m³	卵石 kg	卵石 m³	外加剂/kg	水/m³
4	C25	32.5	0.50	1	20	1	2.36	3.92	320	757	0.51	1270	0.74	0.64	0.170
				2	40	1	2.5	4.93	282	709	0.48	1410	0.82	0.56	0.150
				3	80	1	2.44	7.02	234	572	0.38	1664	0.97	0.47	0.125
				4	150	1	2.27	8.74	207	479	0.32	1831	1.07	0.42	0.110
		42.5	0.55	1	20	1	2.78	4.24	290	810	0.54	1245	0.73	0.58	0.170
				2	40	1	2.92	5.44	254	743	0.50	1400	0.82	0.52	0.150
				3	80	1	2.8	7.70	212	596	0.40	1654	0.97	0.43	0.125
				4	150	1	2.66	9.52	188	503	0.34	1817	1.06	0.38	0.110
5	C30	32.5	0.45	1	20	1	2.12	3.62	348	736	0.49	1269	0.74	0.71	0.170
				2	40	1	2.23	4.53	307	689	0.46	1411	0.83	0.62	0.150
				3	80	1	2.13	6.39	257	549	0.37	1667	0.97	0.52	0.125
				4	150	1	2	8.04	225	453	0.30	1837	1.07	0.46	0.110
		42.5	0.50	1	20	1	2.36	3.92	320	757	0.51	1270	0.74	0.64	0.170
				2	40	1	2.5	4.93	282	709	0.48	1410	0.82	0.56	0.150
				3	80	1	2.44	7.02	234	572	0.38	1664	0.97	0.47	0.125
				4	150	1	2.27	8.74	207	479	0.32	1831	1.07	0.42	0.110
6	C35	32.5	0.40	1	20	1	1.79	3.18	392	705	0.47	1265	0.74	0.78	0.170
				2	40	1	2.01	3.90	346	698	0.47	1368	0.80	0.69	0.150
				3	80	1	1.72	5.77	289	500	0.33	1691	0.99	0.58	0.125
				4	150	1	1.68	7.17	254	427	0.28	1839	1.08	0.51	0.110
		42.5	0.45	1	20	1	2.12	3.62	348	736	0.49	1269	0.74	0.71	0.170
				2	40	1	2.23	4.53	307	689	0.46	1411	0.83	0.62	0.150
				3	80	1	2.13	6.39	257	549	0.37	1667	0.97	0.52	0.125
				4	150	1	2.00	8.04	225	453	0.30	1837	1.07	0.46	0.110
7	C40	42.5	0.40	1	20	1	1.79	3.18	392	705	0.47	1265	0.74	0.78	0.170
				2	40	1	2.01	3.90	346	698	0.47	1368	0.80	0.69	0.150
				3	80	1	1.72	5.77	289	500	0.33	1691	0.99	0.58	0.125
				4	150	1	1.68	7.17	254	427	0.28	1839	1.08	0.51	0.110
8	C45	42.5	0.34	4	40	1	1.29	3.73	410	532	0.35	1552	0.91	0.82	0.125

附表 2-3　　　　　　　　　　碾压混凝土材料配合参考表

（一）

序号	龄期/d	混凝土强度等级	水泥强度等级	水胶比	砂率/%	水泥/(kg/m³)	粉煤灰/(kg/m³)	水/(kg/m³)	砂/(kg/m³)	石子/(kg/m³)	外加剂/(kg/m³)	备注
1	90	C10	42.5	0.61	34	46	107	93	761	1500	0.380	江垭资料，人工砂石料
2	90	C15	42.5	0.58	33	64	96	93	738	1520	0.400	江垭资料，人工砂石料
3	90	C20	42.5	0.53	36	87	107	103	783	1413	0.490	江垭资料，人工砂石料
4	90	C10	32.5	0.60	35	63	87	90	765	1453	0.387	汾河二库资料，人工砂石料
5	90	C20	32.5	0.55	36	83	84	92	801	1423	0.511	汾河二库资料，人工砂石料
6	90	C20	32.5	0.50	36	132	56	94	777	1383	0.812	汾河二库资料，人工砂石料
7	90	C10	32.5	0.56	33	60	101	90	726	1473	0.369	汾河二库资料，天然砂，人工骨料
8	90	C20	32.5	0.36	36	104	86	95	769	1396	0.636	汾河二库资料，天然砂，人工骨料
9	90	C20	32.5	0.45	35	127	84	95	743	1381	0.779	汾河二库资料，天然砂，人工骨料
10	90	C15	42.5	0.55	30	72	58	71	649	1554	0.871	白石水库资料，天然细骨料，人工粗骨料，砂用量含石粉
11	90	C15	42.5	0.58	29	91	39	75	652	1609	0.325	观音阁资料，天然砂石料

（二）

序号	龄期/d	混凝土强度等级	水泥强度等级	水胶比	砂率/%	水泥/(kg/m³)	磷矿渣及凝灰岩/(kg/m³)	水/(kg/m³)	砂/(kg/m³)	石子/(kg/m³)	外加剂/(kg/m³)	备注
1	90	C15	42.5	0.50	35	67	101	84	798	1521	1.344	大朝山资料，人工砂石料
2	90	C20	42.5	0.50	38	94	94	91	850	1423	1.504	大朝山资料，人工砂石料

注　碾压混凝土材料配合参考表中材料用量不包括场内运输及拌制损耗在内，实际运用过程中损耗率可采用水泥2.5%、砂3%、石子4%。

附表 2-4　　　　　　　　　　泵用纯混凝土材料配合表

序号	混凝土强度等级	水泥强度等级	水灰比	级配	最大粒径/mm	配合比 水泥	配合比 砂	配合比 石子	预算量 水泥/kg	预算量 粗砂 kg	预算量 粗砂 m³	预算量 卵石 kg	预算量 卵石 m³	预算量 水/m³
1	C15	32.50	0.63	1	20	1	2.97	3.11	320	951	0.64	970	0.66	0.192
				2	40	1	3.05	4.29	280	858	0.58	1171	0.78	0.166
2	C20	32.50	0.51	1	20	1	2.3	2.45	394	910	0.61	979	0.67	0.193
				2	40	1	2.35	3.38	347	820	0.55	1194	0.80	0.161
3	C25	32.50	0.44	1	20	1	1.88	2.04	461	872	0.58	955	0.66	0.195
				2	40	1	1.95	2.83	408	800	0.53	1169	0.79	0.173

附表 2－5 　　　　　　　　　泵用掺外加剂混凝土材料配合表

序号	混凝土强度等级	水泥强度等级	水灰比	级配	最大粒径/mm	配合比 水泥	配合比 砂	配合比 石子	预算量 水泥/kg	预算量 粗砂 kg	预算量 粗砂 m³	预算量 卵石 kg	预算量 卵石 m³	外加剂/kg	水/m³
1	C15	32.50	0.63	1	20	1	3.28	3.35	290	957	0.65	987	0.67	0.58	0.192
				2	40	1	3.38	4.63	253	860	0.59	1188	0.79	0.50	0.166
2	C20	32.50	0.51	1	20	1	2.61	2.77	355	930	0.62	999	0.68	0.71	0.193
				2	40	1	2.61	3.78	317	831	0.56	1214	0.81	0.62	0.161
3	C25	32.50	0.44	1	20	1	2.15	2.32	415	895	0.60	980	0.68	0.83	0.195
				2	40	1	2.22	3.21	366	816	0.54	1191	0.81	0.73	0.173

附表 2－6 　　　　　　　　　水泥砂浆材料配合表

（1）砌筑砂浆

砂浆类别	砂浆强度等级	32.5 水泥/kg	砂/m³	水/m³
水泥砂浆	M5	211	1.13	0.127
	M7.5	261	1.11	0.157
	M10	305	1.10	0.183
	M12.5	352	1.08	0.211
	M15	405	1.07	0.243
	M20	457	1.06	0.274
	M25	522	1.05	0.313
	M30	606	0.99	0.364
	M40	740	0.97	0.444

（2）接缝砂浆

序号	砂浆强度等级	体积配合比 水泥	体积配合比 砂	矿渣大坝水泥 强度等级	矿渣大坝水泥 数量/kg	纯大坝水泥 强度等级	纯大坝水泥 数量/kg	砂/m³	水/m³
1	M10	1	3.1	32.5	406			1.08	0.270
2	M15	1	2.6	32.5	469			1.05	0.270
3	M20	1	2.1	32.5	554			1.00	0.270
4	M25	1	1.9	32.5	633			0.94	0.270
5	M30	1	1.8			42.5	625	0.98	0.266
6	M35	1	1.5			42.5	730	0.93	0.266
7	M40	1	1.3			42.5	789	0.90	0.266

附录三　艰苦边远地区类别划分
（水总〔2014〕429 号）

一、新疆维吾尔自治区（99 个）

一类区（1 个）

乌鲁木齐市：东山区。

二类区（11 个）

乌鲁木齐市：天山区、沙依巴克区、新市区、水磨沟区、头屯河区、达坂城区、乌鲁木齐县、石河子市。

昌吉回族自治州：昌吉市、阜康市、米泉市。

三类区（29 个）

五家渠市。

阿拉尔市。

阿克苏地区：阿克苏市、温宿县、库车县、沙雅县。

吐鲁番地区：吐鲁番市、鄯善县。

哈密地区：哈密市。

博尔塔拉蒙古自治州：博乐市、精河县。

克拉玛依市：克拉玛依区、独山子区、白碱滩区、乌尔禾区。

昌吉回族自治州：呼图壁县、玛纳斯县、奇台县、吉木萨尔县。

巴音郭楞蒙古自治州：库尔勒市、轮台县、博湖县、焉耆回族自治县。

伊犁哈萨克自治州：奎屯市、伊宁市、伊宁县。

塔城地区：乌苏市、沙湾县、塔城市。

四类区（37 个）

图木舒克市。

喀什地区：喀什市、疏附县、疏勒县、英吉沙县、泽普县、麦盖提县、岳普湖县、伽师县、巴楚县。

阿克苏地区：新和县、拜城县、阿瓦提县、乌什县、柯坪县。

吐鲁番地区：托克逊县。

克孜勒苏柯尔克孜自治州：阿图什市。

博尔塔拉蒙古自治州：温泉县。

昌吉回族自治州：木垒哈萨克自治县。

巴音郭楞蒙古自治州：尉犁县、和硕县、和静县。

伊犁哈萨克自治州：霍城县、巩留县、新源县、察布查尔锡伯自治县、特克斯县、尼勒克县。

塔城地区：额敏县、托里县、裕民县、和布克赛尔蒙古自治县。

阿勒泰地区：阿勒泰市、布尔津县、富蕴县、福海县、哈巴河县。

五类区（16个）

喀什地区：莎车县。

和田地区：和田市、和田县、墨玉县、洛浦县、皮山县、策勒县、于田县、民丰县。

哈密地区：伊吾县、巴里坤哈萨克自治县。

巴音郭楞蒙古自治州：若羌县、且末县。

伊犁哈萨克自治州：昭苏县。

阿勒泰地区：青河县、吉木乃县。

六类区（5个）

克孜勒苏柯尔克孜自治州：阿克陶县、阿合奇县、乌恰县。

喀什地区：塔什库尔干塔吉克自治县、叶城县。

二、宁夏回族自治区（19个）

一类区（11个）

银川市：兴庆区、灵武市、永宁县、贺兰县。

石嘴山市：大武口区、惠农区、平罗县。

吴忠市：利通区、青铜峡市。

中卫市：沙坡头区、中宁县。

三类区（8个）

吴忠市：盐池县、同心县。

固原市：原州区、西吉县、隆德县、泾源县、彭阳县。

中卫市：海原县。

三、青海省（43个）

二类区（6个）

西宁市：城中区、城东区、城西区、城北区。

海东地区：乐都县、民和回族土族自治县。

三类区（8个）

西宁市：大通回族土族自治县、湟源县、湟中县。

海东地区：平安县、互助土族自治县、循化撒拉族自治县。

海南藏族自治州：贵德县。

黄南藏族自治州：尖扎县。

四类区（12个）

海东地区：化隆回族自治县。

海北藏族自治州：海晏县、祁连县、门源回族自治县。

海南藏族自治州：共和县、同德县、贵南县。

黄南藏族自治州：同仁县。

海西蒙古族藏族自治州：德令哈市、格尔木市、乌兰县、都兰县。

五类区（10个）

海北藏族自治州：刚察县。

海南藏族自治州：兴海县。

黄南藏族自治州：泽库县、河南蒙古族自治县。

果洛藏族自治州：玛沁县、班玛县、久治县。

玉树藏族自治州：玉树县、囊谦县。

海西蒙古族藏族自治州：天峻县。

六类区（7 个）

果洛藏族自治州：甘德县、达日县、玛多县。

玉树藏族自治州：杂多县、称多县、治多县、曲麻莱县。

四、甘肃省（83 个）

一类区（14 个）

兰州市：红古区。

白银市：白银区。

天水市：秦州区、麦积区。

庆阳市：西峰区、庆城县、合水县、正宁县、宁县。

平凉市：崆峒区、泾川县、灵台县、崇信县、华亭县。

二类区（40 个）

兰州市：永登县、皋兰县、榆中县。

嘉峪关市。

金昌市：金川区、永昌县。

白银市：平川区、靖远县、会宁县、景泰县。

天水市：清水县、秦安县、甘谷县、武山县。

武威市：凉州区。

酒泉市：肃州区、玉门市、敦煌市。

张掖市：甘州区、临泽县、高台县、山丹县。

定西市：安定区、通渭县、临洮县、漳县、岷县、渭源县、陇西县。

陇南市：武都区、成县、宕昌县、康县、文县、西和县、礼县、两当县、徽县。

临夏回族自治州：临夏市、永靖县。

三类区（18 个）

天水市：张家川回族自治县。

武威市：民勤县、古浪县。

酒泉市：金塔县、安西县。

张掖市：民乐县。

庆阳市：环县、华池县、镇原县。

平凉市：庄浪县、静宁县。

临夏回族自治州：临夏县、康乐县、广河县、和政县。

甘南藏族自治州：临潭县、舟曲县、迭部县。

四类区（9 个）

武威市：天祝藏族自治县。

酒泉市：肃北蒙古族自治县、阿克塞哈萨克族自治县。

张掖市：肃南裕固族自治县。

临夏回族自治州：东乡族自治县、积石山保安族东乡族撒拉族自治县。

甘南藏族自治州：合作市、卓尼县、夏河县。

五类区（2 个）

甘南藏族自治州：玛曲县、碌曲县。

五、陕西省（48 个）

一类区（45 个）

延安市：延长县、延川县、予长县、安塞县、志丹县、吴起县、甘泉县、富县、宜川县。

铜川市：宜君县。

渭南市：白水县。

咸阳市：永寿县、彬县、长武县、旬邑县、淳化县。

宝鸡市：陇县、太白县。

汉中市：宁强县、略阳县、镇巴县、留坝县、佛坪县。

榆林市：榆阳区、神木县、府谷县、横山县、靖边县、绥德县、吴堡县、清涧县、子洲县。

安康市：汉阴县、石泉县、宁陕县、紫阳县、岚皋县、平利县、镇坪县、白河县。

商洛市：商州区、商南县、山阳县、镇安县、柞水县。

二类区（3 个）

榆林市：定边县、米脂县、佳县。

六、云南省（120 个）

一类区（36 个）

昆明市：东川区、晋宁县、富民县、宜良县、嵩明县、石林彝族自治县。

曲靖市：麒麟区、宣威市、沾益县、陆良县。

玉溪市：江川县、澄江县、通海县、华宁县、易门县。

保山市：隆阳区、昌宁县。

昭通市：水富县。

思茅市：翠云区、潜尔哈尼族彝族自治县、景谷彝族傣族自治县。

临沧市：临翔区、云县。

大理白族自治州：永平县。

楚雄彝族自治州：楚雄市、南华县、姚安县、永仁县、元谋县、武定县、禄丰县。

红河哈尼族彝族自治州：蒙自县、开远市、建水县、弥勒县。

文山壮族苗族自治州：文山县。

二类区（59 个）

昆明市：禄劝彝族苗族自治县、寻甸回族自治县。

曲靖市：马龙县、罗平县、师宗县、会泽县。

玉溪市：峨山彝族自治县、新平彝族傣族自治县、元江哈尼族彝族傣族自治县。

保山市：施甸县、腾冲县、龙陵县。

昭通市：昭阳区、绥江县、威信县。

丽江市：古城区、永胜县、华坪县。

思茅市：墨江哈尼族自治县、景东彝族自治县、镇沅彝族哈尼族拉祜族自治县、江城哈尼族彝族自治县、澜沧拉祜族自治县。

临沧市：凤庆县、永德县。

德宏傣族景颇族自治州：潞西市、瑞丽市、梁河县、盈江县、陇川县。

大理白族自治州：祥云县、宾川县、弥渡县、云龙县、洱源县、剑川县、鹤庆县、漾濞彝族自治县、南涧彝族自治县、巍山彝族回族自治县。

楚雄彝族自治州：双柏县、牟定县、大姚县。

红河哈尼族彝族自治州：绿春县、石屏县、泸西县、金平苗族瑶族傣族自治县、河口瑶族自治县、屏边苗族自治县。

文山壮族苗族自治州：砚山县、西畴县、麻栗坡县、马关县、丘北县、广南县、富宁县。

西双版纳傣族自治州：景洪市、勐海县、勐腊县。

三类区（20个）

曲靖市：富源县。

昭通市：鲁甸县、盐津县、大关县、永善县、镇雄县、彝良县。

丽江市：玉龙纳西族自治县、宁蒗彝族自治县。

思茅市：孟连傣族拉祜族佤族自治县、西盟佤族自治县。

临沧市：镇康县、双江拉祜族佤族布朗族傣族自治县、耿马傣族佤族自治县、沧源佤族自治县。

怒江傈僳族自治州：泸水县、福贡县、兰坪白族普米族自治县。

红河哈尼族彝族自治州：元阳县、红河县。

四类区（3个）

昭通市：巧家县。

怒江傈僳族自治州：贡山独龙族怒族自治县。

迪庆藏族自治州：维西傈僳族自治县。

五类区（1个）

迪庆藏族自治州：香格里拉县。

六类区（1个）

迪庆藏族自治州：德钦县。

七、贵州省（77个）

一类区（34个）

贵阳市：清镇市、开阳县、修文县、息烽县。

六盘水市：六枝特区。

遵义市：赤水市、遵义县、绥阳县、凤冈县、湄潭县、余庆县、习水县。

安顺市：西秀区、平坝县、普定县。

毕节地区：金沙县。

铜仁地区：江口县、石阡县、思南县、松桃苗族自治县。

黔东南苗族侗族自治州：凯里市、黄平县、施秉县、三穗县、镇远县、岑巩县、锦屏县、麻江县。

黔南布依族苗族自治州：都匀市、贵定县、瓮安县、独山县、龙里县。

黔西南布依族苗族自治州：兴义市。

二类区（36个）

六盘水市：钟山区、盘县。

遵义市：仁怀市、桐梓县、正安县、道真仡佬族苗族自治县、务川仡佬族苗族自治县。

安顺市：关岭布依族苗族自治县、镇宁布依族苗族自治县、紫云苗族布依族自治县。

毕节地区：毕节市、大方县、黔西县。

铜仁地区：德江县、印江土家族苗族自治县、沿河土家族自治县、万山特区。

黔东南苗族侗族自治州：天柱县、剑河县、台江县、黎平县、榕江县、从江县、雷山县、丹寨县。

黔南布依族苗族自治州：荔波县、平塘县、罗甸县、长顺县、惠水县、三都水族自治县。

黔西南布依族苗族自治州：兴仁县、贞丰县、望谟县、册亨县、安龙县。

三类区（7个）

六盘水市：水城县。

毕节地区：织金县、纳雍县、赫章县、威宁彝族回族苗族自治县。

黔西南布依族苗族自治州：普安县、晴隆县。

八、四川省（77个）

一类区（24个）

广元市：朝天区、旺苍县、青川县。

泸州市：叙永县、古蔺县。

宜宾市：筠连县、珙县、兴文县、屏山县。

攀枝花市：东区、西区、仁和区、米易县。

巴中市：通江县、南江县。

达州市：万源市、宣汉县。

雅安市：荥经县、石棉县、天全县。

凉山彝族自治州：西昌市、德昌县、会理县、会东县。

二类区（13个）

绵阳市：北川羌族自治县、平武县。

雅安市：汉源县、芦山县、宝兴县。

阿坝藏族羌族自治州：汶川县、理县、茂县。

凉山彝族自治州：宁南县、普格县、喜德县、冕宁县、越西县。

三类区（9个）

乐山市：金口河区、峨边彝族自治县、马边彝族自治县。

攀枝花市：盐边县。

阿坝藏族羌族自治州：九寨沟县。

甘孜藏族自治州：泸定县。

凉山彝族自治州：盐源县、甘洛县、雷波县。

四类区（20个）

阿坝藏族羌族自治州：马尔康县、松潘县、金川县、小金县、黑水县。

甘孜藏族自治州：康定县、丹巴县、九龙县、道孚县、炉霍县、新龙县、德格县、白玉县、巴塘县、乡城县。

凉山彝族自治州：布拖县、金阳县、昭觉县、美姑县、木里藏族自治县。

五类区（8个）

阿坝藏族羌族自治州：壤塘县、阿坝县、若尔盖县、红原县。

甘孜藏族自治州：雅江县、甘孜县、稻城县、得荣县。

六类区（3个）

甘孜藏族自治州：石渠县、色达县、理塘。

九、重庆市（11个）

一类区（4个）

黔江区、武隆县、巫山县、云阳县。

二类区（7个）

城口县、巫溪县、奉节县、石柱土家族自治县、彭水苗族土家族自治县、酉阳土家族苗族自治县、秀山土家族苗族自治县。

十、海南省（7个）

一类区（7个）

五指山市、昌江黎族自治县、白沙黎族自治县、琼中黎族苗族自治县、陵水黎族自治县、保亭黎族苗族自治县、乐东黎族自治县。

十一、广西壮族自治区（58个）

一类区（36个）

南宁市：横县、上林县、隆安县、马山县。

桂林市：全州县、灌阳县、资源县、平乐县、恭城瑶族自治县。

柳州市：柳城县、鹿寨县、融安县。

梧州市：蒙山县。

防城港市：上思县。

崇左市：江州区、扶绥县、天等县。

百色市：右江区、田阳县、田东县、平果县、德保县、田林县。

河池市：金城江区、宜州市、南丹县、天峨县、罗城仫佬族自治县、环江毛南族自治县。

来宾市：兴宾区、象州县、武宣县、忻城县。

贺州市：昭平县、钟山县、富川瑶族自治县。

二类区（22个）

桂林市：龙胜各族自治县。

柳州市：三江侗族自治县、融水苗族自治县。

防城港市：港口区、防城区、东兴市。

崇左市：凭祥市、大新县、宁明县、龙州县。

百色市：靖西县、那坡县、凌云县、乐业县、西林县、隆林各族自治县。

河池市：凤山县、东兰县、巴马瑶族自治县、都安瑶族自治县、大化瑶族自治县。

来宾市：金秀瑶族自治县。

十二、湖南省（14 个）

一类区（6 个）

张家界市：桑植县。

永州市：江华瑶族自治县。

邵阳市：城步苗族自治县。

怀化市：麻阳苗族自治县、新晃侗族自治县、通道侗族自治县。

二类区（8 个）

湘西土家族苗族自治州：吉首市、泸溪县、凤凰县、花垣县、保靖县、古丈县、永顺县、龙山县。

十三、湖北省（18 个）

一类区（10 个）

十堰市：郧县、竹山县、房县、郧西县、竹溪县。

宜昌市：兴山县、秭归县、长阳土家族自治县、五峰土家族自治县。

神农架林区。

二类区（8 个）

恩施土家族苗族自治州：恩施市、利川市、建始县、巴东县、宣恩县、咸丰县、来凤县、鹤峰县。

十四、黑龙江省（104 个）

一类区（32 个）

哈尔滨市：尚志市、五常市、依兰县、方正县、宾县、巴彦县、木兰县、通河县、延寿县。

齐齐哈尔市：龙江县、依安县、富裕县。

大庆市：肇州县、肇源县、林甸县。

伊春市：铁力市。

佳木斯市：富锦市、桦南县、桦川县、汤原县。

双鸭山市：友谊县。

七台河市：勃利县。

牡丹江市：海林市、宁安市、林口县。

绥化市：北林区、安达市、海伦市、望奎县、青冈县、庆安县、绥棱县。

二类区（67 个）

齐齐哈尔市：建华区、龙沙区、铁锋区、昂昂溪区、富拉尔基区、碾子山区、梅里斯达斡尔族区、讷河市、甘南县、克山县、克东县、拜泉县。

黑河市：爱辉区、北安市、五大连池市、嫩江县。

大庆市：杜尔伯特蒙古族自治县。

伊春市：伊春区、南岔区、友好区、西林区、翠峦区、新青区、美溪区、金山屯区、五营区、乌马河区、汤旺河区、带岭区、乌伊岭区、红星区、上甘岭区、嘉荫县。

鹤岗市：兴山区、向阳区、工农区、南山区、兴安区、东山区、萝北县、绥滨县。

佳木斯市：同江市、抚远县。

双鸭山市：尖山区、岭东区、四方台区、宝山区、集贤县、宝清县、饶河县。

七台河市：桃山区、新兴区、茄子河区。

鸡西市：鸡冠区、恒山区、滴道区、梨树区、城子河区、麻山区、虎林市、密山市、鸡东县。

牡丹江市：穆棱市、绥芬河市、东宁县。

绥化市：兰西县、明水县。

三类区（5 个）

黑河市：逊克县、孙吴县。

大兴安岭地区：呼玛县、塔河县、漠河县。

十五、吉林省（25 个）

一类区（14 个）

长春市：榆树市。

白城市：大安市、镇赉县、通榆县。

松原市：长岭县、乾安县。

吉林市：舒兰市。

四平市：伊通满族自治县。

辽源市：东辽县。

通化市：集安市、柳河县。

白山市：八道江区、临江市、江源县。

二类区（11 个）

白山市：抚松县、靖宇县、长白朝鲜族自治县。

延边朝鲜族自治州：延吉市、图们市、敦化市、珲春市、龙井市、和龙市、汪清县、安图县。

十六、辽宁省（14 个）

一类区（14 个）

沈阳市：康平县。

朝阳市：北票市、凌源市、朝阳县、建平县、喀喇沁左翼蒙古族自治县。

阜新市：彰武县、阜新蒙古族自治县。

铁岭市：西丰县、昌图县。

抚顺市：新宾满族自治县。

丹东市：宽甸满族自治县。

锦州市：义县。

葫芦岛市：建昌县。

十七、内蒙古自治区（95 个）

一类区（23 个）

呼和浩特市：赛罕区、托克托县、土默特左旗。

包头市：石拐区、九原区、土默特右旗。

赤峰市：红山区、元宝山区、松山区、宁城县、巴林右旗、敖汉旗。

通辽市：科尔沁区、开鲁县、科尔沁左翼后旗。

鄂尔多斯市：东胜区、达拉特旗。

乌兰察布市：集宁区、丰镇市。

巴彦淖尔市：临河区、五原县、磴口县。

兴安盟：乌兰浩特市。

二类区（39 个）

呼和浩特市：武川县、和林格尔县、清水河县。

包头市：白云矿区、固阳县。

乌海市：海勃湾区、海南区、乌达区。

赤峰市：林西县、阿鲁科尔沁旗、巴林左旗、克什克腾旗、翁牛特旗、喀喇沁旗。

通辽市：库伦旗、奈曼旗、扎鲁特旗、科尔沁左翼中旗。

呼伦贝尔市：海拉尔区、满洲里市、扎兰屯市、阿荣旗。

鄂尔多斯市：准格尔旗、鄂托克旗、杭锦旗、乌审旗、伊金霍洛旗。

乌兰察布市：卓资县、兴和县、凉城县、察哈尔右翼前旗。

巴彦淖尔市：乌拉特前旗、杭锦后旗。

兴安盟：突泉县、科尔沁右翼前旗、科尔沁右翼中旗、扎赉特旗。

锡林郭勒盟：锡林浩特市、二连浩特市。

三类区（24 个）

包头市：达尔罕茂明安联合旗。

通辽市：霍林郭勒市。

呼伦贝尔市：牙克石市、额尔古纳市、新巴尔虎右旗、新巴尔虎左旗、陈巴尔虎旗、鄂伦春自治旗、鄂温克族自治旗、莫力达瓦达斡尔族自治旗。

鄂尔多斯市：鄂托克前旗。

乌兰察布市：化德县、商都县、察哈尔右翼中旗、察哈尔右翼后旗。

巴彦淖尔市：乌拉特中旗。

兴安盟：阿尔山市。

锡林郭勒盟：多伦县、东乌珠穆沁旗、西乌珠穆沁旗、太仆寺旗、镶黄旗、正镶白旗、正蓝旗。

四类区（9 个）

呼伦贝尔市：根河市。

乌兰察布市：四子王旗。

巴彦淖尔市：乌拉特后旗。

锡林郭勒盟：阿巴嘎旗、苏尼特左旗、苏尼特右旗。

阿拉善盟：阿拉善左旗、阿拉善右旗、额济纳旗。

十八、山西省（44 个）

一类区（41 个）

太原市：娄烦县。

大同市：阳高县、灵丘县、浑源县、大同县。

朔州市：平鲁区。

长治市：平顺县、壶关县、武乡县、沁县。

晋城市：陵川县。

忻州市：五台县、代县、繁峙县、宁武县、静乐县、神池县、五寨县、岢岚县、河曲县、保德县、偏关县。

晋中市：榆社县、左权县、和顺县。

临汾市：古县、安泽县、浮山县、吉县、大宁县、永和县、隰县、汾西县。

吕梁市：中阳县、兴县、临县、方山县、柳林县、岚县、交口县、石楼县。

二类区（3个）

大同市：天镇县、广灵县。

朔州市：右玉县。

十九、河北省（28个）

一类区（21个）

石家庄市：灵寿县、赞皇县、平山县。

张家口市：宣化县、蔚县、阳原县、怀安县、万全县、怀来县、涿鹿县、赤城县。

承德市：承德县、兴隆县、平泉县、滦平县、隆化县、宽城满族自治县。

秦皇岛市：青龙满族自治县。

保定市：涞源县、涞水县、阜平县。

二类区（4个）

张家口市：张北县、崇礼县。

承德市：丰宁满族自治县、围场满族蒙古族自治县。

三类区（3个）

张家口市：康保县、沽源县、尚义县。

职业技能训练题答案

项目一

一、单选题

1. A 2. B 3. B 4. B 5. B

二、多选题

1. CDE 2. ADE 3. BC 4. AE 5. ACD

三、判断题

1. √ 2. × 3. × 4. × 5. ×

项目二

一、单选题

1. B 2. C 3. D 4. C 5. B

二、多选题

1. BC 2. ACDE 3. ACDE 4. ACDE 5. BDE

三、判断题

1. √ 2. × 3. × 4. √ 5. ×

项目三

一、单选题

1. D 2. C 3. C 4. B 5. C

二、多选题

1. ACD 2. ABD 3. BC 4. ABCD 5. ACDE

三、判断题

1. √ 2. × 3. × 4. √ 5. √

项目四

一、单选题

1. C 2. A 3. C 4. B 5. B 6. B 7. D 8. C 9. B 10. C

二、多选题

1. ABDE 2. ABDE 3. ABE 4. CDE 5. ABDE

三、判断题

1. √ 2. √ 3. √ 4. × 5. √

四、计算题

略

项目五

一、单选题

1. D 2. B 3. D 4. A 5. C

二、多选题

1. ABCD 2. ACD 3. BD 4. ABC 5. BCDE

三、判断题

1. × 2. √ 3. × 4. × 5. √

四、计算题

略

项目六

一、单选题

1. D 2. A 3. D 4. B 5. A 6. A 7. B 8. A 9. D 10. B

二、多选题

1. ABD 2. ABCE 3. ABCD 4. ACD 5. ABCE

三、判断题

1. √ 2. × 3. √ 4. √ 5. ×

四、计算题

表 6-40　　　　　　　　　　　总　概　算　表　　　　　　　　　　　单位：万元

序号	工程或费用名称	建安工程费	设备购置费	独立费用	合计	占第一至第五部分投资百分比
1	第一部分　建筑工程	15000.00			15000.00	87.73%
2	第二部分　机电设备及安装工程	100.00	500.00		600.00	3.51%
3	第三部分　金属结构设备及安装工程	100.00	200.00		300.00	1.75%
4	第四部分　施工临时工程	300.00			300.00	1.75%
5	第五部分　独立费用			900.00	900.00	5.26%
6	第一至第五部分投资合计	15500.00	700.00	900.00	17100.00	100%
7	基本预备费				855.00	
8	静态总投资				17955.00	
9	价差预备费				2026.18	
10	建设期融资利息				1929.21	
11	工程总投资				21910.39	

项目七

一、单选题

1. A 2. C 3. C 4. B 5. A 6. B 7. D 8. D 9. A 10. B

二、多选题

1. ABCD 2. ABC 3. ABCD 4. AC 5. ABCDE

三、判断题

1. × 2. × 3. √ 4. √ 5. √

参 考 文 献

［1］ 徐凤永. 水利工程概预算［M］. 北京：中国水利水电出版社，2010.

［2］ 中华人民共和国水利部. 水利建筑工程概算定额、水利建筑工程预算定额、水利水电设备安装工程预算定额、水利水电设备安装工程概算定额、水利工程施工机械台时费定额、水利工程设计概（估）算编制规定［M］. 郑州：黄河水利出版社，2002.

［3］ 中华人民共和国水利部. 水利工程设计概（估）算编制规定（水总〔2014〕429 号）［M］. 北京：中国水利水电出版社，2015.

［4］ 尹红莲，高玉清，陈文江. 水利水电工程造价与招投标［M］. 郑州：黄河水利出版社，2015.

［5］ 易建芝，侯林峰，高琴月. 水利工程造价［M］. 武汉：华中科技大学出版社，2013.

［6］ 张国栋，张波. 水利工程造价综合实例解析［M］. 北京：中国水利水电出版社，2016.

［7］ 尹红莲，王典鹤，赵旭升. 水利工程造价与招投标技能训练［M］. 郑州：黄河水利出版社，2015.

［8］ 中华人民共和国水利部. 水利水电工程设计工程量计算规定（SL 328—2005）. 北京：中国水利水电出版社，2006.

［9］ 中华人民共和国建设部，中华人民共和国国家质量监督检验检疫总局. GB 50501—2007 水利工程工程量清单计价规范［S］. 北京：中国计划出版社，2007.

［10］ 中华人民共和国水利部办公厅. 水利工程营业税改征增值税计价依据调整办法（办水总〔2016〕132 号）.

［11］ 中华人民共和国水利部办公厅. 水利部办公厅关于调整水利工程计价依据增值税计算标准的通知（办财务函〔2019〕448 号）